Hesse/Schrader

Assessment Center für Hochschulabsolventen

Ihr erster Schritt auf der Karriereleiter

STARK

Die Autoren

Jürgen Hesse, Jahrgang 1951, Diplom-Psychologe und geschäftsführender Gesellschafter im Büro für Berufsstrategie, Berlin.
Hans Christian Schrader, Jahrgang 1952, Diplom-Psychologe in Baden-Württemberg.

Anschrift der Autoren

Hesse / Schrader
Büro für Berufsstrategie
Oranienburger Straße 4–5
10178 Berlin

Tel. 030 288857-0
Fax 030 288857-36
www.berufsstrategie.de

Weitere Materialien, Tipps und Downloads unter:

www.berufsstrategie-plus.de
Der Zugangscode lautet: step12

Umschlagbild: © Getty Images / Dan Farrall

ISBN 978-3-86668-598-7

Inhalt

Bitte beachten Sie auch weitere Trainingsmaterialien auf der beiliegenden CD-ROM sowie zusätzliche Tipps und Infos unter *www.berufsstrategie-plus.de*. Eine genaue Übersicht zu den Inhalten der CD-ROM und der Homepage finden Sie auf der vorderen Umschlaginnenseite dieses Buches.

Fast Reader

Orientierung für eilige Leser

Was ist ein Assessment Center, was wird da geprüft, und vor allem: Wie bewältige ich dieses Verfahren? Antworten auf diese Fragen finden Sie hier. Wir helfen Ihnen, die Assessment Center-Hürde vor dem Einstieg in den Beruf zu überwinden.

Hintergrundinfos, Bewältigungsstrategien und das ausführliche Trainingsprogramm werden Sie dabei unterstützen. Außerdem finden Sie am Ende des Buches auf der Umschlaginnenseite eine CD-ROM, mit der Sie alle gängigen Testaufgaben üben können.

Lesen Sie, worauf es beim Assessment Center wirklich ankommt und wie Sie sich am besten vorbereiten:

- Herkunft und Bedeutung (S. 10)
- Anforderungen und Beurteilungsaspekte (S. 12)
- Gruppendiskussion (S. 38)
- Rollenspiel (S. 58)
- Präsentation (S. 64)
- Postkorbübung (S. 70)
- Interview (S. 77)
- Persönlichkeitstests (S. 100)
- Intelligenz-, Konzentrations-/Leistungstests (S. 115)
- Abschlussgespräch (S. 124)
- Small Talk (S. 126)
- die richtige mentale Vorbereitung auf das Prozedere (S. 141)
- Trainingsprogramm (S. 152)
- Testaufgaben zum Üben am PC (CD-ROM)

Erfahrungsberichte anderer Bewerber, die bereits Assessment Center durchlaufen haben, haben wir für Sie im Internet auf unserer Homepage unter *www.berufsstrategie-plus.de* zusammengestellt. Dort erhalten Sie außerdem weiterführende Informationen zu den Themen im Buch. Einen Hinweis darauf sehen Sie jeweils durch ein entsprechendes Symbol am Seitenrand. Den Zugangscode für diese Webseite finden Sie im Impressum dieses Buches. www.

Assessment Center: Was dahintersteckt

Hört das mit den Prüfungen denn nie auf?

Haben Sie schon einmal ausgerechnet, wie viele Prüfungen, Klassenarbeiten und Tests Sie in Ihrem Leben schon hinter sich gebracht haben? Nach mindestens 12 Schul- und einigen Unijahren dürfte ein schöner Batzen zusammengekommen sein. Hätten Sie es nicht verdient, mit Ihrem Examen diesen Hindernislauf endlich überwunden zu haben? Leider falsch. Der Berufsstart beginnt genau mit dem, was Sie gerade hinter sich glaubten: mit Prüfungen. Viele Unternehmen begnügen sich nicht mehr mit einem Vorstellungsgespräch, sondern testen ihre Bewerber auf Herz und Nieren unter Anwendung von allerlei Auswahlverfahren. Sehr beliebt ist das Assessment Center (AC). Wenn Sie, als „alter Hase“ in Sachen Prüfungen, alles ganz locker sehen, können wir Sie zu Ihrem gesunden Selbstbewusstsein nur beglückwünschen. Trotzdem sollten Sie gerade das Assessment Center nicht unterschätzen. Denn diese Prüfung hat es in sich. Nicht umsonst gilt das AC schließlich als härtestes Personalauswahlverfahren. Zur Einstimmung schildert ein Bewerber, was Sie dort erwarten kann.

Das härteste Auswahlverfahren

Erlebnisbericht: Von Höhlen und Partys

Zu sechst waren wir in einer Höhle eingeschlossen. Der Wasserspiegel stieg unaufhaltsam, nur einer von uns konnte gerettet werden. Man gab uns 30 Minuten, um zu entscheiden, wer der Glückliche sein sollte. Als die Gruppe sich schließlich auf den Jüngsten geeinigt hatte, zog ich meine (imaginäre) Pistole und erzwang mir den Weg in den Rettungskorb. Der Personalpsychologe beendete mit einer knappen Handbewegung das uns aus dem Stand abverlangte Rollenspiel.

Misstrauisch blickten mich meine Mitspieler im Konferenzraum an. Ob der im wirklichen Leben auch so brutal ist? Ich war Bewerber um eine Position im Außendienst einer großen Versicherung. Schon beim ersten Auswahlgespräch hatte man uns aufgefordert, an einem Eignungstest teilzunehmen: dem Assessment Center.

Begonnen hatte dieser Testtag mit dem „Gebrauchtwagen-Test“: Jeder musste anonym aufschreiben, wem aus der Gruppe er am ehesten einen Gebrauchtwagen abkaufen würde. Damit sollte getestet werden, wer besonders vertrauenswürdig wirkt. Aus Taktik stimmte ich für jemanden, den ich eher unsympathisch fand.

Später saß ich einem Mitbewerber gegenüber. Ich sollte herausfinden, ob er schon einmal seine Frau betrogen hatte. Mein Mitbewerber durfte nicht merken, worum es in dem Gespräch ging. Ich plauderte mit ihm über Partys und Alkohol. Nach einer Viertelstunde hob ich den Arm: Ich war mir ganz sicher – er hatte seine Frau noch nie betrogen. Er war übrigens überzeugt, dass ich in unserem Gespräch feststellen wollte, ob er ab und zu mal einen über den Durst trinkt.

Essen gehen

Mittags gingen wir zum Essen in ein gutes Restaurant. Da saßen wir nun um den Tisch: sechs Bewerber um die dreißig, ein Personalpsychologe, vier Versicherungsmanager. Drei

Gerichte standen zur Wahl: ein rustikales Steak, eine Geflügelkeule und ein kompliziertes Fischgericht. Ich grübelte: War dieses Essen nun vielleicht auch ein Bestandteil des Tests?

In der Testauswertung am späten Nachmittag zeigten sich die Manager sehr angetan von meinem Verhalten bei Tisch: Als Einziger hatte ich Fisch gewählt, keine Gräte war mir im Halse stecken geblieben. Die Prüfer waren beeindruckt von meiner Durchsetzungsfähigkeit und meinem „Biss". Doch beide Eigenschaften machten sie mir auch zum Vorwurf: Ich hätte es darauf angelegt, mich um jeden Preis durchzusetzen – sie aber suchten jemanden, der auch anpassungsfähig sei und mit Geschäftspartnern umgehen könne. Trotzdem bekam ich ein Angebot – unter einer Bedingung: Die Manager wollten mich gerne einmal zu Hause besuchen, um mich in meinem „persönlichen Umfeld" zu erleben. Offensichtlich mochten sie sich auf die Ergebnisse ihres Assessment Centers doch nicht ganz verlassen. Abends griff ich zum Telefon und zog meine Bewerbung zurück

Assessment Center – ein Verfahren mit Vergangenheit

Die neue, alte Wunderwaffe

Das Assessment Center (engl. to assess = abschätzen, center = Mittelpunkt – Abkürzung: AC) wird von vielen als eine Art „Wunderwaffe" der Personalauswahl gefeiert. Aufschlussreich ist, wo es herkommt: Das Verfahren wurde von deutschen Reichswehrpsychologen entwickelt und in den 20er-Jahren zuerst zur Auslese des Offiziersnachwuchses eingesetzt. Ab 1927 durfte kein Offizier der Reichswehr ernannt werden, der das sogenannte heerespsychotechnische Auswahlverfahren nicht erfolgreich durchlaufen hatte.

In den 50er-Jahren in den USA weiterentwickelt, wird es seit den 70er-Jahren auch in Deutschland sehr häufig zur Personalauswahl herangezogen. Im Assessment Center will man testen, wie der Bewerber wirklich ist, ob er zum Unternehmen passt, wo seine persönlichen Stärken und Schwächen liegen.

Es gibt kaum einen großen Namen in der deutschen Wirtschaft, der nicht mit der Durchführung von Assessment Centern herumlaboriert. Ob jedoch ein solches Testverfahren wirklich halten kann, was seine Konstrukteure versprechen, bezweifeln nicht nur wir (mehr dazu unter *www.berufsstrategie-plus.de*). Das hilft Ihnen natürlich wenig, wenn Sie sich einer solchen Auswahl-Prüfung unterziehen müssen. Deshalb geht es uns nun darum, Sie in Ihrer Vorbereitung zu unterstützen, ein solches AC erfolgreich und vor allem möglichst ohne psychische Schäden zu überstehen.

www.

Viele Begriffe – und alle meinen dasselbe

Was ein Assessment Center ist

Übrigens, nicht überall, wo Assessment Center „drin ist", muss es auch „draufstehen". Zahlreiche (zum Teil verschleiernde) Begriffe haben sich Psychologen, Personalabteilungen und Unternehmen einfallen lassen, um das *Assessment Center* umzubenennen. Wenn Sie also demnächst bei einem *Management-* bzw. *Personalentwicklungsseminar*, einem *Führungskräfte-Potenzialtest* oder schlicht einem *Auswahl-*, *Förderungs-*, *Beurteilungs-*, *Qualifikations-*, *Entwicklungsseminar* dabei sind, wissen Sie, dass Sie sich auf ein AC einstellen können.

Allen Entwicklern und Anwendern von Assessments gemeinsam ist ein etwas aufgebläht wirkendes Selbstgefühl und ihre Überzeugung, ein modernes, angeblich wissenschaftlich abgesichertes Personalausleseverfahren einzusetzen. Quasi den Stein der Weisen, den die Kandidaten als zeitgenössische Nachfahren von Sisyphos zum Berghochwälzen auferlegt bekommen.

Definition

Ein Assessment Center ist – so könnte man es definieren – ein Prüf- und Ausleseverfahren, bei dem man Bewerber und / oder Mitarbeiter bei der Bewältigung von Aufgaben beobachtet, um daraus eine Vorhersage abzuleiten, wie sich diese zukünftig bei der Lösung von realen Arbeitsaufgaben und der Zusammenarbeit mit Kollegen (aber auch Kunden) verhalten bzw. bewähren werden.[1]

Nach den Worten eines AC-Spezialisten handelt es sich um „eine multiple Verfahrenstechnik, bei der mehrere eignungsdiagnostische Instrumente oder leistungsrelevante Aufgaben zusammengestellt werden“. Dabei geht es um „die Einschätzung aktueller Kompetenzen oder die Prognose künftiger beruflicher Entwicklung und Bewährung“.[2]

Subtile Psychotests

Wir möchten es lieber etwas salopper formulieren: Für uns ist das AC eine bunte Mischung aus subtilen Psychotests zur Personalauslese. Sie sind Ihnen, unter anderem Namen, bereits aus Grimms Märchen bekannt, in denen angehende Helden oder Freier von Königstöchtern nicht ohne gewisse Prüfungen zum Ziel bzw. Erfolg kommen konnten.

Die Guten ins Töpfchen, die Schlechten ins Kröpfchen

Es ist klar, dass jedes Unternehmen für sich nur die (Personal-)Rosinen, sprich die besten Mitarbeiter, herauspicken will. Um diesen Wunsch Wirklichkeit werden zu lassen, haben sich patente, geschäftstüchtige Köpfe die Vermarktung des Assessment Centers als Personalausleseverfahren auf ihre Fahnen geschrieben. Und das mit entsprechendem kommerziellen Erfolg.

Realitätsgerechte Überprüfung?

Was steckt dahinter? Unter der Annahme, dass ein Arbeitsplatz dem Bewerber ganz bestimmte Eignungs- und Persönlichkeitsmerkmale abverlangt, versucht der AC-Konstrukteur, ebendiese herauszufiltern und in von ihm erdachten, angeblich realitätsgerechten Übungen zu überprüfen. Bei der Bewerberauswahl für einen Posten als Marktschreier mag das noch recht einfach sein – hier kommt es vor allem auf die Kraft der Stimme an. Bei einer gehobenen Führungsaufgabe mit ihren komplexen Arbeitsabläufen ist es ungleich schwerer, die diversen Erfolgsmerkmale zu bestimmen. Und auch der Marktschreier braucht neben einer lauten Stimme noch andere Eigenschaften, wie z. B. ein ansprechendes Äußeres, Überzeugungskraft usw.

Es sollte eigentlich jedem einleuchten, dass es kaum möglich ist, Berufserfolgskriterien eindeutig festzuschreiben, und noch schwieriger, diese in Form von Kandidatenspielen einfach vorführ- und überprüfbar zu machen, geschweige denn Verhaltensvorhersagen für die zukünftige Berufsentwicklung daraus abzuleiten.

Worauf es beim AC wirklich ankommt

Die Weichensteller

Je genauer Sie wissen, worauf die Personalentscheider bzw. die sogenannten Assessoren wirklich achten, desto effektiver können Sie als Kandidat Ihre Performance gestalten. Mit dem AC wartet ein zum Teil recht ausgeklügeltes Ausleseverfahren auf Sie. Kein Grund, deshalb in Panik zu verfallen. Denn wie bei allen anderen Prüfungen, die Sie bereits überstanden haben, kommt es auch hier vor allem auf die Vorbereitung an. Damit verhindern Sie, einem solchen Verfahren ohnmächtig und hilflos ausgeliefert zu sein. Entscheidend ist, dass Sie erkennen, worum es bei diesem Auswahlverfahren wirklich geht. Die Prüfer sprechen davon, die Eignung des Bewerbers testen zu wollen. Diese wird in aller Regel an drei Kriterien festgemacht:

1. Persönlichkeit
Sind Sie sympathisch? Anpassungsfähig? Passen Sie zur Firma und den vorhandenen Mitarbeitern? Kann man Ihnen vertrauen, die erfolgreiche Problembearbeitung und -lösung zutrauen?

2. Leistungsmotivation
Sind Sie engagiert? Haben Sie Biss? Sind Sie wirklich lern-, einsatz- und arbeitswillig? Werden Sie sich mit der Aufgabe und dem Unternehmen identifizieren?

3. Kompetenz
Haben Sie berufsrelevante Erfahrungen, Kenntnisse, Eigenschaften? Verfügen Sie über so etwas wie einen „wachen, klaren Verstand" und Problemlösungskompetenz?

Diese drei wichtigen Untersuchungsgegenstände – nach den Anfangsbuchstaben genannt **KLP** – sind nicht immer ganz klar voneinander abgrenzbar. So könnte man z. B. zu testende Eigenschaften wie Verantwortungsbewusstsein, Zuverlässigkeit und Teamfähigkeit allen drei Kategorien zuordnen.

Wir haben in der Aufzählung nicht zufällig die Persönlichkeit und damit Sympathie an erster Stelle genannt. Denn beim AC – wie überhaupt bei Bewerbungen – kommt es entscheidend darauf an, ob Sie sympathisch „rüberkommen", vertrauenswürdig wirken.

So zählt „Persönlichkeit" (neben „Kontakt- und Kommunikationsfähigkeit") zu den wichtigsten generellen Einstellungs- und Aufstiegskriterien. Es geht also um den berühmt-berüchtigten ersten Eindruck, in dem bei Gesprächspartnern, die sich bisher unbekannt waren, die Weichen in Richtung einer positiven (Sympathie) oder negativen Gefühlsreaktion (Antipathie) gestellt werden. Das trifft sowohl auf die Beziehung des Auswählers zum Auszuwählenden wie auch auf die Gruppensituation unter den Kandidaten zu. Spezielle AC-Aufgaben beziehen sich sogar ganz konkret auf dieses Sympathiethema („Wem aus der Gruppe würden Sie am ehesten ein gebrauchtes Auto abkaufen?" – s. S. 9).

Sympathie und Persönlichkeit

Sympathie entsteht einerseits aufgrund verbaler und nonverbaler Kommunikation, also über die Sprache (formal und inhaltlich) und Sprechweise (laut/leise, Klang,

Dialekt etc.). Andererseits sind es Merkmale wie Aussehen, Auftreten, Körpersprache und Kleidung, die Sympathie entstehen lassen.

Manch einer mag glauben, dass Sympathie zwischen zwei Menschen einfach vorhanden ist oder eben auch nicht und dass sich daran wohl wenig ändern lässt. Dem ist jedoch nicht so. Sympathie für sich können Sie durchaus mobilisieren, und zwar immer dann, wenn Ihr Gegenüber den Eindruck und die Hoffnung gewinnt, dass Sie einen Beitrag zu seiner Bedürfnisbefriedigung (Erfolg, Macht, Liebeswünsche etc.) leisten. Wodurch werden Sympathie und auch Antipathie nun mobilisiert?

Sympathie wird eher mobilisiert durch	**Antipathie** wird eher mobilisiert durch …
Anpassung	mangelnde Anpassung
Charisma	fehlendes Charisma
Freundlichkeit	Unfreundlichkeit
Höflichkeit	Unhöflichkeit
Gelassenheit	Nervosität
Ruhe	Unruhe
Selbstsicherheit	Selbstunsicherheit
Geduld	Ungeduld
Toleranz	Intoleranz
Gleichberechtigung	Dominanz- / Machtstreben
gewähren lassen (Freiheit)	Beherrschung (Unfreiheit)
Attraktivität	abstoßendes Äußeres
Schönheit	Hässlichsein
Gewandtheit	Unsicherheit
Entspanntheit	Gespanntheit
gleiche / ähnliche Interessen / Hobbys	stark unterschiedliche Interessen / Hobbys

Der letzte Punkt der Tabelle sei noch einmal besonders hervorgehoben: Wenn es Parallelen zwischen Ihren Beobachtern und Ihnen gibt, steigen Ihre Chancen, als besonders sympathisch empfunden zu werden. Denn dann laufen Identifizierungsprozesse ab („Die ist ja genauso wie ich"). Auch biografische Parallelen (dieselbe Uni, derselbe Geburtsort etc.) haben den gleichen Effekt.

Was Sympathie entstehen lässt

Wer außerdem noch leistungsmotiviert und kompetent wirkt, macht sich zusätzlich sympathisch, da diese Eigenschaften zur Realisation des Arbeitgeber-Bedürfnisses nach erfolgreichen Mitarbeitern beitragen.

Leistungsmotivation und Kompetenz offenbaren sich allerdings nicht so schnell wie das zentrale, auf die Persönlichkeit bezogene und auch durch unbewusste Faktoren mit gesteuerte Sympathiegefühl. Als Bewerber muss es daher Ihr Ziel sein, diese drei Essentials (Kompetenz, Leistungsmotivation und Persönlichkeit) während des gesamten Auswahlverfahrens als Signale so „auszusenden", dass sie beim AC-Veranstalter (bzw. „Beobachter", Arbeitgeber) gut rüber- bzw. ankommen.

Auf dem Weg zu diesem Ziel können Ihnen folgende Fragen behilflich sein:

Schlüsselfragen

- Was für ein Mensch sind Sie, wie präsentieren Sie sich?
- Wie bringen Sie Ihre Leistungsmotivation deutlich zum Ausdruck?
- Wie vermitteln Sie überzeugend Ihre Kompetenz?

Erlebnisbericht: Offene Worte

Oft benennen Firmen im Assessment Center ganz offen, worauf es ihnen bei der Bewerberauswahl ankommt, wie folgender Kandidat, der bei einem deutschen Großunternehmen an einem AC teilnahm, bestätigen kann:

Wir waren sechs Teilnehmer (drei männliche, drei weibliche) bei diesem eintägigen Assessment Center. Allesamt Bewerber um einen der wenigen, aber umso begehrteren Trainee-Plätze. Dazu zwei Beobachter, einer davon Mitarbeiter aus der Personalabteilung, der andere Betriebspsychologe. Zu Beginn sagte man uns, dass es vor allem um drei Dinge gehe:

1. *Arbeitsleistung*
2. *intellektuelle Fähigkeiten*
3. *soziale Kompetenz bzw. Umgang mit Menschen*

Die beiden AC-Beobachter erklärten uns kurz etwas zu ihrer Firma und verteilten dann umfangreiche Arbeitsmappen, die etwa 12 bis 15 Aufgaben mit jeweils ein bis drei Seiten Beschreibung enthielten. Unsere erste Aufgabe bestand darin, innerhalb der Gruppe einen Konsens herbeizuführen, mit welchen Aufgaben wir uns „freiwillig" auseinanderzusetzen bereit waren. Für diesen Einigungsprozess und für die Durchführung der eigentlichen Aufgabe hatten wir bis zur Mittagspause Zeit.

Test, Test, Test

Zur Auswahl standen so unterschiedliche Aufgaben wie Intelligenz-, Leistungs-/Konzentrations- und Persönlichkeitstests (allein zu erarbeiten), aber auch Gruppendiskussionen mit und ohne Leitung sowie Präsentationsaufgaben und verschiedene Rollenspiele. Natürlich durfte die berühmte Postkorbübung nicht fehlen.

Meine Gruppe einigte sich darauf, zwei Aufgaben bis zur Mittagspause durchführen zu wollen: eine Gruppendiskussion und eine Präsentationsaufgabe. […]

Meine persönliche Einschätzung zu diesem AC: Es kam der Firma besonders auf soziales Verhalten an. So habe ich den Eindruck gewonnen, dass z. B. offene Kritik völlig verpönt ist. „Seid nett zueinander, auch in schwierigen Situationen" ist wohl die Devise. Ebenso wichtig ist es offenbar, sich in Gruppendiskussionen nicht durch zu häufige und zu lange Wortbeiträge in den Vordergrund zu spielen. Mitbewerber anzuspornen, zu bedrängen oder gar zu dominieren, erschien mir ebenfalls völlig inopportun.

Big Brother is watching you

Ein AC kann einen halben Tag oder auch mehrere Tage dauern, oft sind es eineinviertel, seltener schon zwei ganze Tage. Über diesen Zeitraum hinweg beobachtet Sie eine Prüfungskommission (meist Führungskräfte des Unternehmens), die, wie schon erwähnt, auch Beobachter oder Assessoren genannt werden. Diese drei bis sechs Personen – in seltenen Fällen sind es auch mal mehr Beobachter und manchmal sogar Auszubildende oder Trainees – repräsentieren die Auswähler, die „Arbeitsplatzvergeber", deren Daumenrichtung nach oben oder unten letztlich entscheidend ist.

Der Beobachter als Schiedsrichter

Sehr selten sind für Sie als Hochschulabsolvent die AC, in denen man Sie als Einzelnen prüft. Aber auch diese Variante existiert, und im Laufe Ihrer Karriere kann Ihnen so ein Einzel-Assessment beim Wechsel zu einem anderen Unternehmen durch eine Personalberatungsgesellschaft zugemutet werden. Übrigens: Nicht zu verwechseln mit einem Management Audit, das vor allem dann als Einzelprüfung herangezogen wird, wenn es um die Beurteilung der individuellen Leistung einzelner Mitarbeiter geht, denen man aus welchen Gründen auch immer eine Potenzialanalyse abverlangt (s. a. S. 139).

Ob nun als Beobachter, Begutachter, Prüfer, Assessoren oder Moderatoren vorgestellt: Das ist Ihr Publikum, liebe/-r Kandidat/-in, die Prüfungskommission, die – Punktrichtern gleich –, ihre Bewertungen, ihre Noten abgibt. Bisweilen treten auch Moderatoren auf, deren Aufgabe darin besteht, die einführenden und überleitenden Worte zu den einzelnen AC-Aufgaben zu finden und den organisatorischen Ablauf zu gewährleisten.

Der Ablaufplan eines typischen Bank-Assessments

Zunächst eine Übersicht zum Ablauf eines typischen Bank-AC für einen Traineeplatz:

1. Tag
8.00–9.30 h Einführung
Allen Teilnehmern wird das AC sowie dessen Transparenz und Objektivität erläutert. Der genaue Zeitplan und der Ablauf werden bekannt gegeben. Die AC-Beobachter und -Moderatoren stellen sich vor. Im Anschluss daran: Vorstellung der Teilnehmer; jeder stellt aber nicht sich selbst, sondern seinen Nachbarn vor.

AC in einer großen deutschen Bank …

9.30–10.30 h Gruppendiskussion
6 Bewerber, 4 Beurteiler. Jeder erhält eine kurze Aufgabenbeschreibung. In dieser führerlosen Gruppendiskussion wird ein betriebswirtschaftlich-gesellschaftspolitisches Thema diskutiert und ein Maßnahmenkatalog von den Teilnehmern erarbeitet.

Ablauf eines AC

10.30–11.00 h Kaffeetrinken/Small Talk

11.00–13.00 h Kombinierte Einzel- und Gruppenübung
Jeder Teilnehmer bekommt schriftliche Unterlagen einer Fallstudie, die er 30 Minuten lang alleine bearbeitet, bevor er ein Kurzgutachten erstellt (Thema: ein personalpolitischer Fall). Anschließend erhalten alle Gruppenteilnehmer weitere Unterlagen zu diesem Fall, und auf Grundlage der individuellen Ergebnisse muss jetzt die Gruppe gemeinsam das Problem weiterbearbeiten.

13.00–14.30 h Gemeinsames Mittagessen aller AC-Teilnehmer

14.30–15.30 h Rollenspiel Verhandlung
2 Bewerber und jeweils 2 Beobachter. Jeder Bewerber bekommt 2 Seiten Rollenanweisung und 20 Minuten Vorbereitungszeit. Rollen: Einkäufer und Verkäufer. Anschließend findet ein simuliertes Verkaufs- und Verhandlungsgespräch statt, bei dem ein Verkaufs-/Einkaufsergebnis zu erzielen ist.

15.30–16.15 h Kaffeepause/Small Talk

16.15–17.00 h Vorbereitung/Präsentation
Jeder Bewerber bekommt einen 20-seitigen betriebswirtschaftlichen Text, der zusammengefasst und im Anschluss vorgetragen werden muss.

17.00–18.00 h Präsentation
1 Bewerber, 2 Beobachter. Der bearbeitete Text muss innerhalb von zehn Minuten vorgetragen werden. Die Beobachter bleiben passive Zuhörer.

18.00–19.00 h Zwischenbilanz
Alle AC-Teilnehmer tauschen sich aus, sprechen über positive und negative Aspekte und Eindrücke des ersten Tages.

Bis in den späten Abend

20.00–21.00 h Gemeinsames Abendessen
21.00–21.45 h Infos zu Trainee-Programm und Aufstiegschancen

2. Tag
9.00–9.45 h Interview 1
Bewerber/Beobachter (Vieraugengespräch)
Themen: Lebenslauf, Motive der Berufswahl, Karriere- und Zukunftspläne, Sprachkenntnisse, Sonstiges

9.45–10.00 h Kaffeepause/Small Talk

10.00–10.45 h Interview 2
Bewerber/anderer Beobachter (Vieraugengespräch, gleiche Themen wie im ersten Gespräch)

10.45–13.00 h Testbatterie (Intelligenz-, Leistungs-/Konzentrations- und Persönlichkeitstest)

13.15–14.00 h Gemeinsames Mittagessen

14.00–14.30 h Gruppenabschlussgespräch
Ende der Veranstaltung für die Teilnehmer

15.00–21.00 h Auswahlkonferenz
Die AC-Beobachter und -Moderatoren treffen sich zur Ergebnisdiskussion und -findung. Jeder einzelne Kandidat wird ausführlich besprochen.

Unter ständiger Beobachtung

Was immer Sie als Kandidat vorzutragen und zu leisten haben, die Beobachter sind darauf trainiert, die Kandidaten untereinander zu vergleichen, möglichst auch hinter die Fassaden zu schauen. Ein oder mehrere Tag(e) am Stück unter permanenter Kontrolle – kein Wunder, dass sich mancher hinterher ähnlich erschöpft und ausgelaugt fühlt wie ein Zehnkämpfer nach der letzten Disziplin. Mehrere Erlebnisberichte von Assessment Centern dieser Art finden Sie unter *www.berufsstrategie-plus.de*.

www.

Anforderungen und Beurteilungsaspekte

Wichtig zu wissen – noch besser, sich darin gut auszukennen: die wirklich relevanten Untersuchungsthemen. Galt bis vor etwa 25 Jahren die fachliche Qualifikation als *der* entscheidende Weichensteller für eine Karriere, gibt es seit einiger Zeit die sichere Erkenntnis: Es sind die sozialen Kompetenzen, die Persönlichkeit und Art des Umgangs mit den Mitmenschen, die entscheidend sind.

Darum geht es

Es ist die soziale, emotionale oder auch Erfolgsintelligenz, die über berufliche Leistung, Zufriedenheit und Erfolg entscheidet. Wichtigster Untersuchungsgegenstand sind Ihre persönlichen Verhaltensweisen („Wie sind Sie gestrickt?“) insbesondere im Umgang mit anderen Menschen. Zweitwichtigster Untersuchungsgegenstand: Wie gehen Sie an Probleme heran, wie lösen Sie diese? Und genau damit beschäftigen sich viele Themen und Aufgaben in der Bewerbungssituation, im Vorstellungsgespräch und insbesondere im Assessment Center.

Neben Persönlichkeit, Leistungsmotivation und Kompetenz beleuchten auch die folgenden vier Untersuchungsthemen Ihre persönliche Eignungsvoraussetzung. Dabei geht es um folgendes **Vier Arbeits-Ebenen/Themen-Modell:**

Die berufliche Orientierung (Ihr Macht- und Leistungsanspruch)
Oder: Führungskompetenz und strategische Kompetenz. Was für berufliche Ziele haben Sie? In welcher „Liga“, auf welcher Ebene wollen Sie spielen? Verbunden mit der Frage nach Ihrer

- Führungsmotivation
- Gestaltungsmotivation

Persönliche Eignung

- Leistungsmotivation
- Durchsetzungsfähigkeit

Das Arbeitsverhalten (Ihre Arbeitsweise)
Oder: Problemlösungskompetenz. Wie ist Ihr Arbeitsstil? Wie gehen Sie an Aufgaben heran? Unterteilt nach

- Handlungsorientierung
- Flexibilität
- Gewissenhaftigkeit
- Einfallsreichtum

Die sozialen Komponenten (Ihr Sozialverhalten)
Oder: Wie gehen Sie mit anderen um? Wie kommen Sie mit anderen klar? Unterteilt nach

- Teamfähigkeit
- Kontaktfähigkeit
- Verträglichkeit
- Einfühlungsvermögen

Die psychische Konstitution (Ihr gesamter Seelenzustand)
Oder: persönliche Kompetenz. Wie normal, wie stabil, wie gesund sind Sie? Unterteilt nach

- Selbstbewusstsein
- emotionale Stabilität
- Belastbarkeit
- Sympathie-Mobilisierungspotenzial

So präsentieren Sie sich, Ihre Persönlichkeit und Problemlösungskompetenz erfolgreicher

Wie lösen Sie Probleme

Wichtiger mentaler Ausgangs- und Erkenntnispunkt bei all Ihren vorbereitenden Überlegungen: Auf dem heutigen Arbeitsmarkt sind Sie nicht mehr klassischer Arbeitnehmer, der für einen Arbeitgeber tätig ist, sondern eine Art selbstständiger Unternehmer – ein modernes Ein-Personen-Dienstleistungsunternehmen. Ihr berufliches Know-how ist Ihr Angebot, Ihr Vertriebsgegenstand. Stets müssen Sie darauf achten, dass Ihre Kunden (beispielsweise Ihr wichtigster „Kunde“, Ihr Vorgesetzter) zufrieden mit Ihnen und Ihren Leistungen sind. Den Nutzen, den Sie dabei durch Ihre Arbeit „erwirtschaften“, sollten Sie anderen klar vermitteln können. Das trifft besonders für das bevorstehende AC zu.

Verdeutlichen Sie sich selbst und Ihren AC-Beobachtern und -Gesprächspartnern, dass Ihre Ausgangsbasis ein gutes Maß an Selbstvertrauen ist. Dies bedeutet:

Selbstbewusstsein und Selbstvertrauen

- Sie verfügen über ein Bewusstsein dafür, wie wichtig es ist, immer wieder sich selbst und andere motivieren zu können.
- Sie haben ein Gespür dafür, wie man Sympathien gewinnt und überzeugt.
- Sie haben ein Bewusstsein dafür, wie wichtig Kundenorientierung ist.
- Sie können (quasi auf Knopfdruck) ein bewusst ziel- und erfolgsorientiertes Handeln, das auf die richtigen Prioritäten setzt, zeigen.

Und immer wieder geht es um Ihre Problemlösungsfähigkeit – und darum, wie Sie diese während Ihres Auftretens präsentieren. Zusammen mit Ihrer Sympathie gewinnenden Wesensart ist genau dies von entscheidender Bedeutung für Ihre Bewerbung – aber später auch für Ihren Berufserfolg. Für alle Bereiche, die Ihre Arbeit betreffen, sollten Sie Ihr Problemlösungsverhalten reflektieren. Stellen Sie sich dazu die Fragen:

- Wie gehe ich Probleme an?
- Wie plane ich meine Vorhaben?
- Wie setze ich meine Ideen und Vorhaben in die Tat um?
- Wie und vor allem was lerne / lernte ich daraus für die zukünftige Lösung komplexer Aufgaben?

Problemlösungskompetenz

Verschiedene Situationen im Leben erfordern unterschiedliches Denken. Nur so können vielfältige Aufgaben bewältigt werden. Manchmal ist analytisch geprägtes Denken von Vorteil, ein anderes Mal ein kreatives Herangehen oder eine praxisorientierte Handlungsweise. Üben Sie Ihre analytischen, kreativen und praktischen Denkfähigkeiten. Versuchen Sie einzuschätzen, in welcher Situation welche Art des Denkens die richtige ist. Erst dadurch sind Sie in der Lage, Anforderungen besser gerecht zu werden.

Die Suche nach der idealen Führungskraft

Im AC stehen Sie auf dem Prüfstand. Herausgefunden werden soll u. a., ob Sie bald oder jedenfalls in absehbarer Zukunft das Zeug zur Führungskraft, zumindest für eine herausgehobene Position, haben. Was eine gute (ideale) Führungskraft wiederum mitbringen soll, haben wir auf den folgenden Seiten aufgelistet.[3] Das Anforderungsprofil mag etwas zu detailliert erscheinen. Aber denken Sie daran: Je genauer Sie sich auskennen und je deutlicher Ihre Vorstellung darüber ist, in welchen Kategorien gedacht wird, desto größer ist die Chance, Ihren Auftritt glanzvoll zu gestalten. Dabei geht es um die folgenden Themen:

Typisches Anforderungsprofil

- soziale Kompetenz
- systematisch-zielorientiertes Denken und Handeln
- Aktivitätspotenzial
- Ausdrucksfähigkeit

Im Einzelnen ist darunter zu verstehen:

1. Soziale Kompetenz

Sensibilität

- Einfühlungsvermögen, Probleme und Gefühle anderer erkennen und berücksichtigen
- realistische Einschätzung der Wirkung der eigenen Person auf andere
- Kontaktfähigkeit
- auf andere zugehen können, leicht ins Gespräch kommen
- Offenheit bezüglich eigener Ziele, Absichten und Methoden
- vertrauensvoller und hilfsbereiter Umgang mit anderen

Kooperationsfähigkeit

- Aufgreifen und Weiterführen der Ideen anderer
- sich nicht auf Kosten anderer durchsetzen
- Erfolg mit anderen teilen
- Verzicht auf Konkurrenzdenken, Machtinteressen und Rivalität

Integrationsvermögen

- Ursachen von Konflikten erkennen und Lösungen anstreben
- unterschiedliche Interessen zielgerichtet „kanalisieren", ohne Aufgeben des eigenen Konzepts

Informationsbereitschaft

- andere mit Informationen versorgen
- wichtige Informationen nicht zurückhalten
- zuhören können und Zeit für Gespräche haben

Selbstkontrolle

- auf Angriffe nicht aggressiv reagieren
- andere nicht provozieren
- in der Stimmungslage berechenbar sein

2. Systematisch-zielorientiertes Denken und Handeln

analytisches Denken

- Gemeinsamkeiten zwischen unterschiedlichen Sachverhalten erkennen
- allgemeine Regeln aus der Betrachtung von Einzelfällen ableiten können und auf die Ziele anwenden

konzeptionelles Denken

- Entwickeln von Problemlösungsstrategien
- Erstellen einer adäquaten Rangfolge von Einzelschritten bei der Projektplanung

kombinatorisches Denken

- Verarbeitung und Übernahme von Informationen und Denkweisen anderer Fachdisziplinen
- Kombinieren vorhandener Daten in neuartiger Weise und Entwickeln von Alternativen

effiziente Arbeitsorganisation

- Einhalten von Terminen und Absprachen
- Überblick behalten und Aufgaben verteilen können
- eigene Aufgaben bis zum kompletten Abschluss bringen

Entscheidungsvermögen

- Einbeziehung aller verfügbaren Informationen
- Anfordern und Bewerten von Alternativen
- kein Auf- oder Abschieben von Entscheidungen
- kalkulierbares Risiko eingehen
- Folgen der Entscheidung bedenken

Planungs- und Kontrollvermögen

- Arbeitsziele formulieren
- Ordnungskriterien suchen und sichtbar machen
- planvolles Vorgehen
- Arbeitsabläufe aufeinander abstimmen
- komplexe Sachverhalte schnell strukturieren können
- Überprüfung der Planerfüllung

3. Aktivitätspotenzial

Arbeitsmotivation

- konstante Arbeitsleistung auch bei komplexen Aufgaben
- anstehende Arbeiten selbstständig schnell erledigen
- kurzfristige Veränderungen akzeptieren und verarbeiten

Führungsmotivation

- Aufnahme und Organisation von Führungsrollen
- Initiativen zur Durchführung eines Interessenausgleichs im Mitarbeiterbereich
- stärkere Konzentration auf die Arbeitsergebnisse als auf den Arbeitsprozess

Autonomie

- selbstständiges Arbeiten ohne Anweisungsbedarf
- eigenständige Formulierung neuer Aufgaben und Ziele
- Streben nach verbesserten Arbeitsergebnissen
- Bereitschaft, Neues zu erkunden und zu erlernen

Durchsetzungsvermögen

- Ziele nicht aus den Augen verlieren
- eigenen Standpunkt auch gegen Widerstände durchsetzen
- Konkurrenzsituationen nicht ausweichen
- insgesamt stark zielorientiertes Vorgehen

Selbstvertrauen

- bei Rückschlägen nicht aufgeben
- sich von Fakten und Sachverhalten und nicht von der Persönlichkeit anderer beeinflussen lassen
- erfolgsorientiertes und -sicheres Denken und Fühlen

4. Ausdrucksfähigkeit

mündliches und schriftliches Darstellungsvermögen

- klare, verständliche Sprache
- flüssige Formulierung, akustisch gut zu verstehen
- stilsichere Sprachgewandtheit im Schriftlichen

rhetorische Fähigkeiten

- argumentative Überzeugungskraft

Sollten Sie spätestens an dieser Stelle – was Ihre eigene Person angeht – Differenzen zwischen Soll und Ist feststellen, darf das kein Anlass für eine reaktive Depression sein. Schließlich werden ja beim „AC-Zirkus" vor allem auch Ihre schauspielerischen Fähigkeiten auf die Probe gestellt.

Glaubwürdig bleiben!

Die in der Branchensprache als „High Potentials" geltenden Kandidaten sind vor allem Meister der Selbstdarstellung – und die ist erlernbar. Oder, um es mit dem amerikanischen Soziologen Erving Goffman zu sagen: „Ob ein aufrichtiger Darsteller die Wahrheit oder ein unaufrichtiger Darsteller die Unwahrheit mitteilen will, beide müssen dafür sorgen, ihrer Art sich darzustellen, den richtigen Ausdruck zu verleihen, aus ihrer Darstellung Ausdrucksweisen auszuschließen, durch die der hervorgerufene Eindruck entwertet werden könnte, und sie müssen darauf achtgeben, dass das Publikum ihren Darstellungen unbeabsichtigte Bedeutung unterlegt."[4]

Worauf die Assessoren achten

Damit Sie Ihre Performance erfolgreich gestalten können, stellen wir Ihnen jetzt vor, worauf die Beobachter ihr Augenmerk legen. Folgendes wird beobachtet und beurteilt:

1. Soziale Prozesse wie

Kontaktfähigkeit:

- z. B. von sich aus auf andere zugehen, ansprechen, beginnen
- Ziele, Absichten, Methoden offen für andere darlegen
- Beratung, Unterstützung, Mithilfe anbieten
- anderen Vertrauen entgegenbringen
- Konfliktfähigkeit
- Sensibilität
- Integrationsvermögen
- Selbstkontrolle
- Informationsverhalten

Kooperationsfähigkeit:

- z. B. Meinungen, Ideen, Vorschläge anderer aufgreifen und weiterführen
- sich nicht auf Kosten anderer durchsetzen
- anderen in Schwierigkeiten helfen
- Erfolgserlebnisse mit anderen teilen
- keine Druck- oder Machtmittel einsetzen

2. Systematisch-zielorientiertes Denken und Handeln wie

abstraktes und analytisches Denken

kombinatorisches Denken

Entscheidungsfähigkeit

Planungs- und Kontrollfähigkeiten

eine persönliche arbeitsorganisatorische Fähigkeit

Analysieren, kombinieren, entscheiden

3. Aktivität wie

Arbeitsmotivation, Arbeitsantrieb, Initiative

Führungsmotivation und Führungsantrieb

Durchsetzungsvermögen

Selbstständigkeit/Unabhängigkeit

Selbstvertrauen

Ausdauer/Belastbarkeit

Stresstoleranz

4. Ausdrucksvermögen wie

schriftliche und mündliche Kommunikationsfähigkeit

Flexibilität

Überzeugungsfähigkeit

Diese Übersicht ist nicht nur generell für Assessment Center hilfreich, sondern auch für die Anforderungen, die in jedem Vorstellungsgespräch zum Tragen kommen können.

Auf der Suche nach Erfolgsintelligenz

Erfolgsintelligenz hat wenig mit objektiv abfragbarem Wissen zu tun – sie setzt sich vielmehr aus menschlichen Fähigkeiten zusammen, die es zu beherzigen und vor allem zu üben gilt.

Was Sie erfolgreich werden lässt

Wir möchten Ihnen die wichtigsten zehn Aspekte vorstellen, die Sie „erfolgsintelligent" handeln lassen. Vieles davon wenden Sie bereits an, setzen Sie erfolgreich in der Praxis, im Arbeitsalltag um. In der Bewerbungssituation kommt es besonders darauf an, schnell und präzise zu zeigen oder angemessen beschreiben zu können, was und wie Sie etwas machen oder machten. Dazu brauchen Sie die richtigen Erzählinhalte. Nicht irgendwas, sondern genau *dies hier* zählt besonders. So will Ihr Gesprächspartner wissen:

1. Können Sie zwischen wichtigen und unwichtigen Dingen unterscheiden?

Wichtig oder nicht?

Es gibt Situationen, in denen winzige Details immens bedeutsam sein können, wie z. B. beim Bergsteigen, wo die kleinste Unaufmerksamkeit fatale Folgen haben kann. Meist ist es jedoch im Leben wichtiger, die Konzentration auf die Gesamtheit einer Sache zu lenken. Daher: Üben Sie, zwischen den wichtigen und unwichtigen Dingen im Leben zu differenzieren. Konzentrieren Sie sich auf das, was Sie tatsächlich Ihren Zielen näherbringt, verzetteln Sie sich nicht, sondern handeln Sie ergebnisorientiert.

2. Ergreifen Sie die Initiative und setzen Sie Ihre Ideen auch in Taten um?

Jede Initiative bedeutet eine Bindung an eine Situation und bedingt Risiken und Konsequenzen. Die Hemmung, sich auf etwas einzulassen, ist einer der Hauptgründe, weswegen Menschen eine Scheu davor haben, Initiative zu ergreifen. Versuchen Sie, sich verantwortungsbewusst auf etwas einzulassen, und scheuen Sie nicht die Konsequenzen.

Die besten Ideen führen zu nichts, wenn man sie nicht wenigstens versucht umzusetzen. Interessanterweise ist diese wichtige Fähigkeit weniger von einem hohen IQ abhängig, als die meisten glauben. Während Menschen mit einem höheren IQ in entspannten Situationen mehr Führungsstärke als Personen mit einem eher niedrigen IQ zeigen, ist dies bei Stress häufig umgekehrt.

3. Schieben Sie Dinge nicht auf die lange Bank und erledigen Sie angefangene Arbeiten?

Viele Menschen behaupten, sie könnten unter Zeitdruck besser arbeiten. Diese Strategie ist meist problematisch; erwiesenermaßen würden viele Aufgaben qualitativ besser ausfallen, wenn die entsprechende Zeit dafür verwendet würde. Sie sollten daher Ihre Zeit so einteilen, dass Sie Ihre Aufgaben gut erledigen können.

Gefahr: Aufschieberitis

Andererseits: Vermeiden Sie Abbrüche und führen Sie Dinge, die Sie begonnen haben, auch einem Ende zu. Es gibt Menschen, die spüren eine Furcht vor dem „Danach“, was sie zaudern lässt, Angefangenes erfolgreich zu beenden. Manchmal reicht auch die Angst davor, etwas aus der Hand zu geben, aus, um eine Tätigkeit nicht zielorientiert fertigstellen zu wollen.

4. Akzeptieren Sie berechtigte Kritik und üben Sie sich auch im konstruktiven Streiten?

Kühlen Kopf bewahren

Menschen, die so von sich überzeugt sind, dass sie sich für nahezu unfehlbar halten, suchen für jeden noch so kleinen Fehler einen Schuldigen. Doch falsche Schuldzuweisungen können sowohl im Privat- wie auch im Berufsleben schwerwiegende negative Konsequenzen nach sich ziehen. Arbeiten Sie an sich und übernehmen Sie die Verantwortung für gemachte Fehler. Fordern Sie keine Entschuldigungen und übertragen Sie Ihre Schuld nicht auf andere. Wer einen Irrtum zugeben kann, demonstriert damit innere Größe ebenso wie Gelassenheit und hat dadurch die Chance, aus Fehlern zu lernen.

Auch die Fähigkeit, sich sachbezogen und konstruktiv mit Kollegen, Vorgesetzten und Geschäftspartnern auseinanderzusetzen, ist wichtig für ein erfülltes Berufsleben. Ein klärendes Gespräch kann Wunder wirken. Dabei sollten Sie Ihren Standpunkt kennen und diesen auch vertreten können. Nutzen Sie Ich-Aussagen, verzichten Sie auf Vorwürfe, bewahren Sie einen kühlen Kopf …

5. Bedauern Sie sich nicht lange selbst und überwinden Sie persönliche Schwierigkeiten?

Jammerlappen sind nicht gefragt

Es ist schwer, sich nicht selbst zu bedauern, wenn sich Lebenssituationen ergeben haben, mit denen man nur schwer klarkommt und die einen stark belasten. Permanentes Selbstmitleid ist jedoch kontraproduktiv und erzeugt genau das Gegenteil von dem, was eigentlich intuitiv erhofft wurde: Zuwendung. Stattdessen reagieren die Mitmenschen mit wachsender Ungeduld und wenden sich schließlich ab. Daher sollten Sie alles daransetzen, die für Sie ungünstigen Situationen so schnell wie möglich wieder ins Lot zu bringen.

Krisen im Leben haben meist Auswirkungen auf alle Lebensbereiche und somit auch auf das Berufsleben. Wenn irgend möglich, sollten Sie sich den unangenehmen Situationen mutig stellen und ihnen nicht permanent ausweichen. Dabei ist es wichtig, das Berufs- und Privatleben so weit wie möglich zu trennen.

6. Können Sie Ihre Impulse auch in schwierigen Situationen kontrollieren?

Impulsive Reaktionen sind an sich nichts Ungewöhnliches und in einigen Situationen durchaus notwendig. Dennoch kann das sofortige Umsetzen von inneren Impulsen zu unüberlegtem Handeln führen und verhindern, dass vorhandene Fähigkeiten umgesetzt werden können. Handeln Sie – wenn notwendig – rasch, ansonsten eher aus Ihrer Erfahrung heraus und nach einer Zeit des Abwägens.

Was immer Außergewöhnliches auf Sie zukommt, Sie stört und ärgert: Bleiben Sie gelassen, erinnern Sie sich der chinesischen Weisheit „In der Ruhe liegt die Kraft".

7. Konzentrieren Sie sich auf Ihre Ziele und verzetteln sich nicht?

Nicht ablenken lassen

Intelligenz ist keine Voraussetzung für Konzentrationsfähigkeit. Vielen Menschen gelingt es nie, sich längere Zeit auf eine einzige Sache zu konzentrieren. Gewiss stellen Ablenkungen eine Gefahr da, die niemand gänzlich ausschließen kann. Versuchen Sie jedoch, sich auf die wesentlichen Dinge zu konzentrieren. Ermitteln Sie die Rahmenbedingungen, unter denen Sie am effektivsten arbeiten können, und schaffen Sie sich diese.

8. Bewahren Sie Ihre Unabhängigkeit (bei aller Loyalität gegenüber Ihrem Vorgesetzten)?

Selbstständiges Handeln ist für die meisten Aufgaben im Leben eine unabdingbare Voraussetzung. Auch in der Teamarbeit wird in gewisser Weise ein selbstständiges Arbeiten und Denken erwartet. Bauen Sie darum in erster Linie auf sich selbst; agieren Sie souverän und übernehmen Sie die Verantwortung für Ihre Handlungen.

Und wenn die zu überwindenden Widerstände allzu groß sind: Mit dem Kopf durch die Wand zu wollen, hilft in den seltensten Fällen. Das ist keine Aufforderung, das Fähnchen nach dem Wind zu richten, sondern es kommt auch auf die überlebensnotwendige Fähigkeit an, sich wechselnden Verhältnissen anpassen zu können – ohne sich dabei selbst zu verlieren. Im Umgang mit anderen bedeutet dies, kompromissbereit zu sein und trotzdem Rückgrat zu zeigen.

9. Haben Sie Angst vor Fehlschlägen?

Alle Menschen machen Fehler, und niemand begeht sie absichtlich. Was Menschen jedoch unterscheidet, sind die Konsequenzen daraus. Viele Menschen entwickeln Versagensängste, die meist schon in der Kindheit entstehen und einem erfolgsorientierten Handeln im Wege stehen. Einen Fehler zu begehen, ist jedoch nicht dasselbe wie Versagen. Auch erfolgsintelligente Personen begehen Fehler, sie machen jedoch den gleichen Fehler – in der Regel – nicht noch einmal. Aus Fehlern zu lernen und sie zu korrigieren, ist ein wichtiger Aspekt der Erfolgsintelligenz.

Fehler sind menschlich

10. Gelingt es Ihnen, das richtige Maß zwischen Überlastung und Unterforderung zu finden?

Zu viel Ehrgeiz kann schädlich sein: Wer sich überschätzt und sich zu viel zumutet, erreicht die gesteckten Ziele trotz Engagement und harter Arbeit nur selten. Es besteht ständig die Gefahr, sich in zu vielen Einzelprojekten zu verlieren. Genauso schädlich kann jedoch auch Unterforderung sein, da persönliche Qualitäten nicht zum Einsatz kommen und so verkümmern können. Lernen Sie, Ihre Kapazitäten optimal einzusetzen und Ihre Ziele so einzuteilen, dass Sie damit die beste Leistungssteigerung erreichen.

Worauf geschaut wird, wenn es um Ihre berufliche Eignung geht

Ganz sicher hilft Ihnen hierbei die folgende Liste wirklich wichtiger Merkmale, auf die Ihre Assessoren schauen, um Ihre zukünftige berufliche Leistungsfähigkeit besser einschätzen zu können. Dabei spielt der Ausprägungsgrad natürlich eine gewisse Rolle, je nachdem, ob Sie sich als angehender Maschinenbauentwicklungsingenieur oder als Controller für eine Universitätsklink bewerben. Dennoch, die Gemeinsamkeiten, die Basis überwiegt:

Die 24 wichtigsten beruflichen Merkmale – egal wofür Sie sich bewerben

Darauf kommt es ganz besonders an!

1. **Kommunikationsfähigkeit** *(Kontakt-, Verhandlungsgeschick)*
   Prüfung: Ihr Auftreten und den Eindruck, den Sie vermitteln, wenn Sie auf andere zugehen; der Umgang, den Sie zeigen mit Ihren Mitbewerbern und den Auswählern, Beobachtern.

2. **Mündliches Ausdrucksvermögen** *(sich sprachlich angemessen und gut verständlich ausdrücken können)*
   Prüfung: Wie gut drücken Sie sich aus bei der Vorstellung, bei der Gruppendiskussion, im Vortrag, Rollenspiel und auch bei entsprechenden Testaufgaben (z. B. Wortverständnis).

3. **Schriftliches Ausdrucksvermögen** (*schreiben können, inkl. Rechtschreibung*)
   Prüfung: Beim Aufsatz, Diktat oder im Test bei der Postkorbaufgabe.

4. **Lernbereitschaft** (*Ausbildung und Weiterbildung*)
   Prüfung: In der Gruppendiskussion, bei Rollenspielen, bei der Postkorbaufgabe und überhaupt Ihre schulische und universitäre Entwicklung und Ausbildung wird unter die Lupe genommen.

„Denkst du noch, oder handelst du schon?"

5. **Merkfähigkeit** (*Gedächtnisleistung, Erinnerungsvermögen*)
   Prüfung: z. B. bei Merktestaufgaben

6. **Konzentrationsfähigkeit** (*Daueraufmerksamkeit, Belastbarkeit,* konzentriert bleiben, längere Zeit am Stück arbeiten, in hektischer Umgebung arbeiten können)
   Prüfung: Ihr Gesamtverhalten im AC, z. B. bei entsprechenden Testaufgaben.

7. **Abstrakt-logisches Denken** (*abstrakte Zusammenhänge erkennen und beurteilen*)
   Prüfung: Ihr Gesamtverhalten im AC, z. B. bei entsprechenden Testaufgaben.

8. **Konfliktfähigkeit** (*Problemen nicht aus dem Weg gehen, im Streit sachlich bleiben, Konflikte konstruktiv lösen*)
   Prüfung: Ihr Gesamtverhalten im AC, z. B. bei entsprechenden Rollenspielen oder in der Gruppendiskussion.

9. **Durchsetzungsfähigkeit** (*Willenskraft, etwas erreichen, sich durchsetzen können*)
   Prüfung: Ihr Gesamtverhalten im AC, z. B. bei entsprechenden Rollenspielen oder in der Gruppendiskussion.

10. **Motivationsfähigkeit** (*sich selbst und andere für etwas interessieren*)
    Prüfung: Ihr Gesamtverhalten im AC, wie begeistert spielen Sie mit, z. B. bei entsprechenden Rollenspielen oder in der Gruppendiskussion.

11. **Freundlichkeit** (*Anstand, Verbindlichkeit, Taktgefühl, gutes Benehmen*)
    Prüfung: Ihr Gesamtverhalten im AC, z. B. bei entsprechenden Rollenspielen oder in der Gruppendiskussion.

12. **Systematisches Arbeiten** (*planmäßig und methodisch vorgehen, um eine Aufgabe zu erledigen*)
    Prüfung: Ihr Gesamtverhalten im AC, z. B. bei entsprechenden Präsentationen, bei der Postkorbübung, Rollenspielen oder in der Gruppendiskussion.

13. **Kooperationsfähigkeit** (*mit anderen Menschen zusammenarbeiten können*)
    Prüfung: Ihr Gesamtverhalten im AC, z. B. bei entsprechenden Rollenspielen oder in der Gruppendiskussion.

14. **Frustrationstoleranz** (*Enttäuschungen gut überwinden können*)
    Prüfung: Ihr Gesamtverhalten im AC, z. B. bei entsprechenden Konflikt-Rollenspielen oder in der Gruppendiskussion.

15. **Verantwortungsbewusstsein** (*Pflichtgefühl, Zuverlässigkeit, Reife*)
    Prüfung: Ihr Gesamtverhalten im AC, z. B. bei entsprechenden Rollenspielen oder in der Gruppendiskussion.

16. **Sorgfalt** (*Genauigkeit, Gewissenhaftigkeit*)
    Prüfung: Bei bestimmten Testaufgabentypen, die ausdauernde Sorgfalt und Gewissenhaftigkeit abprüfen (s. a. S. 120).

17. **Flexibilität** (*Anpassungsvermögen, Anpassungsfähigkeit, Tätigkeitswechsel, Multitasking-Fähigkeit*)
    Prüfung: Ihr Gesamtverhalten im AC, z. B. bei entsprechenden Rollenspielen, bei der Postkorbaufgabe oder in der Gruppendiskussion.

18. **Bearbeitungsgeschwindigkeit** (*Aufgaben in kurzer Zeit erledigen*)
    Prüfung: speziell bei ausgewählten Testaufgaben.

19. **Präsentationsfähigkeit** (*öffentlich etwas darstellen, vorstellen, bekannt machen*
    Prüfung: Ihr Gesamtverhalten im AC, z. B. bei der Selbstpräsentation, beim Vortrag, bei entsprechenden Rollenspielen oder in der Gruppendiskussion.

20. **Unternehmerisches Denken** (*unternehmerische Einstellung haben, an Kosten und Nutzen denken, eigenverantwortlich handeln*)
    Prüfung: Ihr Gesamtverhalten im AC, z. B. bei entsprechenden Rollenspielen wie z. B. Unternehmensplanspiel, Postkorbaufgabe oder in der Gruppendiskussion bei typischen Problemen aus dem Arbeitsleben.

21. **Psychische und emotionale Stabilität** (*seelische Standfestigkeit, gute Erdung*)
    Prüfung: Ihr Gesamtverhalten und Auftreten im AC, z. B. bei entsprechenden Rollenspielen oder in der Gruppendiskussion.

22. **Kreativität** (*Ideenreichtum*)
    Prüfung: Ihre Vorschläge z. B. bei entsprechenden Rollenspielen oder in der Gruppendiskussion.

23. **Empathie** (*Einfühlungsvermögen, Mitgefühl, Feinfühligkeit*)
    Prüfung: Ihr Gesamtverhalten im AC, beginnend mit der Selbstvorstellung, bei entsprechenden Rollenspielen oder in der Gruppendiskussion im Umgang mit den anderen Kandidaten.

24. **Planen, Organisieren** (Vorstellung entwerfen, wie etwas erreicht werden soll, etwas sorgfältig vorbereiten)
    Prüfung: Ihr Gesamtverhalten im AC, z. B. bereits bei der Selbstvorstellung, beim Postkorb, bei entsprechenden Rollenspielen oder in der Gruppendiskussion

Die Mischung macht's

Geht es hier um eine Mischung von Soft und Hard Skills, also von Persönlichkeits- oder Charaktermerkmalen, Eigenschaften, Fähigkeiten und vielleicht sogar Begabungen oder Talent, ist die Dreier-Übersicht der wichtigsten Auswahlkriterien – **KLP**: **K**ompetenz, **L**eistungsmotivation und **P**ersönlichkeit (s. S. 12) – ziemlich einfach, aber nicht weniger überzeugend. Sie ist die einfachste Grundlage, wie es überhaupt zu Einstellungsentscheidungen in der Arbeitswelt kommt.

Nun aber zunächst einmal zu den ganz klassischen AC-Aufgabentypen und -Übungen.

Assessment Center: die Aufgabentypen

Übersicht

Die Konstrukteure von Assessment Centern nennen die Aufgabentypen gern Arbeitsproben oder Übungen. Doch diese harmlos klingenden Ausdrücke sollten nicht darüber hinwegtäuschen, dass es sich dabei um knallharte Prüfungen handelt. Nun wollen wir uns ausführlicher damit befassen – unterteilt in mündliche und schriftliche Testverfahren.

Typische Aufgaben

Zu den mündlichen Aufgabentypen gehören:

- Vorstellungsrunde und (Selbst-)Präsentation
- verschiedene Arten von Gruppendiskussionen
- Vortrags- und Präsentationsübungen
- diverse Rollenspiele
- das Interview und seine Varianten

Zu den schriftlichen Aufgaben zählen:

- die klassische Postkorbübung
- sogenannte Intelligenztests
- Leistungs-/Konzentrationstests
- Persönlichkeitstests

Über diese Aufgabentypen informieren wir Sie jeweils mit einer detaillierten Beschreibung der Aufgabenstellung, einer Übersicht über die geprüften Anforderungen und mit konkreten Vorschlägen für die Bewältigung. Diese Darstellungen veranschaulichen wir zusätzlich mit authentischen Erlebnisberichten.

Die Vorstellungsrunde

Erlebnisbericht: Überraschung

Als promovierte Germanistin zog es mich nach dem Abschluss meiner Promotion und dem Auslaufen meiner wissenschaftlichen Assistenzstelle komplett in die PR-Szene. Schon während meines Studiums hatte ich als „Freie" für mehrere PR-Agenturen gearbeitet und wusste also, wie der Alltag aussieht. Ich schickte mehrere Bewerbungen an renommierte PR-Agenturen und wurde sofort von einer zu einem Assessment Center gebeten.

Ob ich aufgeregt war? Nun, ein bisschen schon, aber ich dachte mir, es sei besser, ich ginge möglichst unvoreingenommen und entspannt in solch ein AC, als dass ich mir vorher zu viele Gedanken machte, wie es laufen könnte.

Public Relations

Mit sieben Leuten waren wir eine eher kleine Truppe, die zu diesem AC eingeladen war. Außer mir zwei weitere Frauen und vier Männer. Alle waren klassisch bis chic angezogen, besonders eine der Frauen (die dann später auch den Job bekam) hatte sich richtig in Schale geworfen. Alles stimmte bei ihr, bis hin zum kleinen Fingernagel und zur Silberschnalle an ihren Schuhen. Wir wurden in einen hellen, großzügigen Raum gebeten, in dem schon zwei Frauen und ein Mann saßen. Die beiden Frauen arbeiteten für die Firma, bei der wir uns beworben hatten. Der Mann stellte sich als Psychologe vor. Er übernahm die Moderation und bat uns, uns nach kurzer Vorbereitung in einem kleinen Vortrag selbst vorzustellen.

Mich selbst zu präsentieren, war ich gewohnt, und ich glaube, ich habe mich ganz gut dargestellt. Mithilfe des Flipcharts schrieb ich einige Daten über mich und mein Leben auf, die ich etwas ausführlicher erklärte. Doch dann kam eine – meiner Meinung nach – tückische Aufforderung: Wir sollten unseren Nachbarn zur Linken vorstellen, und das aufgrund der Infos, die er (oder sie) zuvor von sich gegeben hatte. Die entsetzten Blicke (auch meiner) sprachen Bände, denn so ganz genau hatte keiner von uns bei den anderen zugehört, geschweige sich viel gemerkt. Zu sehr waren wir alle damit beschäftigt gewesen, unsere eigene Präsentation vorzubereiten und durchzuziehen. Letztendlich haben alle dann doch die Aufgabe recht ordentlich bewältigt, der Schock jedoch blieb. Derart gewarnt passten wir von nun an mehr auf.

Achtung: immer aufmerksam bleiben

Beschreibung

Zuhörer gewinnen

Zu Beginn eines ACs wollen Assessoren und vielleicht sogar auch Ihre Mitbewerber wissen, mit wem sie es zu tun haben. Also werden die Teilnehmer aufgefordert, sich vorzustellen. Auch wenn es zwanglos wirken kann, handelt es sich doch um mehr als nur ein lockeres gegenseitiges Bekanntmachen. Dies ist bereits die erste Übung, bei der (sicher nicht nur) die Beobachter registrieren:

- Wie stellen sich die einzelnen Kandidaten dar?
- Worauf legen sie bei ihrer Präsentation Wert?
- Ist der Vortrag gut verständlich und nachvollziehbar?

In vielen AC wird die Selbstpräsentation auch als Übung offiziell angekündigt. Zum Beispiel so: „Bitte präsentieren Sie sich vor der Gruppe. Berichten Sie über die wichtigsten Stationen Ihres Lebens." Häufig werden die Veranstalter konkreter. Dann heißt es in der Arbeitsanweisung vielleicht: „Bitte stellen Sie sich der Gruppe vor." Ihre Präsentation sollte auf jeden Fall enthalten:

- Ihren größten beruflichen Erfolg
- Ihre Hobbys
- welches berufliche Ziel Sie anpeilen
- Ihre Motivation, die angestrebte Position zu bekommen

Bei der Selbstpräsentation, der Vorstellung Ihrer Person oder einer anderen Person, kommt es vor allem auf Sprachgestaltung – Form, Ausdruck, Klarheit und Sicherheit, Ausstrahlung, Überzeugungskraft – und erst an letzter Stelle auf Ihre Sachkompetenz an. Es gibt auch die Aufgabe, bei der man sich oder seinen Nachbarn dem Gremium von Mitstreitern und Beobachtern vorstellt, aber auch die Präsentation von Themen wie „Der Glaube" oder „Erbschaftssteuern pro und kontra", „Karriere und ICH", die Sie auferlegt bekommen und bei deren Abarbeitung Sie genauestens beobachtet werden. Wie stellen Sie sich an? Nutzen Sie alle Materialien, die vorhanden sind (also Flipchart, Overheadprojektor, Beamer etc.)?

Multimedia nutzen

Es existieren auch Präsentationsaufgaben, bei denen Ihr Fachwissen gefordert ist. Das sind Themen, die sich mehr mit Ihrem zukünftigen Arbeitsgebiet befassen. Trotzdem steht selbst dabei Ihre Persönlichkeit im Vordergrund. Mehr zur Thematik von Präsentationsaufgaben finden Sie ab Seite 64.

Anforderungen

Ob Selbst-, Partner-, Gruppen- oder thematische Vorstellung – Ziel der Präsentation ist es, in einer begrenzten Zeit ein Thema inhaltlich zu erfassen und in einem (Kurz-) Vortrag den Zuhörern und Zuhörerinnen zu vermitteln. Dabei müssen Sie oft auch einen eigenen Standpunkt vertreten oder die Zuhörer von einem Sachverhalt überzeugen. Die Assessoren achten genau auf:

Nur nicht langweilen!

1. Soziale Kompetenz

- Kontaktfähigkeit:
  aktives Zugehen auf andere
- Einfühlungsvermögen:
  Erkennen / Berücksichtigen von Bedürfnissen der Zuhörer
- Kooperationsfähigkeit:
  Aufgreifen und Weiterführung vorhandener Meinungen / Ideen

2. Systematisch-zielorientiertes Denken und Handeln

- analytisches und abstraktes Denken:
  didaktisch logischer Aufbau des Vortrages
  Strukturierungsfähigkeit
- Arbeitsorganisation:
  Einhalten von Zeitvorgaben
  Belastbarkeit
  Stressresistenz
- Entscheidungsfähigkeit:
  Entwicklung und Beurteilung von Alternativkonzepten
  Reflexion von Entscheidungskonsequenzen

- Planung/Kontrolle:
  Formulierung von Zielvorstellungen

3. Aktivitätspotenzial

- Selbstwertgefühl:
  Ausstrahlung von positivem Denken und Erfolgsorientierung
  angemessene Selbstsicherheit
- Kreativität:
  Einfallsreichtum
- Durchsetzungsvermögen:
  Erzielung von Aufmerksamkeit/Konzentration, Zielstrebigkeit

4. Ausdrucksfähigkeit

- mündliche Formulierungsfähigkeiten:
  flüssige/unmissverständliche Ausdrucksfähigkeit
  akustische Verständlichkeit
- Überzeugungskraft:
  Plausibilität von Vorschlägen/Methoden/Zielen
  Argumentation erzeugt keinen Widerstand
- Flexibilität:
  Verwendung von plastischen Vergleichen/Bildern
  Variabilität der Ausdrucksmöglichkeiten
  didaktischer Einsatz von optischen Hilfsmitteln

Das „Wie" ist wichtig

Dieses AC-„Spiel" kann Ihnen ohne oder mit geringer Vorbereitungszeit von null bis zehn Minuten für einen drei- bis zehnminütigen Vortrag abverlangt werden. Oder, die verschärfte Form, mit mehrstündigem Aktenstudium abends vor dem Prüfungstag und einer Präsentationszeit von bis zu einer halben Stunde.

Bisweilen kommt es vor, dass als zusätzliche Hürde der Vortragstext schriftlich auszuarbeiten ist. (Trotzdem sollten Sie ihn nicht ablesen, sondern frei vortragen.) Bedenken Sie dabei: Die Assessoren konzentrieren sich hauptsächlich auf das „Wie" Ihres Vortrages. Die inhaltliche Beurteilung Ihres Referats wird erst später eine Rolle spielen.

Verdeutlichen Sie sich nochmals die Anforderungen: Wie gehen Sie mit sich und anderen um, wie reagieren diese auf Sie?

Im Mittelpunkt steht die Interaktion innerhalb der Gruppe. Wann und wie lange sprechen Sie, wie reagieren die anderen darauf, welche Qualität hat Ihr Beitrag? Langweilen Sie oder bekommen Sie die ungeteilte Aufmerksamkeit der anderen Gruppenmitglieder?

Können Sie einen Sachverhalt oder die Vorstellung einer Person gut auf den Punkt bringen, sodass Ihre Zuhörer das Gefühl haben, etwas Neues zu erfahren?

Neues interessiert

In den nachfolgenden Empfehlungen finden Sie wertvolle Unterstützung. Dabei gelten die vorgestellten Tipps und Hinweise sowohl für die Selbstpräsentation zu Anfang des ACs als auch für sonstige Aufgaben (wie z. B. bei Unternehmensplanspielen, Case Studies oder im Management Audit), bei denen Präsentationen (Ihrer eigenen Person oder eines Projektes, an dem Sie arbeiten) fast immer zum Einsatz kommen.

Tipps, Tricks und Taktiken – Bewältigungsstrategien

Die AIDA-Formel

AIDA steht in der Werbepsychologie für eine Grundformel, die kurz und effektiv beschreibt, wie man Wirkung erzielt, Eindruck macht und Nachhaltigkeit erreicht. Nutzen Sie diese Formel als Wegweiser, wenn Sie die Aufmerksamkeit anderer für sich gewinnen wollen.

Aufmerksamkeit aufbauen

Bei allen Präsentationsaufgaben und weiteren Herausforderungen (z. B. Vorträgen, aber auch wichtigen Briefen wie Bewerbungsanschreiben oder Anliegen an andere) hilft Ihnen die AIDA-Formel. Die Initialen „AIDA" stehen in diesem Zusammenhang für:

A = Attention (Aufmerksamkeit erzeugen)
I = Interest (Interesse wecken)
D = Desire (Wunsch auslösen)
A = Action (die Handlungsaktivität provozieren)

A Zuerst kommt es darauf an, dass Sie Aufmerksamkeit bei Ihren Zuhörern auf das, was auf sie zukommen wird, erzeugen – eine Art Paukenschlag oder Sirene, die jedem signalisiert: „Achtung, jetzt wird's wichtig."

I Der nächste Schritt bedeutet, Interesse bei den Empfängern der Botschaft zu wecken. Jeder muss merken: Hier geht es um etwas, das wichtig für mich ist. Dabei sollen sich alle möglichst persönlich angesprochen fühlen.

D Dieser Schritt soll beim Empfänger der Botschaft den Wunsch (Desire) auslösen: „Ja, das will ich, das ist das Richtige für mich, dem stimme ich zu." Stellen Sie alle wichtigen Argumente, die Sie vorzubringen haben, in kurzer, kompakter Form dar. Der Zuhörer oder Leser soll den Wunsch verspüren, in genau dieser Angelegenheit, die Sie präsentieren, etwas unternehmen zu wollen.

A Im letzten Schritt geht es um die Umsetzung (Action), nach dem Motto: „Der Worte sind genug gewechselt, lass uns Taten sehen." Die Zuhörer sollten emotional aufgeladen und willens sein, konkret tätig zu werden.

Selbstvorstellung

Zur Selbstvorstellung und zu den anderen Präsentationsformen gehört die Begrüßung und Namensnennung. Üblicherweise stellen sich die Kandidaten vor mit „Guten Tag, ich heiße …“ oder auch „… Ich freue mich, heute hier an diesem AC teilnehmen zu dürfen …“ Sie können sich ebenfalls so vorstellen, diese Begrüßung ist nur nicht besonders originell. Vor allem dann nicht, wenn etliche andere vor Ihnen ähnlich begonnen haben. Lassen Sie Ihrer Kreativität freien Lauf. Denken Sie daran, sich von der Masse abzuheben.

Anders als die anderen!

Sorgen Sie also für einen Überraschungseffekt und starten Sie als Hundehalter vielleicht wie folgt: Gehen Sie nach vorn, malen Sie einen Hund an den Flipchart und sagen Sie z. B.:

„Ich wünsche Ihnen einen guten Tag. Mein Name ist Michael Müller und das hier ist Franz, unser Mischling. Er ist zwei Jahre alt und ziemlich lebhaft. Das sieht man auch schon auf meiner Zeichnung. Und natürlich muss er regelmäßig raus, Gassi gehen. Was glauben Sie, an wem bleibt die Aufgabe hängen? Richtig, an mir! Das ist nicht immer angenehm, aber ich genieße es auch: raus, an die frische Luft, den Kopf frei bekommen, sich bewegen. Einen klaren Kopf brauche ich auch beruflich. Derzeit arbeite ich als …“

Ein solcher Einstieg wird Ihnen Sympathien bringen und in Erinnerung bleiben. Wichtig ist, dass Sie nicht am Einstieg hängen bleiben, sondern zügig zum Wesentlichen kommen – also zu Ihrer beruflichen Situation, Ihren Stärken, der Entscheidung für diesen Beruf und das Unternehmen etc.

Wichtig ist dabei nicht, Daten herunterzurattern, sondern dass Sie berufliche Erfahrungen, vor allem Erfolge, an konkreten Beispielen, kleinen Anekdoten darstellen. Das erhöht die Verständlichkeit und macht das Gesagte viel interessanter, weil lebendiger.

Emotionen wecken

Mit dem Einstieg haben Sie die Zuhörer bereits emotional angesprochen, Aufmerksamkeit geweckt und die Bereitschaft erhöht, sich näher mit Ihnen zu beschäftigen. Zeigen Sie im weiteren Verlauf der Präsentation, dass es sich lohnt, Ihnen bis zum Ende Ihrer Ausführungen zuzuhören.

Partnerpräsentation

Bei der Partnerpräsentation kommt es vor allem darauf an, neben den gewünschten Daten über das Gegenüber auch dessen Persönlichkeit darzustellen. Lernen Sie also Ihren Partner schnell kennen und finden Sie ein paar Details über Vorlieben und Abneigungen abseits des beruflichen Kontexts heraus. Verzichten Sie auf geschlossene Fragen, auf die man nur mit Ja oder Nein antworten kann. Fragen Sie ihn, was ihn im Leben geprägt hat, welche bewegenden Momente es gab, ob er amüsante Geschichtchen zu berichten hat. Das ist das Salz in der Suppe Ihrer Präsentation. Wenn Sie sich nur auf Fakten beschränken, wie beispielsweise: „Das ist Andrea Krause, sie ist 28 Jahre alt, hat nach dem Abitur Sozialökonomie und Sprachen studiert …“, wird Ihr Vortrag nicht besonders brillant und Sie hinterlassen keine Erinnerungsspur. Die Persönlichkeit des Porträtierten bleibt im Hintergrund. Können Sie beispielsweise über ein Hobby oder

Interessen, die über den Beruf hinausgehen, berichten, wird Ihr Vortrag lebendig. Keine Angst! Das kommt Ihrer Bewertung zugute.

Der gute Vortrag hilft Ihnen

Beachten Sie, dass Sie nicht die komplette Zeit für das Gespräch nutzen, sondern sich Raum lassen für die Vorbereitung Ihrer Präsentation. Nachdem Sie die Informationen notiert haben, sollten Sie alle Notizen in Ruhe durchgehen und sich eine Gliederung überlegen. „Womit steige ich ein, was ist der wichtigste Aspekt, was will ich im Hauptteil berichten, finde ich eine knackige Anekdote für den Anfang oder Schluss?" (mehr dazu S. 152).

Schreiben Sie sich Stichwörter leserlich auf Karteikarten, soweit sie vorhanden sind. Vermeiden Sie ausformulierte Sätze. Sonst besteht die Gefahr, dass Sie an Ihrem Text hängen und kaum die Augen von Ihrem Papier abwenden. Damit kommt der wichtige Blickkontakt zu kurz, was Ihnen in der Bewertung Ihrer Präsentation Minuspunkte einbringen wird.

Halten Sie sich ferner an die Zeitvorgabe. Wenn Sie fünf Minuten für den Vortrag haben, sollten Sie ein Manuskript für etwa drei Minuten entwerfen. Warum so kurz? Ein psychologischer Trick, der Ihnen zu mehr Ruhe verhilft. Sie wissen: Sie haben genügend Zeit, um Ihre Informationen vorzutragen. Selbst eine kurze Unterbrechung gefährdet nicht Ihren Zeitrahmen. Sie sprechen automatisch ruhiger, langsamer und damit verständlicher, weil Sie wissen, dass Sie sich nicht beeilen müssen.

Kürzer planen – man redet sowieso länger

Gruppenpräsentation

Und nun noch ein paar besondere Hinweise zur Bewältigung der Gruppenpräsentation. Nicht nur Ihr Vortrag oder Beitrag zur Präsentation des Ergebnisses wird bewertet. Man beobachtet insbesondere, wie Sie in der Gruppe miteinander umgehen. Bei dieser AC-Übung gelten ähnliche Regeln wie für die Partnerpräsentation. Allerdings ist es hier zusätzlich wichtig, eine klare Aufgabenverteilung festzulegen, die möglichst ausgeglichen ausfallen sollte. Das heißt, Sie sollten mit dafür sorgen, dass alle in etwa gleich große Präsentationsanteile haben. Man könnte die Arbeit z. B. folgendermaßen aufteilen:

Der Erste macht eine Einführung, beschreibt den Prozess, der Zweite stellt zwei Interviewpartner oder Hauptaspekte vor, der Dritte Alternativen, die besprochen wurden. Der Vierte wiederum berichtet über Gemeinsamkeiten oder Unterschiede, die man festgestellt hat, etc.

Die wichtigsten Tipps

Tipp!

- Achten Sie auf die Zeit (Vorbereitung und Vortrag).
- Beachten Sie für den Aufbau Ihres Vortrags die AIDA-Formel.
- Nehmen Sie Blickkontakt auf, schauen Sie Ihr Publikum an.
- Nutzen Sie den Effekt von Sprachpausen.
- Bemühen Sie sich um einen charmanten, witzigen, kurzweiligen Einstieg.
- Geben Sie, wenn möglich, einen Überblick über das, was Sie Ihrem Publikum erzählen / berichten werden.

- Nutzen Sie sprachliche Bilder zur Illustrierung, ggf. mit Medieneinsatz.
- Beleuchten Sie das Thema aus verschiedenen Blickwinkeln.
- Fassen Sie die Ergebnisse Ihrer Präsentation am Schluss kurz zusammen.

Auf den Punkt gebracht

Was Ihren Auftritt erfolgreich macht

Welche Form der Präsentation auch immer vor Ihnen liegt – in jedem Fall gilt: In der Kürze liegt die Würze. Präzise und mit Witz (oder Charme) auf den Punkt zu kommen, ohne durch „Nebenkriegsschauplätze“ zu langweilen – das macht Ihren Auftritt erfolgreich. Ein gelungener, überzeugender Vortrag ist immer auch ein wenig Entertainment. Also: Denken Sie an den Blickkontakt, lächeln Sie zwischendurch und stehen Sie mit beiden Beinen fest auf der Erde. Vermeiden Sie, herumzuschaukeln oder zu wippen. Denn das „Wie“ bei dieser Aufgabe ist häufig wichtiger als das „Was“. Es geht um Ihre Persönlichkeit, Ausstrahlung, Überzeugungskraft. (s. a. den Abschnitt „Regeln für die Gesprächsführung“, S. 47)

Die Gruppendiskussion

Erlebnisbericht: Ein Team

Wir bekamen zehn Minuten Zeit, um zwei Seiten Text zu lesen und uns für die bevorstehende Gruppendiskussion vorzubereiten. Hierfür wurden wir fünf Bewerber in einen Raum gebracht, in dem außer uns noch fünf oder sechs Psychologen und Führungskräfte Platz nahmen. Ungeachtet der Beobachter im Hintergrund sollten wir 40 Minuten lang eine Gruppendiskussion führen. Da das Thema der Diskussion in unseren Augen ziemlich schwachsinnig war und mit einer Anstellung in unserem Berufsbereich, also Anwendungsentwickler, so gut wie nichts zu tun hatte, verlief unsere Diskussion entsprechend. Wir sollten einen zeitlichen Ablaufplan für einen PR-Manager erstellen, wobei 25 (!) verschiedene Punkte zu beachten waren. Es dauerte einige Zeit, bis wir uns auf ein Konzept geeinigt hatten und eine annehmbare Lösung fanden. Danach wurden wir zum Mittagessen geschickt.

Schnell waren wir fünf uns einig, in der Gruppendiskussion „total versagt“ zu haben, alle wirklich gleich gut bzw. schlecht gewesen zu sein. Nach der Mittagspause wurden meine Bedenken bestätigt. Innerhalb weniger Minuten bekam ich eine Absage: Mir wurde mitgeteilt, in den schriftlichen Tests ebenso gut wie meine männlichen Mitbewerber abgeschnitten zu haben. Den Ausschlag hatte jedoch die Gruppendiskussion gegeben. Ich passe nicht in das Team! Man nannte mir keinen einzigen Grund. Ich hatte mir eine Stellungnahme erwartet, etwa: „… hat uns nicht gefallen“, oder: „Wir hätten uns … erwartet.“

Sehr beliebt sind auch Gruppendiskussionen mit festgelegten Rollen. Ein Kandidat, der sich bei der Berufsakademie der Daimler AG bewarb, erinnert sich an folgende Aufgabe:

Wir wurden in Gruppen à fünf Personen aufgeteilt, auf die jeweils ein Fünftel (!) eines fiktiven Ausbildungsplatzes an der Berufsakademie verteilt wurde. Nun hatten wir 30 Minuten Zeit, um uns einstimmig (!) einen Bewerber auszusuchen, dem wir diesen Platz geben würden. Falls wir nach 30 Minuten keinen unserer Bewerber ausgewählt hätten, würde das ebenfalls fiktive Ausbildungsgeld einem gemeinnützigen Zweck zufließen.

Beschreibung

Verbale Auseinandersetzung ist Arbeitsalltag

Als Disziplin „Jeder gegen jeden" könnte man salopp die Gruppendiskussion, den klassischen Standardbaustein eines jeden ACs, bezeichnen. Die Gruppengröße schwankt zwischen vier, sechs oder mehr Teilnehmern, oftmals wird eine größere Bewerbergruppe für diese Übung aufgeteilt. Zwei bis drei AC-Beobachter, die während der Diskussion die Teilnehmer „observieren" und sich Notizen machen, sind die Regel. Eine höhere oder geringere Zahl an Beobachtern ist eher selten, aber auch das gibt es.

Bei der Gruppendiskussion kommt es darauf an, im direkten Vergleich zu den Mitbewerbern gut abzuschneiden. Ausnahmen bestätigen auch hier die Regel, wenn es nämlich um ein Einzel-AC geht und die Gruppe von Mitbewerbern zum Diskutieren fehlt. In diesem Fall sind es dann die AC-Beobachter, mit denen Sie als Kandidat etwas diskutieren müssen (s. a. Rollenspiel, S. 58). Wichtig zu unterscheiden: Es gibt Diskussionsrunden mit und ohne Rollenvorgabe.

Die möglichen Formen der Gruppendiskussion:

1. Diskussion eines (eher globalen) Themas mit oder ohne Zielvorgabe
2. Diskussion einer speziellen Problemstellung (häufig aus dem BWL-Bereich) in Form eines sogenannten Unternehmensplanspiels, mit der Aufgabe, gemeinsam einen konkreten Handlungsplan zu entwickeln
3. Diskussion eines vorgegebenen Themas, bei der die AC-Teilnehmer eine ihnen vorgegebene Rolle bzw. Position zu vertreten haben

1. Diskussion mit oder ohne Zielvorgabe

Bei der ersten Form der AC-Gruppendiskussion besteht die Aufgabe darin, ein vom Auswahlgremium vorgegebenes oder frei zu wählendes Thema in einer Runde von Mitbewerbern gemeinsam zu diskutieren. Teilweise wird ein Ergebnis gefordert (Stellungnahme, Konsens). Die Themenpalette reicht von Berufsbezogenem über Inhalte aus den Bereichen Politik, Umwelt, Wirtschaft, Zeitgeschehen bis hin zum privaten, persönlichen Bereich.

Jedes Thema ist möglich

Möglich ist auch, dass die Gruppe die Aufgabe bekommt, sich unter zehn Themen auf eines zu einigen, um es dann zu diskutieren. Bereits der Auswahlprozess durch die Gruppenmitglieder, der erfahrungsgemäß nicht leicht vonstattengeht (s. o.), ist wichtiger Bestandteil der Beobachtung und Beurteilung. Wer hier eine von den anderen Gruppenmitgliedern akzeptierte Führungsrolle übernehmen kann, steht natürlich bei Weitem besser da als der blasse Mitläufer oder der ewig nörgelnde Neinsager.

Zeigen Sie Kommunikationsfähigkeit

Häufig werden vor den Gruppendiskussionen – wie im obigen Beispiel geschildert – die Kandidaten aufgefordert, schriftlich ihre Vorabeinschätzung festzuhalten. Zweck dieser Übung ist es, die individuellen Standpunkte / Beurteilungen „festzuschreiben", um hinterher einen Vergleich vornehmen zu können, inwieweit die individuelle Einschätzung von der der Gruppenbeurteilung abweicht.

2. Diskussion in Form eines Unternehmensplanspiels

Bei den sogenannten Unternehmensplanspielen geht es um eine konkrete betriebswirtschaftliche Aufgabenstellung, die auf der Grundlage von schriftlichem Informationsmaterial innerhalb der Gruppe zu diskutieren ist. Fiktive unternehmerische Rahmenbedingungen sind vorgegeben und Entscheidungen auf organisatorischer Ebene gefordert.

3. Diskussion mit vorgegebener Rolle

Eine weitere Gruppendiskussionsform beinhaltet eine genaue Rollenfestlegung der Diskutanten. Während, wie oben aufgeführt, viele Themen mehr oder weniger frei von den AC-Teilnehmern (unabhängig davon, ob mit oder ohne „Leader") diskutiert werden, ist bei der Gruppendiskussion mit fest verteilten Rollen jedem Teilnehmer ein Standpunkt vorgegeben. In dieser Variante erhalten Sie vorab eine „Regieanweisung" und haben als Diskussionsteilnehmer ausschließlich die entsprechende Rolle oder Überzeugung zu vertreten.

Klassisches Beispiel: Jeder Diskutant in der Runde bekommt auf seinem Regiezettel mitgeteilt, Außendienstvertreter einer Versicherungsgesellschaft zu sein. Für seine Arbeit steht ihm ein Dienstwagen zur Verfügung. Der eine AC-Teilnehmer – jetzt in der Rolle eines (Interessen-)Vertreters – hat einen relativ großen Wagen, obwohl er hauptsächlich in der Stadt arbeitet und die Parkplatznot kennt. Der andere hat ein schon recht altes, sehr störanfälliges Modell, ist aber ein durchaus erfolgreicher Vertreter, ein dritter hat einen zu kleinen Dienst-PKW, obwohl er häufig mit mehreren Auszubildenden geschäftlich unterwegs ist, usw.

Jeder Teilnehmer ist also mit einer „Legende" ausgestattet, mit Pro-, aber auch Kontra-Argumenten bezüglich seiner Tätigkeit in Relation zu seinem zur Verfügung stehenden Dienstfahrzeug. Das zu diskutierende Problem: Ein nagelneues kleines BMW-Sportcabrio wird von der Geschäftsleitung zur Verfügung gestellt. Wer aber von den Vertretern (d. h. den AC-Diskutanten) soll es nun gerechterweise bekommen, hat es sich quasi verdient?

Nicht der Wortführer gewinnt, sondern der Moderator

Die Diskutanten sollen eine gemeinsame, gerechte Lösung herbeiführen. Und das, obwohl doch jeder – so seine Rollenvorgabe – den neuen Dienstwagen für sich beansprucht. Klar, dass sich hier eine heiße Auseinandersetzung anbahnt. Viel zu beobachten für die Regisseure …

Die meisten Diskussionsrunden dauern ca. 15 bis 45 Minuten. Nicht selten ist dabei die Thematik so komplex, dass das erforderte gemeinsame Ergebnis, z. B. ein Gruppenkonsens, in der Kürze der vorgegebenen Zeit nicht zu erreichen ist. Dies führt häufig zu einer aggressiv-gereizten Stimmung, weil die Diskutanten sich unter einem enormen Leistungsdruck fühlen und entsprechende Versagensängste entwickeln. Lassen Sie sich nicht mitreißen. Denn dieser zum Teil bewusst erzeugte Stress ist für die Beobachter ein willkommener Prüfstein, der auf ihren Checklisten unter verschiedenen Überschriften entsprechend benotet wird. Im Klartext: Wer als Kandidat in spürbare Aufregung gerät, sammelt Minuspunkte.

Bisweilen wird jeder Kandidat im weiteren Verlauf des ACs, z. B. im Einzelinterview, gefragt, wie er die Diskussionsrunde erlebt hat, wie er seinen eigenen Part, aber auch den der anderen einschätzt. Mit Fragen wie „Wer hat in der Diskussion geführt?" oder „Wer hat am wenigsten zum Ergebnis beigetragen?" sollen die Teilnehmer zum „Hilfsassessor" gemacht werden: Wenn z. B. alle Gruppenmitglieder ein bis zwei Mitglieder positiv erlebt haben bzw. ein Teilnehmer immer negativ eingeschätzt wird, bleibt dies für die genannten Personen nicht ohne Konsequenzen. Mit scheinbar harmlosen Fragen wie „Mit wem aus der Gruppe würden Sie gerne einen gemeinsamen Urlaub planen?" wird ein Soziogramm erstellt. Das heißt, die auf die Teilnehmer entfallenden oder von ihnen ausgehenden positiven und negativen Wahlen werden in einer Grafik festgehalten und sollen ein deutlicheres Bild über die Eigenschaften des jeweiligen Kandidaten geben.

Bereiten Sie sich auf eine Einschätzung vor!

Anforderungen

Wir können nur noch einmal betonen: Lassen Sie sich von dem harmlosen Begriff Gruppendiskussion nicht blenden. Hier handelt es sich um eine ganz spezielle mündliche Testsituation, die hohe Konzentration erfordert. Anders als häufig angenommen wird am Ende von den Beobachtern weniger beurteilt, was das Ergebnis dieser Diskussion ist – auch wenn der Auftrag offiziell so lautete. Viel wichtiger ist die Art und Weise der Problemlösung. Dabei steht der Umgang miteinander eindeutig im Vordergrund. Soziale Kompetenz heißt das Schlüsselwort. Diese ist hier fast ausschließlich auf der verbalen Ebene unter Beweis zu stellen. Wer also andere an- oder niederschreit, hat eindeutig verloren, wer sich ausschweigt, ebenso. Nicht das wirklich beste Argument, sondern wie man auf die Argumente anderer eingeht, zählt. Andere an die Wand zu diskutieren, ist ebenso verpönt wie Rechthaberei oder Duckmäusertum.

Aufmerksamkeit wecken, zuhören und die Diskussion voranbringen

Hier eine Übersicht über die generellen Beobachtungs- und Beurteilungskriterien bei Gruppendiskussionen:

1. Soziale Kompetenz

- Kontaktfähigkeit:
  aktives Zugehen auf andere
- Einfühlungsvermögen:
  Erkennen/Berücksichtigung von Bedürfnissen/Gefühlen anderer
- Integrationsfähigkeit:
  Fähigkeit zur Konfliktanalyse und -lösung
  Bündelung divergierender Interessen auf ein Ziel hin

- Kooperationsfähigkeit:
  kein Dominanzstreben auf Kosten anderer
  Verzicht auf Druck- und Machtmittel
- Informationspolitik:
  Weitergabe von Informationen
  Fähigkeit, zuzuhören
- Selbstdisziplin:
  moderat-freundlicher Umgang mit anderen
  auf Angriffe angemessen (deeskalierend) reagieren

2. Systematisch-zielorientiertes Denken und Handeln

- Kombinationsfähigkeit im Denken:
  Übernahme / Verarbeitung von Informationen / Denkstilen anderer
  Fähigkeit, Alternativen zu entwickeln
- Entscheidungsfähigkeit:
  Entwicklung und Beurteilung von Alternativ-Vorschlägen
  angemessene Entscheidungsfreudigkeit / kein Abschieben
  Reflexion der Entscheidungskonsequenzen

3. Aktivitätspotenzial

- Führungspotenzial / -motivation:
  Anstreben einer Führungsposition / -rolle
  Initiativen zur Strukturierung / Koordination sozialer Prozesse
- Selbstwertgefühl:
  positiv und erfolgsorientiert
  angemessene Selbstsicherheit
- Durchsetzungsvermögen:
  Zielstrebigkeit
  Durchsetzungsbeharrlichkeit

4. Ausdrucksfähigkeit

- mündliche / schriftliche Formulierungsfähigkeiten:
  flüssige / unmissverständliche Ausdrucksfähigkeit

- Überzeugungskraft:
  Vorschläge / Ziele / Methoden werden von anderen übernommen
  Argumentation erzeugt bei anderen keinen Widerstand
  Flexibilität in Ausdruck / Argumentation

Wie Sie in der Gruppendiskussion gut abschneiden – Bewältigungsstrategien

Worauf es in der Gruppendiskussion ankommt, wissen Sie jetzt. Nun geht es darum, diese Informationen strategisch umzusetzen.

Zunächst zum generellen Verhalten: Das ausgewogene Maß ist der Schlüssel zum Erfolg. Es ist also nicht die alleinige Präsentation eines Anforderungsmerkmals gefragt, sondern die (halbwegs) ausgewogene Mischung. Die folgenden Verhaltensweisen werden von den Assessoren positiv bewertet:

Äußeres / Auftreten

Das zählt mehr als Sie denken und wird leicht unterschätzt!

- ausgeruht und gelassen wirken
- gepflegtes Äußeres
- sich freundlich, höflich, natürlich und ungezwungen geben
- weder innere noch äußere Verkrampfung zeigen

Allgemeinverhalten

- freundlich, verständnisvoll, einfühlend, hilfsbereit, rücksichtsvoll
- kompromissbereit
- andere ernst nehmen
- zuhören können
- Sympathie zeigen

Allgemeines Diskussionsverhalten

- sicher auftreten, die eigene Meinung vertreten, sich selbstsicher geben (nur bedingt nachgiebig gegenüber Einwänden – aber: Aufgeschlossenheit zeigen, keinen Starrsinn)
- Anwesende mit Namen ansprechen
- keine deplatzierten Bemerkungen oder Fragen
- keine Monologe, knappe und präzise Beiträge
- oberflächliche oder fehlerhafte Argumentation reflektieren
- auf andere eingehen, eigene Interessen zurückstellen können

Sprachverhalten

- knapp, präzise (keine Ausschweifungen, Nebensächlichkeiten)
- keine Superlative
- möglichst kein Räuspern, „Äh“ so wenig wie möglich
- Vermeidung von Füllwörtern (sicherlich, letztlich etc.)
- deutliche Aussprache, mittlere Lautstärke, in die Runde schauen, Gesprächspartner ansehen

Verhaltensregeln

Weitere allgemeine Verhaltensregeln

- den jeweiligen Sprecher anschauen
- deutlich Aufmerksamkeit signalisieren
- stets kontrollierte Reaktionen, keine Nervosität
- gedämpftes (angemessenes) Engagement
- deutlich und ruhig sprechen
- freundliches Interesse zeigen
- sachliche, weitestgehend affektfreie Argumentation; alles vermeiden, was die Gesprächsharmonie unnötig stören könnte
- auf Argumente eingehen und sie konstruktiv weiterentwickeln
- sich nicht in den Vordergrund spielen
- sich nicht zu sehr zurück- oder heraushalten
- kein Sarkasmus, keine Ironie, keine Herabsetzung
- auf ausgeglichene Rollenverteilung achten (z. B. nicht bei allen Themen Kontra-Beiträge leisten – Gefahr, als Nörgler/Miesmacher wahrgenommen zu werden)
- die aufgeworfenen Fragen auch mal loben („wichtig“/„bemerkenswert“ und ähnliche Prädikate)
- Mängel offen zugeben („Sie sind da auf einen heiklen Punkt aufmerksam geworden!“)
- auch mal die eigene Meinung zur Diskussion stellen („Mich würde interessieren, wie Sie darüber denken!“ o. Ä.)

Bedenken Sie vor allem: Sie müssen nicht immer alles (besser) wissen und ständig versuchen, Patentrezepte und -lösungen zu verteilen.

Wie Sie eine Diskussion in den Griff bekommen

Erste Hilfe, wenn's mal stockt

Nicht selten kommt eine Diskussion nur schleppend in Gang, weil keiner vorpreschen möchte oder das Thema so eindeutig scheint, dass sich nur schwer unterschiedliche Positionen herauskristallisieren lassen. Das macht die Sache nicht gerade einfach, kann aber andererseits für Sie auch die Chance sein: Wenn Sie versuchen, Struktur in die Diskussion zu bekommen und damit einen konstruktiven Beitrag zum

Argumentationsaustausch liefern, können Sie Pluspunkte sammeln. Gehen Sie systematisch und schrittweise vor:

1. Schritt: Orientierung

Jeder Versuch, sich bereits im Anfangsstadium auf ein Diskussionsziel zu einigen, dürfte zu erheblichen Problemen führen.

Zu Beginn empfiehlt es sich daher zunächst, eine Einschätzung vorzunehmen, in welchem Ausmaß das zu bearbeitende Thema von subjektiven Werthaltungen und emotional begründeten Einstellungen beeinflusst wird. Beispiel: Diskutieren Sie das Thema: „Therapie oder lebenslange Haft für Kinderschänder?"

Versuchen Sie innerhalb der Gruppe zu verdeutlichen, dass hier keine absolut richtigen oder falschen Teilnehmer-Standpunkte im objektiven Sinne möglich sind und dass es dabei doch wohl eher um den Austausch von Meinungen, Empfindungen und Gefühlen geht. Wenn darüber in der Gruppe ein Konsens herbeigeführt werden kann, entsteht ein Bewusstsein, das die Diskussion konstruktiver verlaufen lässt. Unnötige Streitereien (wer recht hat), zu viele Emotionen oder Zeitverlust lassen sich so eher vermeiden.

Nicht zu viele Emotionen!

Eine sinnvolle AC-Strategie kann gerade zu Beginn einer Gruppendiskussion auch darin bestehen, das Thema durch Fragen besser handhabbar zu machen. Mögliche „Eisbrecher-Fragen" sind u. a.:

- Wie sieht jeder Einzelne in der Gruppe die Problematik? (Kurzumfrage / Meinungsbild)
- Wo sind die Meinungsschwerpunkte?
- Wo gibt es Gemeinsames / Trennendes?

Eisbrecher

2. Schritt: Zielsetzung

Machen Sie sich davon frei, ein Thema bis in alle Facetten durchzudiskutieren und am Ende mit einem perfekten, für alle Gruppenmitglieder gleichermaßen zufriedenstellenden Ergebnis aufwarten zu können. Das ist schon angesichts der knappen Zeit so gut wie unmöglich. Wenn Sie dies noch einmal vor der Gruppe verdeutlichen, trägt es oft dazu bei, den anderen etwas Druck zu nehmen, und das ist förderlich für das Miteinander.

- Welche Diskussionsziele sind in der Kürze der Zeit realisierbar?
- Kann das Thema eingegrenzt werden und ist das hilfreich?

Mit diesen Fragen kann man sich einen Konsens erhoffen, der der Gruppe behilflich ist, in der Kürze der zur Verfügung stehenden Zeit ein Optimum, einen Etappensieg zu erreichen. Optimal wäre es hierbei, grafische Hilfs- und Darstellungsmittel (Flipchart usw.) einzusetzen, um das Vereinbarte evident zu machen.

Das gilt übrigens für sämtliche Diskussions- und Präsentationsübungen im AC: Wenn Ihnen Medien wie Overheadprojektor, Flipchart, Tafel etc. angeboten werden, nutzen Sie diese unbedingt! So können Sie Ihren Vortrag noch anschaulicher gestalten. In der Gruppendiskussion könnten Sie z. B. Ihre Dienste anbieten, um nach vorn zu gehen und die wichtigsten Punkte zu notieren. Aber Vorsicht: Fragen Sie vorher die anderen, ob es ihnen recht ist. Sonst sieht es so aus, als wollten Sie sich zu sehr in den Vordergrund drängen. Und das sehen auch die Assessoren gar nicht gern.

3. Schritt: Lösungsweg

Mit den richtigen Fragen geht es am besten voran: Fragen Sie doch die anderen Teilnehmer, wie man ihrer Meinung nach am besten zu einem Ergebnis kommt oder welche Möglichkeiten sich anbieten und was davon am erfolgversprechendsten ist. Diese Fragen können bewirken, dass alle in dieselbe Richtung (wenn auch mit unterschiedlichen Ergebnissen) denken und Sie ganz nebenbei Pluspunkte für Ihren Versuch, Struktur ins Gespräch zu bringen, verbuchen.

Der Star ist die Gruppe, nicht Sie!

Bei allem Hoffen auf das eigene gute Abschneiden dürfen Sie aber die anderen nicht vergessen. Um es mit dem ehemaligen Bundestrainer Berti Vogts zu sagen: „Der Star ist die Mannschaft." Daher sollten Sie versuchen, möglichst viele Gruppenmitglieder aktiv in die Bearbeitung des Themas zu integrieren, und auch passivere Teilnehmer zum Mitdiskutieren ermuntern.

Stellen Sie Ihre Kooperationsfähigkeit innerhalb einer Gruppe unter Beweis, indem Sie Ideen und Anregungen anderer aufgreifen und weiterentwickeln.

4. Schritt: Ergebnisprüfung

Immer charmant bleiben, auch wenn es schwerfällt …

Im Verlauf des Gesprächs (nicht erst gegen Ende) können Sie zur Ergebnisprüfung aufrufen: Fragen Sie in die Runde, wie weit man mit der Bearbeitung des Themas gekommen ist (Meinungsbild / Schwerpunkte). Was kann zusammenfassend zum jetzigen Zeitpunkt ausgesagt werden? Kann man ein Resümee ziehen?

Diese Fragen sind sinnvoll, um Ihnen und der Gruppe von Zeit zu Zeit zu helfen, das Hauptziel im Auge zu behalten, ergebnisorientiert vorzugehen, eine gute Figur im AC-Spiel zu machen.

Wie Sie Vielschwätzer und Störer ruhigstellen

Jeder will den Job haben und daher im AC besonders gut abschneiden. Deshalb kann es trotz aller Strukturierungsversuche zu Konflikten unter den Teilnehmern einer AC-Gruppendiskussion kommen. Das ist im Prinzip auch so von den Assessoren intendiert. Denn an der Art und Weise, wie Sie diese Situation bewältigen, sollen Sie ja gemessen werden.

So kann es passieren, dass die Diskussion dahinplätschert, die Diskutanten übereinander herfallen, sich richtig bekämpfen oder monologisieren. Noch sehr viel häufiger reden die Gruppenmitglieder aneinander vorbei und sind nicht in der Lage, eine wirkliche Auseinandersetzung zu führen oder auch einen Beitrag eines anderen aufzugreifen und weiterzuentwickeln.

Ihre Strategie in einer derartigen Situation: Bleiben Sie ruhig und gelassen! Auf keinen Fall mitreißen oder provozieren lassen, geschweige denn das egozentrische Verhalten Ihres Mit-Gesprächs-“Partners“ kritisieren! Das überlassen Sie besser den AC-Beobachtern (vgl. AC-Beispiel „Höhle“, S. 9).

Ruhe bewahren!

Wenn aber ein Vielschwätzer gar kein Ende findet oder, weil er sich in dem Thema gerade auskennt, den Rest der Gruppe mit Fachausdrücken zu erschlagen droht, dürfen Sie auch mal „dazwischenfunken“. Natürlich auf freundliche Art und Weise, z. B.: „Entschuldigung, darf ich Sie unterbrechen? Ich würde gern wissen, ob die Gruppe das auch so sieht?“

Möchte einer der Teilnehmer Sie durch direkte oder indirekte Angriffe verunsichern, sollte Ihre Gegenstrategie lauten: Hervorheben der Partnerrolle, Gemeinsamkeiten der Situation unterstreichen, auf das sachliche Thema zurückleiten, nicht provozieren lassen, bei anderen Unterstützung suchen.

Es macht auch nichts, wenn Sie – falls es sich nicht gerade um berufliches Grundwissen handelt – ganz offen bekennen, dass Sie etwas nicht verstehen. Schließlich ist niemand allwissend. Sagen Sie einfach: „Können Sie mir das erklären, damit ich auch mitreden kann.“ Oft zeigt sich dann, dass derjenige, der vorher so großspurig mit Begriffen umgegangen ist, doch so manche Erklärungsnot hat. Außerdem können Sie mit einer solch offenen Frage der Peinlichkeit entgehen, plötzlich von jemandem aus der Runde zu Ihrer Meinung aufgefordert zu werden. Wenn Sie dann nichts sagen können, macht sich das nicht gerade gut.

Sollten Sie ständig von einem Kandidaten unterbrochen werden, ist ein Hinweis in Richtung „Lassen Sie mich doch bitte ausreden“ durchaus angemessen. Reden Sie ruhig weiter und lassen Sie sich nicht in den Hintergrund drängen und entmutigen.

Stoßen Sie auf diametral entgegengesetzte Standpunkte, sind Diplomatie und Flexibilität gefragt, ohne den eigenen Standpunkt zu „verraten“. Mithilfe von geschickt formulierten Fragen kann es Ihnen gelingen, die Schärfe aus der Konfrontation herauszunehmen.

Regeln für die Gesprächsführung

1. Aktives Zuhören

Vermeiden Sie es, Ihren Standpunkt als Erster ausführlich darzustellen und auf alles von anderen Diskussionsteilnehmern Gesagte spontan mit einer Gegenrede (Angriff/ Verteidigung) zu reagieren. Viel besser: Vermitteln Sie Ihren Gesprächspartnern durch Ihre geduldige Zuhörbereitschaft das Gefühl, ernst genommen zu werden.

… hilft auch in anderen Gesprächssituationen

Der häufigste Fehler in Diskussionen ist übrigens die Unfähigkeit der beteiligten Gesprächspartner, einander wirklich zuzuhören. Zugegeben: Zuhören ist anstrengend, aber eben eine Grundvoraussetzung.

2. So klar und deutlich wie möglich kommunizieren

Je klarer und konkreter Sie miteinander reden, desto wahrscheinlicher ist es, zu einem konstruktiven Ergebnis zu kommen. Anlass für viele Missverständnisse in Gesprächen sind unklare und wenig konkrete Aussagen, die verhindern, dass man

Klipp und klar

sich wirklich versteht, oder sogar häufig Anlass für neuen Konfliktstoff sind. Fragen Sie nach, ob Sie richtig verstanden haben und ob auch Sie richtig verstanden wurden. Beispielsweise kann die Frage „Habe ich Sie richtig verstanden, Sie stellen sich vor, dass …?“ dazu beitragen, dass sich Ihr Gegenüber noch einmal bzw. weiter erklärt und die Argumentation damit präziser, konkreter fassbar wird.

3. Motive und Ziele verdeutlichen

Wichtig ist nicht nur, dass Sie Ihren Standpunkt möglichst deutlich darstellen, sondern ebenso Ihre Motive, Ziele und sogar Gefühle, weshalb Sie eine bestimmte Haltung einnehmen. Zum „Was“ gehört auch immer das „Warum“. Gelingt es Ihnen, Ihre Beweggründe zu verdeutlichen, gewinnt auch Ihr Standpunkt an Klarheit. Außerdem können sich die anderen eher dazu in Bezug setzen und sind nicht auf Spekulationen angewiesen. Erreicht werden soll ein besseres Verständnis für einen bestimmten Standpunkt, für Vorschläge oder Forderungen etc. Das ist Voraussetzung für eine angemessene Beurteilung und kann einem Anliegen bzw. einer Sache eigentlich nur nützlich sein.

4. Argumente geschickt einsetzen

Grundsätzlich gilt: Verschießen Sie Ihr Pulver, d. h. Ihre Argumente, nicht zu früh. Eines sollten Sie für alle Fälle immer noch parat haben. Bringen Sie das beste Argument am Schluss, das zweitbeste am Anfang. Und bedenken Sie, dass die Mitdiskutanten sich sehr wahrscheinlich auf das schwächste Argumentationsglied Ihrer Kette konzentrieren werden.

Fünfsatz-Technik

Für das richtige Argumentieren bietet die Fünfsatz-Technik ein gutes gedankliches Rüstzeug, praktische Hilfe und Orientierung. Sie leistet nützliche Dienste, wenn Sie Ihre Statements situativ und hörerbezogen vortragen.

Entscheidende Schritte

1. Benennen Sie klar und kurz Ihren Standpunkt: „Ich bin davon überzeugt, dass …“
2. Präsentieren Sie Ihre Argumente: „Meine Erfahrungen sind …“
3. Untermauern Sie diese durch Beispiele, Beweise: „Ich habe mit Erfolg z. B. … Als Nachweis für … kann ich anführen …“ usw.
4. Begegnen Sie möglichen Einwänden bzw. kommen Sie ihnen zuvor: „Sie werden jetzt denken … Ich versichere Ihnen …“ (s. a. nächsten Abschnitt)
5. Ziehen Sie das Fazit: „Aus diesen Gründen (1 …, 2 …, 3 …) plädiere ich für …“

Gegen Einwände ist ein Kraut gewachsen

Einwänden können Sie begegnen. Aus der Rhetorik sind dafür vier Standardtechniken bekannt: die Umformulierungsmethode, die Vorteil-Nachteil-Methode, die bedingte Zustimmung und die Verzögerungstechnik.

1. Die Umformulierungsmethode

Mit einer (tendenziösen) Umformulierung können Sie den Einwand weitestgehend entschärfen. Sie sollen z. B. den Standpunkt vertreten: „Menschen, die Kinder sexuell missbraucht haben, sind nicht therapierbar und müssen daher – möglichst lange – ins Gefängnis." Der Einwand Ihres Gesprächspartners: „Täter darf man nicht einfach wegschließen, sondern man muss sie in die Gesellschaft reintegrieren."

Damit kommen Sie ein Stück weiter

Ihre Reaktion könnte dann lauten: „Wenn ich Sie richtig verstanden habe, sind Sie der Ansicht, dass man sich auf die Therapien verlassen kann."

Jetzt können Sie weiter mit Ihrem Standpunkt argumentieren, andere Kriterien in den Vordergrund rücken, als wichtig herausstreichen, z. B., dass Vorfälle der letzten Zeit gezeigt haben, dass einige therapierte Täter durchaus wieder rückfällig wurden, ergo die Therapien einfach noch nicht gut genug sind, um Sicherheit zu geben etc.

2. Die Vorteil-Nachteil-Methode

Hier wird der gebotene Einwand nur zum Schein aufgenommen, Vor- und Nachteile werden abgewogen:

„Ich habe Sie doch richtig verstanden – bitte korrigieren Sie mich, wenn ich da jetzt etwas Falsches sage –, Sie meinen also: Wenn jemand ein Kind sexuell missbraucht hat, macht der Täter das nicht aus bewusster Überlegung, sondern weil er krank ist und die Krankheit ihn zu dieser kriminellen Tat treibt. Da gebe ich Ihnen natürlich recht.

Argumentieren

Der Vorteil liegt bei der Therapie in der Perspektive ‚Resozialisierungschance', die trotz des Verbrechens besteht ..., der Nachteil, dass der Täter nach wie vor für die Bevölkerung, insbesondere für wehrlose Kinder, eine große Bedrohung darstellt, weil erstens keine Garantie auf Heilung besteht und zweitens, wie oft erlebt, die Sicherheitsbedingungen in einer psychiatrischen Anstalt nicht so gegeben sind wie in einem Gefängnis.

Aus meiner Sicht ist der Vorteil der Therapie nicht so gravierend, sodass ich hier den Standpunkt vertreten möchte: Sicherheit geht vor. Solange es noch keine sicheren Therapien gibt, muss ein solcher Täter ins Gefängnis – das sind wir der Sicherheit unserer Kinder schuldig ... Die Argumente überwiegen ganz deutlich ... und sind natürlich auch abhängig von anderen Faktoren wie z. B. ..."

Da Sie das selbst formulieren, liegt das Ergebnis in Ihrer Hand und ist gut steuerbar. Dies hilft, Ihre Position auszubauen, und in dem Beispiel führen Sie – nicht völlig uneigennützig – gleich weiter zu anderen, argumentativen Positionen.

3. Die bedingte Zustimmung

Greifen Sie einen Teilaspekt des vorgebrachten Einwandes heraus, dem man aus taktischen Erwägungen also (bedingt) zustimmt, um daraufhin Ihren eigenen Standpunkt umso besser zu präsentieren. Im Anschluss daran relativiert man den vorgebrachten Einwand nun insgesamt und ... gewinnt und überzeugt.

Beispiel: Ihr Gesprächspartner wendet ein, Ihr Argument („Therapie ist bei Sexualstraftätern nicht erfolgreich") stimme nicht, weil auch Täter als geheilt entlassen wurden. Sie können dann so reagieren: „Das ist ein wichtiger Aspekt, den Sie da ansprechen. Sie haben recht. Ich habe wahrscheinlich noch nicht ausreichend begründet bzw. deutlich gemacht, worin ich die Gefahr sehe …" (Nochmals: Dies gibt nicht unsere Meinung wieder, sondern dient nur zur Veranschaulichung von Argumentationsmöglichkeiten.)

Ja, aber …

4. Die Verzögerungstaktik

Sie signalisieren, den Einwand verstanden zu haben und bitten darum, zunächst noch dies und das sagen, erklären, zeigen, fragen zu dürfen, was Sie dann auch sofort tun und womit Sie die ganze Sache möglichst voranbringen. In jedem Fall kommt das Gespräch an einen anderen Punkt, der den vorherigen Einwand hoffentlich vergessen, nicht mehr interessant erscheinen lässt.

Schauen Sie sich im Fernsehen genau die Talk-Runden und Interviews mit Politikern an. Einige von ihnen beherrschen das Drumherumreden ganz hervorragend: „Eine interessante Frage / Hinweis / Bemerkung usw. Lassen Sie mich bitte aber zunächst noch einmal darauf hinweisen, dass …"

„Bitte übernehmen Sie …" – Sonderfall Diskussionsleitung

Sonderrolle Gesprächsleitung

Möglich ist, dass Sie vor die Aufgabe gestellt werden, in einer AC-Gruppendiskussion die Gesprächsleitung zu übernehmen. Allerdings geschieht dies relativ selten, da Ihnen auf diese Weise eine Sonderrolle zuteilwird, deren Bewältigung sich nur schlecht mit den Leistungen anderer Kandidaten vergleichen lässt. Sollte es aber doch einmal dazu kommen, empfehlen wir Ihnen folgende Strategie:

1. Einleitung

- Hinführung zum Thema; allgemeine Problemskizze entwickeln
- versuchen, einen oder zwei Themenaspekte festzulegen („Darf ich Ihr Einverständnis voraussetzen, wenn wir …?")
- Delegation der Gesprächskompetenz:

  a) Frage als Diskussionsanreiz:

  „Wie ist Ihre Erfahrung?"

  „Was sollte geschehen?"

  „Welche Möglichkeiten sehen Sie …?"

  b) These zur Diskussion stellen, evtl. in Frageform:

  „Sind Sie auch der Ansicht, dass …?"

2. Verlaufsregelung

- versuchen, Beiträge in eine prägnante Aussage zu fassen und als These weiterzugeben; evtl. Zielfrage anfügen: „Wollen wir uns auf diesen Punkt konzentrieren?", „Ist es nicht wirklich besser, wenn wir ...?"
- möglichst keine Parteinahme; sich widersprechende Beiträge als Widersprüche stehen lassen; alle Beiträge und Positionen sind „interessant ...", „überlegenswert ...", „nachdenkenswert ..." usw.
- ausgeglichene Rollenverteilung herstellen, auch stillere Diskussionsteilnehmer einbeziehen
- sich einschalten, wenn „Schockpausen" eintreten (Differenzierung, Hervorheben des Positiven etc.)
- häufig positive Verstärkung geben („Ein interessanter Gesichtspunkt", „Das scheint mir ein außerordentlich wichtiger Aspekt", „Gut, dass Sie darauf eingehen!" etc.)
- deutliches Interesse für die Beiträge zeigen („Ich habe auch schon überlegt, ob möglicherweise ...", „Ich glaube, es lohnt sich ganz gewiss, noch mehr darüber zu wissen/zu sagen/nachzudenken" etc.)

3. Ausklang

- Vorschlag: „Vielen Dank für Ihre Diskussionsbeiträge, die ich sehr interessant fand. Sie haben uns die Vielschichtigkeit des Themas X deutlich gemacht, auch wenn einige wichtige Aspekte wegen der Kürze der Zeit nicht ausreichend behandelt werden konnten ..."

Auf den Punkt gebracht

- moderate Form der Teilnahme an der Diskussion
- wenn überhaupt: nur das Nötigste notieren
- gestraffte Skizze der wesentlichsten Aussagen, u. U. in Form einer Polarisierung; Gegensätze und Gemeinsamkeiten scharfzeichnen
- offen gebliebene Problemansätze als Ausblick thematisieren

Case Studies und Unternehmensplanspiele

Ein Bewerber berichtet von folgender Aufgabe im Assessment Center:

Die Teilnehmer sollten sich vorstellen, zu einer Firma zu gehören, die sich einen guten Ruf durch die Herstellung von Mittelklassefahrrädern erworben hat. Um den Fortbestand der Firma zu sichern, musste man sich entscheiden, entweder qualitativ wertvolle, aber teure Fahrräder zu produzieren, oder auf eine Billig- und Massenproduktion umzustellen. Dazu gab es schriftliches Hintergrundinformationsmaterial, Marktforschungsanalysen etc.

Fahrradproduktion

An diesem Beispiel wollen wir Ihnen einige wichtige Beurteilungskriterien mit beispielhaften Lösungsstrategien verdeutlichen:

Beurteilungskriterien

... und Lösungsstrategien

- Werden alle verfügbaren Informationen bei der Entscheidungsfindung herangezogen? Sind z. B. die schriftlichen Unterlagen sorgfältig studiert worden?
- Wird ein systematisches Vorgehen deutlich? Werden Probleme, Ursachen differenziert untersucht?
- Werden Alternativen entwickelt – z. B. statt Entweder-oder-Entscheidungen sinnvolle Mischformen bei der Produktion?
- Werden die Folgewirkungen berücksichtigt – z. B. diejenigen, die durch die Umstellung der Produktion von einer Sorte von Fahrrädern auf eine andere entstehen können?
- Werden verschiedene Lösungsstrategien durchgespielt – also die eine oder andere Produktionsumstellung?
- Sind die getroffene Entscheidung und der Weg dahin nachvollziehbar – insbesondere für die Mitspieler und die begutachtenden Beobachter?
- Werden die von der Entscheidung unmittelbar Betroffenen in den Entscheidungsprozess mit einbezogen – z. B. durch Befragung der mit der Produktion und mit dem Verkauf befassten Personen (Arbeiter, Vertreter, Fachhändler)?
- Wird der Entscheidungsprozess für alle Mitarbeiter transparent gemacht? Ist ein Bemühen zu erkennen, für alle mit der Produktion, dem Vertrieb und Verkauf Beschäftigten die getroffene Entscheidung nachvollziehbar zu machen?
- Ist über mögliche Negativfolgen der Entscheidung nachgedacht worden und wird die Bereitschaft sichtbar, wenn diese eintreten sollten, die Gesamtsituation neu zu überdenken? Sind Schwierigkeiten bei der Produktionsumstellung bedacht worden und ist über eine mögliche Korrektur der getroffenen Entscheidung im Voraus überlegt worden?
- Wird die Entscheidung nicht unnötig aufgeschoben oder auf andere delegiert? Herrscht eine ängstliche Abwartehaltung im Sinne des „bloß nichts falsch machen" oder gibt es Versuche, die Entscheidung auf andere Mitspieler abzuwälzen?
- Werden Standpunkte und Meinungen den anderen Mitspielern gegenüber deutlich sichtbar gemacht?
- Wird Stellung bezogen, oder hält man sich nach allen Seiten hin offen oder sogar raus?
- Ist bei der Entscheidung das eingegangene Risiko kalkulier- und vertretbar? Wird alles auf eine Karte gesetzt, oder herrscht eine angemessene Risikobereitschaft?
- Werden gerechtfertigte und einmal bezogene Standpunkte auch gegen einen deutlichen Widerstand nicht leichtfertig aufgegeben? Wird eine gewisse Eigenständigkeit und Unerschrockenheit deutlich?

Grob zu unterscheiden sind hier Beobachtungskriterien wie:

- technisch-administrative Verhaltensweisen
- defensiv reagierende Verhaltensweisen
- offensiv gestaltende Verhaltensweisen

Unternehmensplanspiele

Gerade bei den Unternehmensplanspielen ist ein positives Ergebnis nur durch ein Zusammenwirken aller Mitspieler möglich, weil es sein kann, dass jedem Teilnehmer unterschiedliche Informationen, z. B. auf Extra-Kärtchen, zur Verfügung stehen und alle einzelnen, auf den Karten vermerkten Infos erst im Austausch der Teilnehmer untereinander Sinn ergeben.

Sorgen Sie also dafür, dass alle Informationen jedem Teilnehmer zugänglich gemacht werden. Vielleicht können Sie bereitgestellte Medien dazu nutzen, oder Sie verteilen solche Kärtchen sichtbar für alle auf dem Boden, an der Wand etc.

Tipp!

Die wichtigsten Tipps für Unternehmensplanspiele oder Case Studies

- Stellen Sie sicher, dass Sie alle Informationen haben und zögern Sie nicht, ggf. nachzufragen.
- Verdeutlichen Sie sich die Aufgabenstellung.
- Verlieren Sie sich nicht in Details. Filtern Sie die wichtigsten Informationen heraus.
- Notieren Sie ggf. schriftlich den Lösungsweg und auf welche Art Sie zu Ihren Erkenntnissen gelangt sind. Grund: Es ist durchaus möglich, dass Sie in einem anschließenden Interview nach Ihren Gründen befragt werden.
- Schreiben Sie deutlich, wenn Sie die Aufgabe handschriftlich lösen müssen. Sollen Sie Ihre Ergebnisse in Form einer Präsentation demonstrieren, ist es empfehlenswert, Medien (Flipchart, Overheadprojektor, Metaplanwand, Tafel) zu nutzen, um die Aussagen grafisch zu unterstützen.
- Wenn Sie in der Gruppe eine Fallstudie lösen sollen, lautet auch hier wieder die Parole: Gemeinsam sind wir stark. Vergewissern Sie sich, dass Ihr Ausgangswissen gleich ist.
- Bemühen Sie sich, möglichst alle Teammitglieder in den Entscheidungsprozess mit einzubinden.
- Wichtig sind am Ende die eigenen Werte bzw. die Passgenauigkeit der eigenen Wertewelt zur Unternehmenskultur, zu den gelebten Firmenwerten. Wenn z. B. bei der Kosmetikfirma Body Shop keine Tierversuche als Firmenwert benannt werden, so sollte ein Bewerber bei Unternehmensplanspielen/Case Studies keine Lösungen vorschlagen, die diesen Wert verletzen würden. Wichtig ist also nicht nur die logische, kluge Abarbeitung der Aufgaben, sondern auch die Begründung der Entscheidungen entsprechend der eigenen und/oder der Unternehmenswertewelt.

Tipp!

Die wichtigsten Tipps für die Gruppendiskussion

- Versuchen Sie am Anfang, Orientierung (Struktur, Gliederung) in das Thema und möglichst auch in die Diskutanten-Gruppe zu bringen.
- Seien Sie sich darüber klar, dass Sie das Thema nicht vollständig ausdiskutieren können; Mut zur Lücke, zur Auswahl und Konzentration, aber auch Begrenzung.
- Sie sollten neben Ihrem eigenen Abschneiden auch sehr genau das Ihrer Mitdiskutanten im Blick behalten.
- Fragen Sie zwischendurch, ob das Ziel noch im Blick ist.
- Beteiligen Sie sich in angemessener Weise, fassen Sie sich kurz und drängen Sie sich nicht in den Vordergrund; weder ein Vielschwätzer noch der stumme Fisch ist in Ihrer angestrebten (Führungs-)Position gefragt.
- Gehen Sie auf Argumente Ihrer Mitdiskutanten ein und entwickeln Sie diese konstruktiv weiter. Das wird besonders gerne beobachtet.
- Loben Sie zwischendurch Ihre Mitdiskutanten und hören Sie aufmerksam zu.
- Sprechen Sie ruhig und deutlich.
- Achten Sie darauf, dass Sie unterschiedliche Rollen einnehmen. Überlegen Sie sich vorher, was und wie Sie etwas von sich vermitteln wollen.
- Verzichten Sie auf Spott und Ironie.

Auf den Punkt gebracht

Die Erläuterungen sollen eines verdeutlichen: Gerade die Gruppendiskussion ist eine echte Gratwanderung. Einerseits heißt das Spiel „Jeder gegen jeden", in dem sich jeder positiv von der Konkurrenz abheben möchte, andererseits ist ein konstruktives Ergebnis nur durch einen sozial kompetenten Umgang miteinander möglich. Hier das richtige Maß zu finden, ist – zugegebenermaßen – nicht einfach.

Soziale Kompetenz

Die Konstruktions- oder Organisationsübung

Beschreibung

Eine Mischung aus Rollenspiel und Diskussionsaufgabe, die heutzutage mangels Zeit bei AC eher seltener geworden ist (aber darauf darf man sich nicht verlassen!). Die Konstruktions- oder auch Organisations- und Aufbauübung kommt als harmloses Arbeits- oder Bastelspiel daher, eine Aufgabe für Sie allein (seltener) oder gemeinsam an die Gruppe (deutlich häufiger). Sie werden zusammen mit Ihren Mitbewerben aufgefordert, etwas aus vorgegebenen Materialien (meistens Papier und/oder Stoff, ein paar Handwerkszeuge wie Schere etc.) zu bauen. Eine Brücke, ein Schiff, ein Transportgefäß, jede Menge Papierflieger, ein Ei, das aus einer bestimmten Höhe zu Boden gleiten muss, ohne bei der Landung kaputt zu gehen etc.

Basteln …

Oder Sie bekommen eine Art Büro-Organisationsentwicklungsaufgabe, z.B. verschiedene Eintrittskarten für ein Konzert zu gestalten, sodass die Einlasskontrolle schnell sehen kann, ob es sich um eine im Vorverkauf oder aktuell erworbene Karte handelt, aus dem Internet oder an der Kasse, und zu welcher Preiskategorie diese gehört. Alles um angeblich dadurch die Besucherströme entsprechend schnell und einfach zu lenken. Dazu gibt es noch einen etwas kompliziert klingenden Text, den man erst mal verstehen, insgesamt aber bis zum Ende lesen muss, weil da vielleicht noch ein wichtiger Hinweis verborgen ist. Außerdem gibt es Spezialeintrittskarten für Helfer, die Presse und sogar Polizisten in Zivil ... Wie gehen Sie vor?

Koordination ist entscheidend

Für so eine Konstruktionsübung bekommt man in der Regel 20 bis 60 Minuten Zeit. Natürlich ist es nicht einfach, alle Mitspieler unter einen Hut zu bekommen und am Ende etwas Sinnvolles, etwas Funktionierendes als Ergebnis präsentieren zu können. Da man unter deutlichem Zeitdruck steht und immer irgendwelche Mitspieler hat, die es einem auch nicht gerade einfach machen, ist dies alles andere als ein harmloses (Zwischen-)Spiel. Nein, ein echte Herausforderung an die unterschiedlichsten Fähigkeiten, insbesondere aber an die Art und Weise, wie man miteinander umgeht, wie man auf Menschen einwirkt!

Anforderungen

Hier kommen ähnliche Anforderungsmerkmale wie bei der Gruppendiskussion oder beim Rollenspiel zum Tragen:

1. Soziale Kompetenz

- Kontaktfähigkeit:
  Unterstützung anbieten
  Verständnis zeigen
- Kooperationsfähigkeit:
  anderen aus Schwierigkeiten heraushelfen
  kein Dominanzstreben auf Kosten anderer
  Verzicht auf Druck- und Machtmittel
- Informationspolitik:
  Offenheit und Fähigkeit, zuzuhören
- Selbstdisziplin:
  auf Angriffe angemessen (nicht eskalierend) reagieren
  moderat-freundlicher Umgang mit anderen
- Einfühlungsvermögen:
  Erkennen / Berücksichtigen von Bedürfnissen / Gefühlen anderer

Cool bleiben, Rücksicht nehmen

2. Systematisch-zielorientiertes Denken und Handeln

- Arbeitsorganisation:
  Überblick verschaffen
  sinnvolle Ein- und Verteilung vornehmen
- Planung und Kontrolle:
  Arbeitsziele setzen
- Entscheidungsfähigkeit:
  Suchen/Verwerten von allen verfügbaren Informationen
  Entwicklung und Beurteilung von Alternativvorschlägen
  angemessene Entscheidungsfreudigkeit/kein Abschieben
  Reflexion der Entscheidungskonsequenzen

3. Aktivitätspotenzial

- Arbeitsantrieb/-motivation:
  schnelle Erledigung anstehender Arbeiten/Probleme
- Selbstständigkeit:
  erkennbares Bemühen um Optimierung eigener Arbeitsergebnisse
- Führungspotenzial/-motivation:
  Initiativen zur Strukturierung/Koordination sozialer Prozesse

Durchhalten und Durchsetzen

- Selbstwertgefühl:
  positiv und erfolgsorientiert
  angemessene Selbstsicherheit
  Durchhaltevermögen auch bei Rückschlägen
- Durchsetzungsvermögen:
  Zielstrebigkeit
  Durchsetzungsbeharrlichkeit
- Geschicklichkeit

4. Ausdrucksfähigkeit

- Überzeugungskraft:
  Vorschläge/Ziele/Methoden werden von anderen übernommen
  Argumentation erzeugt bei anderen keinen Widerstand
  Flexibilität in Ausdruck/Argumentation
  Führungsrolle wird anerkannt
- Flexibilität:
  rhetorische Fähigkeiten/Argumentationstechnik

Nur sehr selten bekommt jeder einzelne für sich allein eine (dann eher technisch orientierte) Aufgabe, wie beispielsweise eine bestimmte Sache aus verschiedenen Teilen nach Plan zusammenzubauen (Puzzle). Das erinnert bisweilen an IKEA-Möbel-Aufbau-Abenteuer (nach einer nur grafischen Anleitung etwas auf- bzw. zusammenzubauen). Wenn man Ihnen dies allein zumutet, geht es natürlich nicht mehr um Ihre soziale, sondern um Ihre handwerkliche, technische Kompetenz, um das planvolle Vorgehen, um Geschicklichkeit und Tempo.

Tipps, Trick und Taktiken – Bewältigungsstrategien

Wie verhalten Sie sich gegenüber anderen und wie verhält man sich Ihnen gegenüber?

Aus dem von Ihnen gezeigten Verhalten bei der Aufgabenbewältigung, insbesondere aus der Interaktion, aus Ihrem Umgang mit den anderen Teilnehmern, aber auch wie die anderen auf Sie reagieren, aus diesem Gesamtverhalten versucht man Rückschlüsse und Prognosen zu ziehen, wie Sie sich später einmal als Mitarbeiter bewähren und ob Sie Verantwortung übernehmen können, vielleicht sogar das Zeug zum Teamleiter haben.

In jedem Fall sollte Ihr Ziel darin liegen, in dieser AC-Konstruktionsübung Eindrücke und Ansätze einer kooperierenden und mit allen gut auskommenden Figur zu hinterlassen. Wer hier laut wird, andere anschnauzt, rumnölt, meckert, sich zurückzieht, weil etwas nicht klappt, zählt schnell zu den Verlieren. Und selbst wenn Ihre Gruppe kein tolles Ergebnis vorweisen kann, das Entscheidende ist, wie sind Sie miteinander umgegangen sind. Schöner ist es natürlich schon, wenn Sie gemeinsam in der Übung zu einem vorweisbaren Ergebnis gekommen sind. Um Sie dazu besonders zu motivieren, bildet man auch gerne zwei Gruppen und gibt Ihnen mitten bei der Auseinandersetzung in Ihrem Team den Hinweis, die anderen wären schon viel weiter als Sie. Das schafft zusätzlichen Druck (auch wenn es frei erfunden ist!).

Nicht meckern!

Zeigen Sie „Mit-Spielbereitschaft“, ergreifen Sie die Initiative. Beteiligen Sie sich konstruktiv an der Planung, diskutieren Sie Vorgehensweisen mit und fordern Sie zum gemeinsamen Handeln auf. Schlagen Sie zunächst ein Brainstorming vor und beziehen Sie auch andere stillere Teilnehmer mit ein. Unterstützen Sie demonstrativ andere, wenn die gute Ideen haben oder Vorschläge machen!

Darauf kommt es an: Wie gehen Sie mit anderen in einer solchen Situation um? Hoffentlich gut! Ihre Kontakt- und Kommunikationsfähigkeit steht auf dem Prüfstand und soziale Kompetenz ist der Schlüsselbegriff, um den sich wieder mal alles dreht. Lassen Sie sich ruhig helfen, helfen Sie aber auch mal anderen aus der Gruppe. Gefragt ist immer auch ein wenig Organisationsgeschick gepaart mit einer Mischung aus Überzeugungskraft und Durchsetzungsvermögen. Wie geschickt stellen Sie sich im verbalen Umgang mit anderen Menschen an? Wie reagiert man auf Sie?

Das Rollenspiel

Erlebnisbericht: Gesprächsstrategien

Ich bekam von einem der AC-Beobachter freundlich lächelnd drei Seiten Text in die Hand gedrückt, mit der Aufforderung, mich in einem nahegelegenen Raum („Gehen Sie den Flur links entlang, dann geradeaus, die zweite Tür rechts, nicht zu verfehlen.“) mit dem Papier auseinanderzusetzen. Alles Weitere könne ich dann der Instruktion entnehmen. „Wir sehen uns in 15 Minuten wieder hier“, waren seine Worte, als ich schon an der Flurtür stand und zunächst mal rechts den Gang entlanggehen wollte. „Die falsche Richtung, Herr …, links habe ich doch gesagt, geradeaus …“

Das war nicht das Einzige, was an diesem Tag schiefzugehen drohte – also zurück in die richtige Richtung und siehe da, die Tür war tatsächlich entsprechend groß beschildert. Mein dreiseitiger Text erklärte mir die zweite AC-Übung für diesen Vormittag.

Mitarbeitergespräch als Rollenspiel

Plötzlich war ich nicht mehr Bewerber und Berufseinsteiger, sondern zum Gruppenleiter Nord avanciert. Ich hatte eine neue Gruppe von Versicherungsvertretern zu übernehmen, lauter alte Hasen, die schon zehn Jahre und länger im Geschäft waren. Einer allerdings machte Probleme: Herr Müller. Seit einem halben Jahr schien ihm alles danebenzugehen (was ihn mir auf Anhieb sympathisch machte). Vor zwei Jahren war Herr Müller noch Leistungsbester, dann jedoch ging es bei ihm langsam, aber kontinuierlich bergab. Das letzte Halbjahr war eine Katastrophe. Quasi null Umsatz.

Der Personalchef hatte mir gesteckt – konnte ich in meinem Text lesen –, dass es bei Müller wohl Alkohol- und Eheprobleme gebe. Von einem Kollegen war mir in der Kantine geflüstert worden, ob ich wisse, dass Frau Müller – noch verheiratet mit meinem Sorgenkind – eine Cousine des Vorstandsvorsitzenden sei. Weitere Informationen folgten, zum Teil so „wichtige“ wie „Müller ist Linkshänder, aber ein ausgezeichneter Fußballer mit regem Vereinsleben“. Und etwas Dramatisches zum Schluss des dreiseitigen Textes: Seine älteste Tochter sei vor einem Monat bei einem Verkehrsunfall ums Leben gekommen.

Dann kam meine Aufgabe: Ich hatte mit Herrn Müller ein Konfliktgespräch über seine Leistungen zu führen. Dabei wusste ich, dass ich anschließend dem Personalchef Bericht zu erstatten hatte und eine Empfehlung, wie mit Herrn Müller weiter zu verfahren sei, geben sollte. Mögliche Trennungskonsequenzen seien ernsthaft zu erwägen.

Der umfassende Text und die darin enthaltenen Details – Gott sei Dank hatte ich Papier und Bleistift zur Verfügung – beanspruchten fast 10 Minuten meiner Vorbereitungszeit. Viel Zeit blieb nicht, um mir eine Gesprächsstrategie zu überlegen. Da ging die Tür auf und mein AC-Beobachter holte mich persönlich ab. Vor allen fünf AC-Beobachtern nahm ich an einem extra Tisch Platz. Mir gegenüber mein „Wegweiser“, die Hand mir entgegenstreckend: „Müller. Sie wollten mich sprechen?“

Es liegt auf der Hand: Die Rolle, in die Sie schlüpfen müssen, ist weder leicht noch angenehm, auch dürfen Sie nicht mit allzu viel Entgegenkommen bei Ihrem Rollenspielpartner rechnen. Denn das ist dessen Geschäft, seine Rolle sieht eben vor, Ihnen das Leben schwer zu machen.

Beschreibung

Stegreif-Theater „Rollenspiel"

Das Rollenspiel ist eine Art Mini-Diskussionsgruppe. Personalchef, Vorgesetzter, Geschäftsführer, Teamleiter sind die typischen Rollen, in die Kandidaten meist schlüpfen sollen. In der Regel geht es dabei um ein simuliertes Gespräch zwischen Prüfling und – meistens einem – AC-Beobachter (oder Moderator), der aktiv den Part der zweiten Rolle übernimmt. Seltener sind Rollenspiele, die zwei Prüflinge gemeinsam absolvieren müssen.

Für dieses Stegreif-Theater „Rollenspiel" hat man 10 bzw. 30 Minuten Zeit. Vorher steht eine meist als zu knapp empfundene Vorbereitungszeit (etwa 5 bis 15 Minuten) zur Verfügung, in der sich der Bewerber mit einer schriftlichen Rollen- und Situationsbeschreibung vertraut zu machen hat.

Im Rollenspiel wird versucht, betriebliche Interaktionen zu simulieren. Typisch: Konfliktgespräche zwischen Vorgesetztem und Mitarbeiter (Stichworte: Kündigung, schlechte Leistung, sonstige Kritik, Mobbing etc.). Nicht selten kommt es auch zu Verkaufs- oder Überzeugungs- und Motivationsgesprächen, die es meist in sich haben.

Anforderungen

Was steckt hinter den Problemgesprächen mit Themen in der oben beschriebenen Art und der von Ihnen einzunehmenden Rolle als Vorgesetzter in der Auseinandersetzung mit dem Problemverursacher? Sie ahnen es bereits? Ja! Aus Ihrem gesamten Gesprächsverhalten versucht man Rückschlüsse und Prognosen auf Ihr zukünftiges Führungspotenzial zu ziehen. Wie werden Sie einmal mit Mitarbeitern, für die Sie Personalverantwortung haben, umgehen? Zeigen Sie in diesem Rollenspiel Ansätze einer Gesprächsstrategie, schaffen Sie eine Klärung, können Sie ein Verhandlungsergebnis vorweisen, bzw. sind Sie in der Lage, am Ende des Gesprächs klare Vereinbarungen, gegebenenfalls Entscheidungen zu treffen?

Dazu wird genau geprüft, ob es Ihnen gelingt, die Hintergründe und Ursachen des Mitarbeiterproblems durch geschickte Gesprächsführung herauszufinden, und ob Sie auf der Grundlage dieser Informationen entsprechende Regelungen und Übereinkünfte mit dem „Sorgenkind" treffen können.

Mut zur Verantwortung

Besonders wichtig ist das anschließende Gespräch über Ihr Verhalten im Rollenspiel: Zeigen Sie, wenn Sie von den Assessoren kritisch hinterfragt werden, dass Sie bereit sind, Verantwortung zu übernehmen. Fallen Sie also nicht beim ersten Anflug von Kritik um, etwa indem Sie zugeben, dass alles ein großer Fehler war. Im Rollenspiel kommt es auf ähnliche Anforderungsmerkmale wie bei der Gruppendiskussion an.

1. Soziale Kompetenz

- Einfühlungsvermögen:

  Erkennen/Berücksichtigen von Bedürfnissen/Gefühlen anderer

Anforderungen

- Kontaktfähigkeit:
  Beratung anbieten
  Vertrauen entgegenbringen
- Kooperationsfähigkeit:
  anderen aus Schwierigkeiten heraushelfen
  kein Dominanzstreben auf Kosten anderer
  Verzicht auf Druck- und Machtmittel
- Informationspolitik:
  Fähigkeit, zuzuhören
- Selbstdisziplin:
  auf Angriffe angemessen (deeskalierend) reagieren
  moderat-freundlicher Umgang mit anderen

2. Systematisch-zielorientiertes Denken und Handeln

- Arbeitsorganisation:
  Überblick verschaffen
- Entscheidungsfähigkeit:
  Suchen/Verwerten von allen verfügbaren Informationen
  Entwicklung und Beurteilung von Alternativ-Vorschlägen
  angemessene Entscheidungsfreudigkeit/kein Abschieben
  Reflexion der Entscheidungskonsequenzen
- Planung und Kontrolle:
  Arbeitsziele setzen

3. Aktivitätspotenzial

- Führungspotenzial/-motivation:
  Initiativen zur Strukturierung/Koordination sozialer Prozesse
- Arbeitsantrieb/-motivation:
  schnelle Erledigung anstehender Arbeiten/Probleme
- Selbstständigkeit:
  erkennbares Bemühen um Optimierung eigener Arbeitsergebnisse
- Selbstwertgefühl:
  positiv und erfolgsorientiert
  angemessene Selbstsicherheit
  Durchhaltevermögen auch bei Rückschlägen

- Durchsetzungsvermögen:
  Zielstrebigkeit
  Durchsetzungsbeharrlichkeit

4. Ausdrucksfähigkeit

- Flexibilität:
  rhetorische Fähigkeiten / Argumentationstechnik
- Überzeugungskraft:
  Vorschläge / Ziele / Methoden werden von anderen übernommen
  Argumentation erzeugt bei anderen keinen Widerstand
  Flexibilität in Ausdruck / Argumentation
  Führungsrolle wird anerkannt

Die soziale Kompetenz ist auch hier wieder der Schlüsselbegriff, um den sich alles dreht. Gefragt sind im Wesentlichen Kontaktfähigkeit, Einfühlungsvermögen und Verhandlungsgeschick, gepaart mit einer Mischung aus Überzeugungskraft und Durchsetzungsvermögen.

Zauberwort „Soziale Kompetenz"

Einfühlsam zum Ziel – Bewältigungsstrategien

Wie geschickt sind Sie im verbalen Umgang mit anderen Menschen? Wie groß ist Ihre Empathie, d. h., wie gut können Sie sich in Ihr Gegenüber einfühlen? Sind Sie in der Lage, Verhaltenshintergründe zu erhellen und gemeinsame Lösungswege zu erarbeiten? Mit diesen Fragen entscheiden die AC-Beobachter darüber, ob die Kandidaten Plus- oder Minuspunkte sammeln. Erfolgreich schneidet ab, wer die Grundregeln der Gesprächsführung beherrscht:

1. Aktives Zuhören
2. Konkrete, klare Aussagen zum eigenen Standpunkt machen
3. Motive und Ziele der eigenen Argumentation anderen verdeutlichen

Beim Rollenspiel kommt es nicht auf Härte, sondern auf Feingefühl an, bei gleichzeitiger konsequenter Verfolgung des eigenen Gesprächsziels. Und dieses ist deutlich gefärbt durch die Interessen des Unternehmens, das Sie im Rollengespräch zu vertreten haben.

Sanft, nicht hart!

Im kritischen Gespräch generell und besonders in der AC-Situation geht es nicht um den Nachweis irgendeiner Schuld, sondern um die gemeinsame Vereinbarung, wie sich der Mitarbeiter in Zukunft verhalten sollte. Es kann also nicht Ihre Aufgabe sein, im Rollengespräch Ihr Gegenüber zur Schnecke zu machen. Verfolgen Sie im Rollengespräch vielmehr Ziele wie:

- die psychosozialen Ursachen von Leistungsversagen oder Fehlverhalten bei Ihrem Gesprächspartner zu erhellen,
- die Begründung Ihres Gegenübers für sein Verhalten zur Sprache zu bringen und ihm dabei gut zuzuhören,
- die Förderung der Einsicht Ihres Gegenübers, dass Derartiges in Zukunft vermieden werden sollte (Verhaltensänderung),
- das Erreichen einer Übereinkunft, dass zukünftig gemeinsam vereinbarte Ziele realisiert werden.

Für das Kritikgespräch ist zu beachten

Auch Kritik will geübt sein

- Machen Sie sich zunächst klar, was Sie in dem Gespräch bewirken wollen (Ziel: Verhaltensänderung).
- Sorgen Sie für eine gute, sachliche und entspannte Gesprächsatmosphäre.
- Tragen Sie Ihre Kritikpunkte sachlich vor, weitestgehend neutral und wertfrei. Seien Sie dabei so konkret wie möglich (keine Pauschalisierungen wie z. B.: „Sie machen wohl in der letzten Zeit alles falsch"), und belegen Sie Ihre Ausführungen mit konkreten Beispielen, Vorfällen. Vermeiden Sie es, bereits in die Problemdarstellung eine persönliche Bewertung einzubringen.

Immer sachlich bleiben

- Berücksichtigen Sie auch die Gefühle Ihres Gegenübers. Machen Sie deutlich: Ihre Kritik gilt dem speziellen Verhalten bzw. einer speziellen Situation und nicht der gesamten Person.
- Fordern Sie Ihren Gesprächspartner auf, Stellung zu nehmen, seine Sicht der Dinge darzustellen. Bitten Sie um Erklärungen.
- Rechnen Sie auch mit offenen Aggressionen, Leugnen der Sachverhalte, Zweifel an Ihrer Kompetenz (vgl. auch Gruppendiskussion, s. S. 38).
- Werden Sie Ihrerseits nicht aggressiv, drohen Sie nicht, vermeiden Sie Gegenattacken, einen Streit darüber, wer nun recht hat.
- Wenden Sie gegebenenfalls als Gesprächsmethode die sogenannte Spiegel-Technik an, eine bewährte Gesprächstechnik, deren Hauptfunktion darin besteht, durch Zuhören mehr Informationen zu bekommen und gleichzeitig emotional entlastend zu wirken: Hören wir unserem Gegenüber aufmerksam zu, wird dieses über kurz oder lang erwarten, dass wir zu dem von ihm Gesagten Position beziehen, also selbst Stellung nehmen (damit es eventuell umso heftiger kontern kann).
- Die Gesprächstechnik des Spiegelns hilft uns nun dabei, dies gerade eben nicht sofort tun zu müssen. Sie bewahrt uns davor, bereits in einer frühen Gesprächsphase in Widerspruch und wenig konstruktive Auseinandersetzungen mit unserem Gesprächspartner verstrickt zu werden.
- Die Spiegel-Technik ermöglicht es Ihrem Gesprächspartner nicht zuletzt auch, seinen Gefühlen (vor allem Ärger!) entsprechend Ausdruck zu verleihen. Das ent-

lastet, und der Weg für einen konstruktiven und Erfolg versprechenden Lösungsansatz bzw. weiteren Gesprächsverlauf wird frei.

Beispiel für die Spiegel-Technik

Spiegeln

A (sich beklagend): „… und dann haben mir die Kollegen gesagt, Sie hätten behauptet, ich würde für die Bearbeitung der Akten zum Vorgang XY die doppelte Zeit brauchen wie mein Vorgänger und das Ergebnis sei doch recht mager …"

Sie haben eine ganze Weile zugehört und wären jetzt eigentlich „dran", Position zu beziehen. Mit der Spiegel-Technik können Sie diesen Zeitpunkt noch einmal hinausschieben, vielleicht sogar umschiffen. Sie könnten zwar beispielsweise jetzt empört sagen:

B: „Was soll ich gesagt haben? Das ist ja ungeheuerlich und so stimmt das gar nicht …" Damit landen Sie auf einer Streitebene, bei der es darum geht, wer wann was gesagt und wie gemeint hat (wechselseitige Schuldzuweisungen, Fronten verhärten sich). Es ist aber günstiger, das Gespräch durch folgende Spiegelung der ersten Aussage von A weiter voranzubringen:

So bringen Sie das Gespräch voran

B: „Ihnen ist also von Ihren Kollegen gesagt worden, ich hätte mich negativ über Sie und Ihre Arbeitsleistung geäußert?"

Wenn Sie an dieser Stelle eine Pause machen, wird Ihr Gegenüber schnell wieder das Wort ergreifen und sich seinen Frust weiter von der Seele reden. Sie aber haben mit dieser Antwortreaktion überhaupt keine konkrete Stellung bezogen, also weder bejaht noch dementiert, sondern die Aussage von A lediglich „gespiegelt".

Ihr Gegenüber fährt also fort, im Gefühl, Sie haben zugehört und zumindest verstanden, worum es ihm geht, anstatt gleich alles zu leugnen, glattzubügeln oder ihn gar anzugreifen, niederzumachen. A könnte jetzt sagen:

A: „Ja und außerdem haben mir die Kollegen dann noch gesagt …"

Jetzt besteht die realistische Chance, noch weitere Informationen zu bekommen und Aspekte sichtbar werden zu lassen, die für Ihre spätere Stellungnahme wichtig sind.

Im Rollenspiel erwartet man nicht von Ihnen, dass Sie im Alleingang einen Lösungsvorschlag aus dem Hut zaubern. Viel besser ist es, wenn Sie zunächst konkrete Lösungsvorschläge vonseiten Ihres Gesprächspartners erbitten („Was schlagen Sie selbst vor: Wie können Sie die Probleme und Schwierigkeiten in den Griff kriegen?").

„Was schlagen Sie vor?"

Entwickeln Sie dann gemeinsam Problembewältigungsstrategien („Was halten Sie davon, wenn Sie in Zukunft …?"). Und einigen Sie sich nach einer Bewertung der verschiedenen Vorschläge auf ein konkretes zukünftiges Vorgehen, Handhaben usw.

Fassen Sie das Gesprächsergebnis, den erarbeiteten Lösungsvorschlag abschließend zusammen („Wir sind zu dem Ergebnis gekommen, … haben gemeinsam vereinbart … Sie sind damit einverstanden, dass …"). Denken Sie zum Schluss daran, das Gespräch mit einer positiven Bemerkung ausklingen zu lassen, z. B.: „Ich freue mich, dass es uns gelungen ist, trotz aller Schwierigkeiten gemeinsam etwas erreicht zu haben …"

Tipp!

Die wichtigsten Tipps

- Stellen Sie zuerst eine angenehme Gesprächsatmosphäre her.
- Lassen Sie einen roten Faden erkennen.
- Hören Sie demonstrativ gut zu und gehen Sie auf die Argumente Ihres Gegenübers ein.
- Die Redeanteile sollten ausgeglichen verteilt sein, Sie sogar eher etwas weniger sprechen.
- Fragen Sie explizit nach Vorschlägen Ihres Gegenübers, wie es die Situation verbessern möchte, bevor Sie Ihre Vorschläge einbringen.
- Ihre Gesprächsziele sollten möglichst erreicht oder zumindest deutlich werden.

Auf den Punkt gebracht

Beim Rollenspiel geht es, noch stärker als bei der Gruppendiskussion, um die (verbal) gezeigte soziale Kompetenz. Gefragt ist dabei eine Mischung aus schauspielerischem Können und der Anwendung des Wissens, auf welche Anforderungsmerkmale es besonders ankommt. In diesem Fall: auf den sogenannten demokratischen bzw. kooperativen Führungsstil, auf Kontaktfähigkeit, Einfühlungsvermögen, Verhandlungsgeschick – alles wichtige Bausteine Ihrer sozialen Kompetenz.

Die Präsentation

Erlebnisbericht: Chemiker im Radio

Da ich mich um eine Stelle als Chemiker bewarb, hat mich die Art der Präsentationsaufgabe im Assessment Center schon gewundert. Die Aufgabenstellung war folgende:

„Ihr Bekannter, Herr Bleicher, ist Leiter des Rundfunksenders ‚Rund um Starnberg'; er plant eine neue Sendereihe mit dem Thema ‚Beruflicher Alltag und Freizeit'. Er bittet Sie, für eine der ersten Sendungen als Moderator zur Verfügung zu stehen. In Ihrem Vortrag sollen Sie über Ihre Hobbys und Ihre Freizeitgestaltung berichten. Die Dauer Ihres Vortrags soll ca. 15 Minuten nicht überschreiten. Anschließend werden noch zwei im Studio anwesende Journalisten einige Fragen an Sie richten.

Die Vorbereitungszeit beträgt 30 Minuten. Hinweis: Sie können an dieser Stelle auch über Artikel des Feuilletons der beigefügten Zeitung berichten."

London versus Bayern

Ich habe mittlerweile von der Firma eine Absage erhalten, u. a. deshalb, weil ich beim Radiointerview über die Freizeitgestaltung etwas über die Theater- und Musicalszene an meinem früheren Wohnort London berichtet habe, woraus haarscharf geschlossen wurde, dass ich mich wahrscheinlich nicht in Oberbayern wohlfühlen könnte und allgemein wohl noch in der Vergangenheit lebe …

Beschreibung

Ob Sie die Aufgabe bekommen, als Moderator aufzutreten, oder mit Unterlagen in Form einer Fallstudie konfrontiert werden, deren Lösung vorzustellen ist, oder ob Sie nach kurzer Vorbereitungszeit über ein gesellschaftspolitisches Thema einen Vortrag halten sollen – eines ist sicher: Wenn an Sie eine solche Aufgabe herangetragen wird, dann handelt es sich um den AC-Baustein Präsentation.

Auch hier zählt Sympathie

Erklärtes Ziel ist es, ein Thema in der Kürze der Zeit inhaltlich zu erfassen und es geschickt in einem mündlichen Vortrag den Zuhörern zu vermitteln. Dabei geht es in der Regel um Standpunkte, die zu vertreten sind, oder um Überzeugungsarbeit, die von Ihnen geleistet werden muss. Manchmal wird dabei dem AC-Prüfling explizit die Rolle eines Unternehmensberaters abverlangt, in die er sich hineinzuversetzen hat, um einem fiktiven Vorstandsgremium eines Unternehmens angemessene Aktionen vorzuschlagen.

Dieses AC-Spiel kann Ihnen quasi aus dem Stand abverlangt werden (mit einer Vorbereitungszeit von 5 bis 10 Minuten für einen drei- bis fünfminütigen Vortrag) oder mit abendlichem, mehrstündigem Aktenstudium vor dem Prüfungstag.

Denkbar ist bei dieser zweiten Variante die zusätzliche Aufgabe, Ihren Vortragstext schriftlich auszuarbeiten (was nicht bedeutet, dass Sie dann einfach stur ablesen dürfen). Die AC-Beobachter konzentrieren sich auf das „Wie“ Ihres Vortrages und nehmen die inhaltliche Beurteilung Ihres Referats später vor.

Der überzeugende Auftritt

Anforderungen

1. Soziale Kompetenz

- Einfühlungsvermögen:
  Erkennen / Berücksichtigung von Bedürfnissen der Zuhörer
- Kooperationsfähigkeit:
  Aufgreifen und Weiterführung vorhandener Meinungen / Ideen

2. Systematisch-zielorientiertes Denken und Handeln

- analytisches und abstraktes Denken:
  didaktisch sinnvoller und logischer Aufbau des Vortrages
  Strukturierungsfähigkeit
- Arbeitsorganisation:
  Einhalten von Zeitvorgaben
  Belastbarkeit
  Stressresistenz
- Entscheidungsfähigkeit:
  Entwicklung und Beurteilung von Alternativkonzepten
  Reflexion von Entscheidungskonsequenzen

- Planung/Kontrolle:
  Formulierung von Zielvorstellungen

3. Aktivitätspotenzial

- Selbstwertgefühl:
  Ausstrahlung von positivem Denken und Erfolgsorientierung
  angemessene Selbstsicherheit
- Kreativität:
  Einfallsreichtum
- Durchsetzungsvermögen:
  Erzielung von Aufmerksamkeit/Konzentration
  Zielstrebigkeit

4. Ausdrucksfähigkeit

- mündliche Formulierungsfähigkeiten:
  flüssige/unmissverständliche Ausdrucksfähigkeit
  akustische Verstehbarkeit
- Überzeugungskraft:
  Plausibilität von Vorschlägen/Methoden/Zielen
  Argumentation erzeugt keinen Widerstand
- Flexibilität:
  Verwendung von plastischen Vergleichen/Bildern
  Variabilität der Ausdrucksmöglichkeiten
  didaktischer Einsatz von optischen Hilfsmitteln

Kommunikation und Persönlichkeit

Bei der Präsentationsübung geht es natürlich weniger um zwischenmenschliches Verhalten, sondern um Sprachgestaltung, Form, Ausdruck, Klarheit und Sicherheit, Ausstrahlung, Überzeugungskraft und erst an letzter Stelle um Sachkompetenz. Das gilt vor allem für willkürliche, mit dem Arbeitsplatz kaum in Zusammenhang stehende Einwort-Themen wie „Der Glaube“ oder Allerweltsthemen wie „Tempolimit pro/kontra“.

Fachliche Kompetenz wird natürlich dann wichtiger, wenn es bei der Präsentation um Themen aus Ihrem zukünftigen Arbeitsgebiet geht, ohne dass die genannten Persönlichkeitsaspekte deshalb wegfallen.

Vom Sammeln und Weitergeben – Bewältigungsstrategien

„Lassen Sie Ihren Gedanken freien Lauf" könnte das Motto für den Beginn der Themenbearbeitung lauten. Mit anderen Worten: Es geht zunächst darum, Material zu sammeln. Notieren Sie alles – ruhig ungeordnet, mit genügend Platz für spätere Ergänzungen –, was Ihnen zu dem vorgegebenen Thema einfällt. Hilfreich sind Fragestellungen wie:

Keywords

- Welches Keyword enthält das Thema?
- Welche weiteren Begriffe stecken im Thema?
- Welche anderen Begriffe / Stichworte werden assoziiert? (Das können sein: vergleichbare und ähnliche, aber auch gegensätzliche Ober- und Unterbegriffe zum Keyword.)

Auch die bekannten W-Fragen (Wer, wie, was, wann, wo, warum?) können dazu einen wichtigen Beitrag leisten:

- Was heißt ...? Was ist ...? Was bedeutet (für mich / den Einzelnen / die Gesellschaft) ...?
- Wer ist mit ... befasst?
- Welche Arten von ... gibt es?
- Wann geschieht ...?
- Wo geschieht ...?
- Warum ...?
- Welche Ursache ...? Welchen Zweck ...? Welche Folgen, Vor- / Nachteile, Gefahren ...?
- Wem nützt / schadet ...?
- Wozu dient ...?

Schlüpfen Sie gedanklich doch einmal in andere Personen (Freunde, Arbeitskollegen, Eltern, Geschwister, Nachbarn etc.). Wie würden die argumentieren? Ordnen Sie die so gewonnenen Stichworte nach Zusammengehörigkeit und dann nach Gliederungsabschnitten:

Die geschickte Gliederung

- Einleitung
- Hauptteil
- Schluss

Bei Problemstellungen, die eine Pro/Kontra-Erörterung verlangen, hat sich folgende Gliederung des Hauptteils bewährt:

- These (Argumente für ...)
- Antithese (Gegenargumente)
- Wenn möglich: Lösung, Entscheidung (Synthese)

Haben Sie es in Ihrem Vortrag mit einem berufstypischen Fachproblem zu tun, bietet sich eine Gliederung des lösungsorientierten Kurzvortrages durch folgende Fragen an:

- Worin besteht das Problem?
- Wie ist bisher damit verfahren worden?
- Welche Lösungsansätze sind praktikabel, welche nicht?
- Wie sieht meine Empfehlung aus?

Zeitmanagement

Die vorgegebene Zeit für Ihren Vortrag sollten Sie unbedingt einhalten. Und auch die 5 oder 10 Minuten Vortragszeit sind schneller vorbei, als der unter Prüfungsstress stehende Kandidat sich vorstellen kann. Wenn Sie mit dem Vortrag aufhören müssen, weil die Zeit abgelaufen ist, und Sie wichtige Argumente deswegen gar nicht nennen können, haben Sie diese Prüfung in den Sand gesetzt. Also verzichten Sie lieber auf ein paar zusätzliche, aber schwächere Argumente und lassen Sie genügend Raum für die wirklich guten.

AIDA hilft

Der Anfang Ihres Vortrags ist von besonderer Bedeutung. Denn ein Einstieg – so eine wichtige Regel im Journalismus – entscheidet oft darüber, ob man Leser oder in Ihrem Fall Zuhörer für ein Thema interessieren kann oder nicht. Deshalb sollten Sie sich für den Start ein „Lockmittel" überlegen, z. B. die knallige Headline, die spannende Einleitung, die interessante Frage, die witzige Anekdote. Machen Sie Ihre Zuhörer neugierig auf das, was nun folgt.

Beleuchten Sie das Thema von verschiedenen Seiten und Standpunkten. Sparen Sie nicht mit sprachlichen Bildern, Vergleichen usw. Greifen Sie auch bei dieser Übung zu didaktischen Hilfsmitteln (Flipchart, Overheadprojektor, Tafel etc.), visualisieren Sie komplizierte Zusammenhänge nach dem Motto: Ein Bild sagt mehr als tausend Worte. Zögern Sie nicht, z. B. auch ein Keyword an die Tafel zu schreiben, um dessen Bedeutung zu unterstreichen. Zusammenhänge, die Sie durch Pfeile, Kreise oder andere Symbole vor den Augen der Zuschauer z. B. auf der Overheadfolie visualisieren, werden evidenter – eine Methode, die immer gut ankommt.

Geben Sie Ihren Zuhörern etwas zu denken, beteiligen Sie sie an Ihrem Thema, beziehen Sie sie mit ein (z. B. durch Fragen). Fassen Sie die wichtigsten Aspekte kurz und prägnant zusammen und gestalten Sie das Ende, ebenso wie den Anfang, nicht zu trocken.

Es ist äußerst wichtig, dass es Ihnen gelingt, die Zuhörer zu unterhalten. Eine Prise Humor, ein Zitat, eine angemessene Provokation bringen Ihnen dabei Pluspunkte. Wenn Sie langweilen, darüber hinaus noch nuscheln, eine Hand verlegen vor den Mund halten, sich mit der anderen nervös durchs Haar gehen, dann sammeln Sie Minuspunkte. So gut kann Ihr Vortrag inhaltlich gar nicht sein, um das wieder auszugleichen.

Körpersprache beobachten

Achten Sie auf Ihre Körpersprache. Dazu zählt auch, dass Sie von Anfang an Blickkontakt halten und diesen möglichst „gerecht" auf alle Zuhörer verteilen, insbesondere auf die AC-Beobachter. Sprechen Sie eher etwas langsamer als zu aufgeregt, nutzen Sie die Kunst der effektvoll inszenierten Pause.

Den Vortrag beenden Sie bitte nicht mit: „So, das war's." Viel besser: „Ich danke Ihnen für Ihre Aufmerksamkeit" oder einfach: „Danke schön."

Die wichtigsten Tipps

Tipp!

- Achten Sie bei der Vorbereitung wie auch beim Vortragen auf die Zeit.
- Beachten Sie für den Aufbau Ihres Vortrages die AIDA-Formel (s. S. 35).
- Versuchen Sie, Medien wie Flipchart, Overhead, Metaplantafel o. Ä. mit ins Spiel zu bringen.
- Nehmen Sie Blickkontakt zu Ihrem Publikum auf und schauen Sie es immer wieder an.
- Nutzen Sie den Effekt von Sprachpausen.
- Bemühen Sie sich um einen charmanten, witzigen, kurzweiligen Einstieg.
- Geben Sie vorab kurz einen Ausblick, worüber Sie sprechen werden, und gegen Ende möglichst eine kleine Zusammenfassung.
- Nutzen Sie verstärkt sprachliche Bilder zur Illustrierung, ggf. auch echte Bilder.
- Beleuchten Sie das Thema aus verschiedenen Blickwinkeln.

Auf den Punkt gebracht

In der Kürze liegt die Würze. Dieses gute alte Sprichwort trifft auch auf die Präsentation zu. Präzise und mit Witz schnell auf den Kern zu kommen, ohne zu langweilen – das macht den gelungenen Vortrag aus. Das „Wie" bei dieser Aufgabe ist häufig wichtiger als das „Was". Denken Sie daran, es geht um Ihre Persönlichkeit, Ausstrahlung, Überzeugungskraft. Und: Eloquenz ist durchaus trainierbar (s. Abschnitt „Regeln für die Gesprächsführung", S. 47).

Der Postkorb

Erlebnisbericht: Katastrophe um Katastrophe

Die berüchtigte Postkorb-Übung

Meine Regieanweisung sagte mir, ich sei Hans Schneller – in diesem von mir ganz allein zu bewältigenden AC-Teil. Meine Frau, Kinder, Hausangestellte, Nachbarn, Kollegen, mein Vorgesetzter, ja sogar mein Rechtsanwalt wurden mir kurz schriftlich vorgestellt. Die Situation, in die ich mich bei diesem AC-Test hineinzudenken hatte, war etwa so beschrieben:

„Sie sind heute, am Donnerstag, den 29. November, von einer Dienstreise zurückgekehrt. Jetzt ist es 16.30 Uhr. Niemand ist zu Hause, die Familie scheint unterwegs zu sein.

Sie finden eine Nachricht vor, dass Ihr Flug nach Wladiwostok (Sibirien) – eine wichtige, unaufschiebbare Dienstreise – vorverlegt worden ist. Um 19.00 Uhr müssen Sie bereits am Flughafen sein. Da der Weg dorthin 30 Minuten dauert, haben Sie lediglich eine Stunde Zeit, um die jetzt auf Sie zukommenden Dinge zu regeln, denn in Wladiwostok sind Sie in den nächsten drei Wochen für niemanden erreichbar und können auch selbst nicht telefonieren.“ *Und in der Tat gab es vor meiner Abreise noch jede Menge zu regeln. Ich saß mit einem Berg von Unterlagen da und musste nun lesen, dass …*

- *meine Frau sich im Krankenhaus befindet (Blinddarm-Not-OP), sich aber auf meinen Besuch am Abend freut,*
- *die Kinder Einkäufe für eine Schulreise ins Ausland machen und mich bitten, ihnen für diese Reise Geld umzutauschen,*
- *unserer Hausangestellten von meiner Frau fristlos gekündigt wurde, weil etwas vom wertvollen Familiensilber verschwunden sei,*
- *der Nachbar mich dringend bittet, ihn zu besuchen, da am Abend die Bürgerinitiative gegen den geplanten Großflughafen in unserer unmittelbaren Nachbarschaft tagt,*

Das Chaos verwalten …

- *der Gärtner eine ziemlich böse Mahnung geschrieben hat, weil er nun schon zwei Wochen auf sein Geld wartet,*
- *ein Anruf von der Lehrerin auf dem Anrufbeantworter ist, die wegen gravierender Disziplinverstöße meines Sohnes um sofortigen Rückruf bittet,*
- *mein Rechtsanwalt in einer für mich wichtigen Erbschaftsangelegenheit unbedingt einen Termin vor meiner Sibirienreise mit mir verabreden möchte,*
- *mein Vorgesetzter meinen Anruf wegen der bevorstehenden Verhandlungen in Wladiwostok wünscht,*
- *später am Abend, gegen 21 Uhr, meine Schwester, die Lieblingstante unserer Kinder, angereist kommt, um uns zu unterstützen. Sie möchte aber bitte von mir persönlich am Bahnhof abgeholt werden und, und, und …*

Ungefähr 20 dieser Informationen, besser Katastrophenmeldungen, lagen schriftlich vor mir. Sie waren nicht etwa kurz und präzise, sondern zum Teil sehr weitschweifig formuliert. Ich musste mir oftmals erst den Bedeutungsgehalt für meine Situation mühsam herausarbeiten.

Jetzt wurde von mir verlangt, zu diesen Nachrichten, Aufträgen, Erwartungen und Ansinnen Stellung zu nehmen. Wie gedachte ich damit umzugehen? Auf einem Extrapapier sollte ich meine Entscheidungen zu jeder dieser 20 Angelegenheiten / Vorkommnisse kurz skizzieren und begründen. Alles in einer Stunde, versteht sich, mein Flugzeug … na, Sie wissen schon.

Ich dachte darüber nach, aus Wladiwostok nie mehr zurückzukommen …

Unter Zeitdruck …

Ziel der Postkorbübung ist es, Ihr Entscheidungs- und Führungsverhalten sowie Arbeitsstil und -systematik zu beurteilen. Sind Sie in der Lage, Wichtiges von Unwichtigem zu unterscheiden und Prioritäten zu setzen? Können Sie Sachaufgaben delegieren und dabei gleichzeitig die Dinge nicht völlig aus dem Auge verlieren, sondern ein System der Effizienz- und Erfolgskontrolle mit einplanen?

In der Regel gibt es für diesen Testbaustein eine Stunde Bearbeitungszeit. Seltener sind kürzere (sogenannte Mini-Postkörbe) oder deutlich längere Aufgabenzeiten.

Oftmals werden Sie dann im unmittelbaren Anschluss oder auch im Verlauf des ACs von Ihren Beobachtern zu einem Nachgespräch gebeten. Dort dürfen Sie Ihre Entscheidungsergebnisse nochmals darlegen, gegebenenfalls rechtfertigen.

Wer im Interview einen zu zögerlichen Eindruck macht, nicht klar erkennen lässt, dass er in der Lage ist, Entscheidungen zu treffen und die sich daraus ableitende Verantwortung zu übernehmen, wird mit Kritik an seinem Führungspotenzial rechnen müssen.

… die Probleme lösen

Seien Sie tapfer, wenn von Ihren Beurteilern „ermittelt" wird, dass Ihre Herangehensweise an die Probleme alles andere als logisch sinnvoll, geschweige denn systematisch und angemessen war. Warum? Es könnte sein, dass man Sie auch dabei nur wieder testen will. Nämlich: wie schnell Sie von Ihrem Standpunkt abzubringen sind.

Beschreibung

Neben der führerlosen Gruppendiskussion ist der Postkorb die am häufigsten eingesetzte Übung im Assessment Center. Bei ihr handelt es sich um einen sogenannten Paper-and-Pencil-Test, den jeder Teilnehmer für sich allein zu bearbeiten hat. Ihre Aufgabe: Sie müssen als Chef / Vorgesetzter eine große Anzahl von Dokumenten durcharbeiten, die sich in Ihrer Post angesammelt haben, weil Sie länger weg, z. B. auf Dienstreise, waren. Unheimlich viele Entscheidungen sind nun von Ihnen zu treffen – typischerweise auf folgenden Gebieten:

- finanzielle Schwierigkeiten
- geschäftliche Dinge
- familiäre Probleme
- private Sorgen

Sind Sie fähig zu entscheiden?

Alles ist unter enormem Zeitdruck zu bearbeiten, weil es dann kurz danach wieder auf Dienstreise, in den Urlaub etc. geht. Die Unmenge von unterschiedlichen Papieren durchzulesen, erfordert eigentlich schon den größten Teil Ihrer Bearbeitungszeit. Dann aber wird von Ihnen verlangt, sich in der gegebenen schwierigen Situation (diese ist Ihnen eingangs erklärt worden) sehr schnell für eine angemessene Umgangsweise mit den Ihnen vorgestellten Ereignissen, Anforderungen, Problemen etc. zu entscheiden. Natürlich müssen Sie alles, was Sie zu tun gedenken, schriftlich begründen. Kein Wunder, dass man da ganz schön unter Druck geraten kann.

Anforderungen

Im Einzelnen geht es im schriftlichen Teil um folgende Merkmale:

1. Soziale Kompetenz

- Kontaktfreudigkeit:
  aktives Zugehen auf andere
- Einfühlungsvermögen:
  Erkennen / Berücksichtigung von Bedürfnissen / Gefühlen anderer
- Integrationsfähigkeit:
  Fähigkeit zur Konfliktanalyse und -lösung
  Bündelung multipler / divergierender Interessen auf ein Ziel hin
- Kooperationsfähigkeit:
  kein Dominanzstreben auf Kosten anderer
  Verzicht auf Druck- und Machtmittel
- Informationspolitik:
  Weitergabe von Informationen

2. Systematisch-zielorientiertes Denken und Handeln

- abstraktes und analytisches Denkvermögen:
  Informationsordnung nach vorgegebenen Kriterien
- Kombinationsfähigkeit im Denken:
  Übernahme / Verarbeitung von Informationen / Denkstilen anderer
  Fähigkeit, Alternativen zu entwickeln
- Entscheidungsfähigkeit:
  Aufsuchen und Verarbeiten aller Informationen
  Entscheidungsfreudigkeit / kein Abschieben
  Reflexion der Entscheidungskonsequenzen

- Arbeitsorganisation:
  Delegationsfähigkeit
  Einhalten von Zeitvorgaben
  Belastbarkeit/Stressresistenz
  Überblick verschaffen
  gewissenhafte Bearbeitung
  Konzentrationsfähigkeit
- Planung und Kontrolle:
  Strukturierungsvermögen komplexer Sachverhalte

3. Aktivitätspotenzial

- Arbeitsantrieb/-motivation:
  Konstanz der Arbeitsleistung bei komplexen Aufgaben

Anforderungen im Postkorb-Interview

Bei dem sich an den Postkorb anschließenden Interview erkundigen sich die AC-Beobachter (oftmals detailliert) nach Ihren Entscheidungsgründen. Letztlich geht es darum herauszufinden, ob Sie über Qualifikationsmerkmale wie Organisations- und Planungstalent, systematischen Arbeitsstil etc. verfügen. Von besonderem Interesse ist Ihr Weitblick, d. h., inwieweit Sie die Konsequenzen Ihrer Entscheidungen mitberücksichtigt haben. Schlechte Noten handelt sich ein, wer unsystematisch, eher aus dem Gefühl heraus Entscheidungen trifft bzw. sich sogar vor ihnen drückt.

Wie gehen Sie mit Kritik um?

In dem sich fast immer anschließenden Postkorb-Interview geht es u. a. um folgende Anforderungen:

1. Soziale Kompetenz

- Kontaktfähigkeit:
  Vertrauen/Unterstellen positiver Absichten
- Selbstdisziplin:
  auf Kritik angemessen (deeskalierend) reagieren
  moderat-freundlicher Umgangsstil

2. Systematisch-zielorientiertes Denken und Handeln

- abstraktes und analytisches Denkvermögen:
  Herausfinden von Gemeinsamkeiten
- Kombinationsfähigkeit im Denken:
  Übernahme/Verarbeitung von Informationen

- Entscheidungsfähigkeit:
  angemessene Entscheidungsfreudigkeit / kein Ab-, Aufschieben
  Reflexion der Entscheidungskonsequenzen
- Planung und Kontrolle:
  Suchen und Sichtbarmachen von Ordnungskriterien

3. Aktivitätspotenzial
- Selbstwertgefühl:
  positiv und erfolgsorientiert
  angemessene Selbstsicherheit (auch bei Kritik)
- Durchsetzungsvermögen:
  Zielstrebigkeit
  Durchsetzungsbeharrlichkeit

4. Ausdrucksfähigkeit
- mündliche Formulierungsfähigkeiten:
  flüssige / unmissverständliche Ausdrucksfähigkeit
- Überzeugungskraft:
  Argumentation erzeugt keinen Widerstand
  Flexibilität in Ausdruck / Argumentation

Es geht nicht um Perfektionismus, sondern um Gelassenheit bei Kritik

Sowohl in der Postkorbübung als auch im Interview sollen Ihre Belastbarkeit, Auffassungsgabe und Flexibilität geprüft werden. Können Sie vermitteln, dass Sie bei komplexen Aufgaben planvoll und überlegt organisieren, Ihre Arbeitsleistung selbst bei hohem Zeitdruck für eine längere Zeit nicht abfällt, Ihre Konzentration konstant bleibt und Sie bemüht sind, begonnene Arbeiten zügig abzuschließen?

An dieser Stelle zur Erinnerung: Nobody is perfect – und der Postkorb erst recht nicht! Doch schon allein das Wissen, worauf es ankommt, hilft bei der Bewältigung.

Ordnen, Selektieren, Delegieren – Bewältigungsstrategien

Auch wenn es in der realen Arbeitswelt durchaus angesagt ist, Dinge gründlich zu durchdenken – im Postkorb machen Sie damit kaum oder keine Punkte. Leider! Dokumentieren Sie Entscheidungsmut und Entschlossenheit. Zeigen Sie das richtige Maß an Selbstsicherheit und Optimismus.

Zunächst verschaffen Sie sich einen Überblick über alle Ihnen vorgelegten Informationen und notieren sich parallel auf einem Extrazettel wichtige Details. Dabei sollten Sie die folgenden Fragestellungen berücksichtigen:

- Ist ein Überblick geschafft?
- Lässt sich ein Zeitplan aufstellen?
- Welche Vorgänge / Ereignisse sind wirklich wichtig und warum?
- Welche können ruhig zurückgestellt, zunächst vernachlässigt werden und warum?
- Wie sind die Zusammenhänge zwischen einzelnen Vorgängen / Ereignissen?
- Welche weiteren Gemeinsamkeiten lassen sich finden?

Wie organisieren Sie?

Mit der „Vier-Häufchen-Methode" kommen Sie gezielt weiter. Ordnen Sie die Informationen folgenden vier Gruppen zu:

1. Muss ich selber machen.
2. Kann ich delegieren.
3. Kann warten.
4. Kann in den Papierkorb.

Fragen für die Eigenbearbeitung:

- Welche Aufgaben muss man unbedingt selbst bearbeiten?
- Welche Termine müssen eingehalten werden?
- Was passiert, wenn Termine verpasst werden?
- Lässt sich ein Ordnungssystem (Unterscheidungsmerkmale) für die einzelnen Vorgänge finden?
- Wo sind Prioritäten zu setzen und aus welchen Gründen?
  - Wie ist dabei die Interessenlage?
  - Wird bei der Bearbeitung, bei den Entscheidungen ein systematischer Leitfaden evident?

Fragen für zu delegierende Aufgaben:

- Was lässt sich an andere Personen delegieren und warum?
- Kontrollfrage dabei: Könnte bei den AC-Beobachtern der Eindruck entstehen, dass man versucht, sich vor Entscheidungen oder Aufgaben zu drücken?
- Wie lässt sich dabei eine Effizienz- und Erfolgskontrolle gestalten?

Abschließend können Sie Ihre Entscheidungen noch einmal einer kritischen Fragenkontrolle unterziehen:

- Fließen in die Entscheidungsfindung alle verfügbaren Informationen ein?
- Welche Konsequenzen, möglicherweise Probleme, ziehen bestimmte Entscheidungen nach sich?

- Gibt es dazu Alternativen?
- Wie sind Entscheidungen zu erklären, zu rechtfertigen, zu begründen?
- Sind die Motive für Entscheidungen für die AC-Beobachter einsichtig?

Darum geht es

Zeigen Sie, dass Sie delegieren können

Alles, was nicht wichtig und dringlich ist, sollten Sie delegieren. Die PEPE-Formel (Priorität vor Eiligkeit, Eiligkeit vor Perfektion, Perfektion vor vorschnellem Erfolg) bietet sich als mentale Unterstützung an. Und denken Sie daran, während der Bearbeitung der Aufgaben möglichst gelassen zu wirken. Denn auch Ihre Körpersprache wird von den Assessoren registriert.

Übrigens gibt es in 99 Prozent der Postkorbübungen keinen Königsweg als Lösung. Wichtig ist vielmehr, dass Sie im Interview auch begründen können, weshalb Sie sich für eine bestimmte Aufgabenverteilung entschieden haben, z. B. „weil Personalfragen immer Chefsache sind" etc.

Tipp!

Die wichtigsten Tipps

- Gehen Sie mit Ruhe und Überlegung an die Arbeit.
- Treffen Sie nicht vorschnell Entscheidungen. Lesen Sie erst einmal alles quer. Später stellen sich Sachverhalte anders dar …
- Seien Sie aber auch nicht zu zögerlich in Ihren Entscheidungen.
- Setzen Sie klare Prioritäten und verdeutlichen Sie diese Ihren Prüfern.
- Bleiben Sie äußerlich ruhig und gelassen, denn Sie werden beobachtet, auch wenn man Ihnen im direkten Gespräch vorhalten sollte, Sie lägen völlig falsch.
- Versuchen Sie nicht, Ihre zu langsame Arbeitsweise zu erklären, zu rechtfertigen. Das schwächt Sie eher, als dass es hilft.
- Nehmen Sie eventuelle Vorwürfe aufmerksam, aber gelassen zur Kenntnis. Vielleicht will man Sie nur testen. Zeigen Sie Bereitschaft, zuzuhören, und setzen Sie sich offen-interessiert mit alternativen Vorgehensweisen auseinander, ohne gleich sich zu bekennen oder Fehler und Schwächen einzugestehen.

Auf den Punkt gebracht

Die Postkorbübung stellt besonders hohe Anforderungen an die AC-Kandidaten. Eine halbe bis etwa eine Stunde lang muss ein enormer Zeitdruck ertragen werden. Gefragt sind insbesondere Konzentrationsfähigkeit, Stressresistenz, Arbeitsorganisation, Entscheidungsverhalten und Delegationsvermögen. In dem sich oftmals anschließenden Interview befindet man sich in einer Erklärungs- und Rechtfertigungssituation. Hier werden Kandidaten nicht selten in die Enge getrieben, nur um zu sehen, wie sie mit Stress umgehen und wie sehr sie zu ihren Entscheidungen stehen …

Bleiben Sie gelassen

Das Interview

Erlebnisbericht: Wie Odysseus

Wir waren gerade in Kleingruppen aufgeteilt worden und hatten angefangen, die Aufgaben zu bearbeiten, als die einzelnen Kandidaten zu einem etwa 15- bis 20-minütigen Einzelinterview herausgebeten wurden. In diesem Interview sollten wir diverse Fragen der AC-Beobachter beantworten und eine Selbsteinschätzung darüber treffen, wie man sich bisher in den einzelnen Übungen fühlte und wie man glaubte, abgeschnitten zu haben.

Manchmal geht es im Interview auch richtig „zur Sache", wie folgender Bewerber erfahren hat:

„Wie fühlen Sie sich denn heute?"

Zwei unbekannte Personen saßen mir gegenüber, eine dritte kannte ich bereits aus dem Kreis der AC-Beobachter. Letztere übernahm die Vorstellung, machte uns miteinander bekannt. Ich bekam als Erstes die Frage gestellt: „Nun, Herr M., wie fühlen Sie sich denn heute?" – mit einem gewissen Unterton, der mir sofort Sorgen bereitete. Spielte man wirklich auf die am Vortag eingestandene leichte Erkältung an? Oder war es mehr der nicht gerade überzeugende Eindruck, den ich bei der Gruppendiskussion über das Thema „Glücksspiel" hinterlassen hatte? Mein „Danke der Nachfrage" schien ausreichend genug, denn sofort hatten sie eine neue Frage parat:

Ob ich so gut sein könnte, ihnen einmal kurz meinen Werdegang zu schildern. Nach zwei Minuten wurde ich unterbrochen, mit der Frage, wie denn meine beruflichen Ziele jetzt aussehen würden. Meine Ausführung wollte man sich aber nur noch eine knappe halbe Minute lang anhören. Ich war kaum in Fahrt gekommen, da unterbrach man mich mit der Frage, ob ich denn wirklich zufrieden sein könne mit meinen bisher gezeigten Leistungen im Assessment Center?

Natürlich nicht, gab ich zähneknirschend zu, was dazu führte, dass sie nun wissen wollten, ob ich mich nicht mit der Bewerbung als Diplomkaufmann hier bei der Firma Z einfach übernommen hätte? Außer einem etwas dummen „Wieso?" fiel mir vor lauter Schreck nichts ein. Mit süßsaurer Miene gaben sie zu, mein schlechtes Abschneiden aufrichtig zu bedauern. Was ich dazu zu sagen hätte, wollten sie wissen.

Das Ganze dauerte noch etwa 15 Minuten, die mir allerdings vorkamen wie eine geschlagene Stunde. Viel habe ich nicht zu meiner Verteidigung sagen können, als plötzlich der Interviewstil kippte und man mir bedeutete, dass alles vorher Gesagte überhaupt nicht so gemeint gewesen sei. Im Gegenteil – man sei recht zufrieden, und ich hätte eben bewiesen, was ich für gute Nerven habe. Ob ich schon mal was vom Stressinterview gehört hätte? Offensichtlich nicht. Mit weichen Knien setzte ich mich wieder an das Aufsatzthema „Vorbilder heute" und musste an die Irrfahrten und Prüfungen des armen Odysseus denken …

Beschreibung

Die klassischen Fragen aus dem Vorstellungsgespräch

Dieser Baustein des Assessment Centers läuft in Form eines Frage- und Antwort-Spiels ab, bei dem es nicht nur um Fachkompetenzen geht. Es sind im Verlauf des ACs mehrere Einzel- oder Kleingruppeninterviews denkbar. Parallelen zum Rollenspiel und zum Muster „Einer gegen die anderen“ (in diesem Fall AC-Veranstalter bzw. -Beobachter) drängen sich auf. Auch die Assoziation „Verhör“ liegt durchaus nahe – nicht nur beim Stressinterview.

Verwechseln Sie das AC-Interview nicht mit einem gewöhnlichen Vorstellungs- bzw. dem AC-Abschlussgespräch oder gar dem Small Talk am Mittagstisch oder bei der abendlichen Essenseinladung – dies passiert allzu oft, häufig übrigens den Assessoren selbst.

Die wichtigsten und am häufigsten gestellten sogenannten klassischen Fragen eines Vorstellungsgesprächs können aber auch im Interview vorkommen. Darauf sollten Sie unbedingt vorbereitet sein:

1. „Wir möchten Sie kennenlernen. Erzählen Sie uns etwas über sich!“
2. „Warum bewerben Sie sich für diese Position?“
3. „Warum sind Sie der/die richtige Kandidat/-in?“
4. „Was erwarten Sie für sich/von uns/dem Job?“
5. „Was sind Ihre Stärken/Schwächen?“
6. „Worauf sind Sie stolz, womit unzufrieden, was sind Ihre Erfolge/Misserfolge?“
7. „Was möchten Sie in 3/5/10 Jahren erreicht haben?“
8. „Warum haben Sie dieses Studienfach/diesen Beruf/diese Tätigkeit gewählt?“
9. „Wo liegen Ihre Ausbildungs-/Arbeitsschwerpunkte?“
10. „Wie tanken Sie auf, wie verbringen Sie Ihre Freizeit?“
11. „Welche Fragen haben Sie an uns?“

Anforderungen

Und wieder: Persönlichkeit, Leistungsmotivation, Kompetenz

Persönlichkeit, Leistungsmotivation und Kompetenz sind die Oberbegriffe der Anforderungsmerkmale, die auch im AC-Interview im Mittelpunkt stehen. Im Einzelnen geht es um:

1. Soziale Kompetenz

- Kontaktfähigkeit:
  aktives Zugehen auf andere
- Führungspotenzial/-motivation:
  Anstreben einer Führungsposition/-rolle
  Initiativen zur Strukturierung/Koordination sozialer Prozesse

- Selbstwertgefühl:
  positiv und erfolgsorientiert
  angemessene Selbstsicherheit
- Durchsetzungsvermögen:
  Zielstrebigkeit
  Durchsetzungsbeharrlichkeit
  Stresstoleranz

2. Ausdrucksfähigkeit

- mündliche Formulierungsfähigkeiten:
  flüssige / unmissverständliche Ausdrucksfähigkeit
- Überzeugungskraft:
  Vorschläge / Ziele / Methoden werden von anderen übernommen
  Argumentation erzeugt bei anderen keinen Widerstand
  Flexibilität in Ausdruck / Argumentation

Insgesamt kommt es im Interview – unabhängig vom Inhalt der Einzelfragen, mit denen Sie konfrontiert werden – auf eine gute Portion Selbstdarstellungsfähigkeit an. Wer von sich und seinen Fähigkeiten in angemessenem Maß überzeugt ist und darüber hinaus in der glücklichen Lage, andere überzeugen zu können, hat leichtes Spiel.

Nur nicht provozieren lassen – Bewältigungsstrategien

Vor dem AC-Interview sollten Sie sich Gedanken darüber machen, wie Sie folgende Aspekte präsentieren:

Beschäftigen Sie sich mit sich selbst

- beruflicher Werdegang, Aus- und Weiterbildung
- berufliche Kompetenz und Eignung
- Motive der Bewerbung und Leistungsmotivation
- persönlicher, familiärer und sozialer Hintergrund

Das wird Ihnen umso leichterfallen, je intensiver Sie die Vorbereitung der Bewerbung insgesamt betrieben haben. Das heißt, bevor Sie sich überhaupt irgendwo bewerben, sollten Sie sich über die zentralen Fragen im Klaren sein:

Die zentralen Fragen

- Was für ein Mensch bin ich?
- Was kann ich?
- Was will ich?
- Was ist für mich möglich?

Im Interview können explizit bestimmte Anforderungsmerkmale wie „Führungsneigung und -qualifikation" in den Mittelpunkt gerückt werden. In diesem Fall müssten Sie etwa mit folgenden Fragen seitens der Interviewer rechnen:

Das sind die wichtigsten Fragethemen

- „Wurde Ihnen in Ihrem bisherigen Berufsleben bereits einmal eine Führungsposition (Projektleitung, Sprecherfunktion o. Ä.) angeboten? Wenn ja, wie haben Sie reagiert?"
- „Worauf führen Sie es zurück, dass Ihnen eine Führungsaufgabe angeboten wurde?"
- „Was waren, was sind Ihre größten Erfolge in der Rolle einer Führungspersönlichkeit?"
- „Wann hatten Sie diese, und wie sahen sie im Einzelnen aus?"
- „Haben Sie schon einmal daran gedacht, spezielle Arbeitsgruppen und Besprechungskreise zu gründen, bzw. dies auch konkret umgesetzt oder erfolgreich angeregt?"
- „Können Sie konkrete Beispiele dazu angeben, Ziele und Ergebnisse erläutern?"
- „Haben Sie früher in Ihrem Leben (Schule, Freizeit, Studium, Militär) schon einmal Führungsaufgaben oder -funktionen übernommen?"
- „Wie kam es dazu, und was haben Sie mit welchem Ergebnis geleistet?"
- „Welche Freizeitaktivitäten entwickeln Sie mit bzw. in Ihrem Freundeskreis?"

Wie in dem Bericht zu Beginn dieses Abschnitts deutlich wird, können auch Stressinterviews eingesetzt werden, um Ihre Belastungsfähigkeit und Frustrationstoleranz zu testen. Die AC-Konstrukteure und -Beobachter veranstalten eine Art Mini-Vorstellungsgespräch, und Sie werden aufgefordert, Ihren Lebenslauf kurz vorzustellen oder Ihren Ausbildungs- bzw. beruflichen Werdegang zu skizzieren.

Mögliche Fragen zu Ihrer beruflichen Entwicklung und zu den verschiedenen Kompetenzbereichen:

Kompetenzbereiche

- zum biografischen Teil
- zur beruflichen Entwicklung
- zu besonderen Herausforderungen / Schwierigkeiten
- zur aktuellen beruflichen bzw. Ausbildungssituation
- zur zukünftigen beruflichen Entwicklung
- zu relevanten persönlichen Aspekten
- zur Selbsteinschätzung
- zur Situation des Unternehmens, bei dem Sie sich bewerben
- zu Orientierung und Strategie

Fragen zu Ihren Kernkompetenzen wie

- zur sozialen Kompetenz:
  Persönlichkeit, Kommunikationsvermögen und Zusammenarbeit
- zur Problemlösungskompetenz:
  logisches, systematisches Denken und Handeln
  Veränderungsbereitschaft, innovatives, kreatives Potenzial
  kognitive Flexibilität
- zur strategischen Kompetenz:
  Organisationsvermögen und Selbststeuerung
- zur Führungskompetenz:
  Entscheidungsverhalten

Achtung! Ausgebuffte Fragetechniken

Fragetechniken und Antworten

Mithilfe eines gezielten Abfragemodells, als **STARS**-Methode abgekürzt, versucht man durch eine systematische Befragung, bestimmten Verhaltens-, Kompetenz- und Persönlichkeitsmerkmalen auf die Spur zu kommen.

STARS

- Wie war die **S**ituation bzw. Ausgangslage?
- Was war der **T**ask oder die besondere Herausforderung?
- Wie sah Ihre **A**ktion, Ihre Vorgehensweise (Handlung) aus?
- Was war das **R**esultat/Ergebnis?
- Wie beurteilen Sie im Nachhinein die Situation? Kritische **S**elbstreflexion? Was würden Sie heute anders machen, was haben Sie daraus gelernt?

Die Auseinandersetzung mit den eigenen Handlungsweisen nach dem oben vorgestellten Muster (STARS) ist für alle Bewerbungskandidaten sinnvoll. Ziel Ihres Gegenübers ist es unter anderem,

- potenzielle Leistungsträger zu identifizieren und mögliche „Störer und Problemfälle" auszusortieren,
- bereits vorhandene oder ausbaufähige Managementkompetenzen zu überprüfen,
- mögliche Führungskräfte zu entdecken und durch nachfolgende Trainingsmaßnahmen zu fördern.

Im Anschluss zeigen wir weitere Fragetypen.

- Faktenfragen
- Erzählfragen

- Beurteilungs-/Bewertungsfragen
- Handlungsfragen

Faktenfragen

Überlegen Sie sich zu jedem Fragetyp Antwortstrategien

- „Wo haben Sie nach Ihrem Studienabschluss gearbeitet?"
- „Wo haben Sie Ihre Ausbildung gemacht?"
- „Was sind aktuell Ihre wichtigsten Vorhaben?"

Hier sollten Sie kurz und knapp auf den Punkt kommen. Also nicht: „Ach ja, die Firma XYZ. Mein Gott, wenn ich an diese Zeit zurückdenke. Ja, kennen Sie da den Abteilungsleiter Herrn Schmidt, der hat mir mal sehr imponiert, als er kurzentschlossen ... blabla blabla." Ermüden Sie Ihr Gegenüber nicht und verhindern Sie, dass man Sie als Schwätzer einstuft.

Erzählfragen

Man möchte Sie gerne zum Reden bringen, um möglichst viel von Ihnen zu erfahren. Ihr Gegenüber will sich ein Bild von Ihnen machen und sehen, was Sie von sich preisgeben.

- „Erzählen Sie uns doch einmal etwas von sich! Wir möchten Sie gern näher kennenlernen."
- „Wie kam es denn zu Ihrer Bewerbung bei unserem Unternehmen?"
- „Was sind Ihre größten Stärken und Schwächen?"

Anders als beim ersten Typ geht es bei der Erzählfrage darum, etwas ausführlicher zu werden und nicht nur kurz und knapp ein, zwei Sätze anzubieten. Wenn man meint, genug von Ihnen gehört zu haben, signalisiert man das. Diese Art der Fragen dient dazu abzuchecken, wie leicht oder schwer es ist, mit Ihnen ins Gespräch zu kommen, kurz: wie es um Ihre kommunikativen Fähigkeiten bestellt ist. Ein paar Minuten sollten Sie am Stück erzählen können.

Beurteilungsfragen

Gute Vorbereitung macht sich bezahlt ...

Mit Bewertungs- und Einschätzungsfragen möchte man herausfinden, wie gut entwickelt Ihr Urteilsvermögen ist, ob Sie ein Gespür für Trends und Entwicklungen haben.

- „Was glauben Sie, wie wird sich der Benzin-/Energiepreis langfristig entwickeln?"
- „Welche Maßnahmen sind geeignet, um den weiteren Preisverfall bei ... einzudämmen?"
- „Wie beurteilen Sie die allgemeine wirtschaftliche Lage in unserer Branche?"

Wieder sind Ihre kommunikativen Fähigkeiten gefragt. Mit Antworten wie „Tja, gute Frage. Muss man mal sehen“ sammeln Sie keine Pluspunkte. Erläutern Sie ausführlich, wie Sie die Lage einschätzen und wie Sie zu Ihrer Beurteilung (Einschätzung oder auch Bewertung) gekommen sind.

Bewertungsfragen
Sehr ähnlich sind auch die Bewertungsfragen. Haben Sie eine eigene, fundierte Meinung und sind Sie mutig genug, diese zu vertreten, ohne sich erst zu vergewissern, ob Ihr Gegenüber dem zustimmt? Typische Bewertungsfragen sind z. B.:

- „Wie sehen Sie unsere Marktposition im Vergleich zu Mitbewerbern / zur Konkurrenz?“
- „Stichwort Umweltschutz – sind Sie für eine Sonderabgabe?“
- „Was halten Sie von unserem neuen Produkt?“

Es ist wichtig, dass Sie klar und deutlich Ihre Meinung kundtun. Seien Sie mutig und stehen zu Ihrem vorgetragenen Standpunkt. Aber denken Sie daran, dass es sich wirklich nur um eine Meinung handelt. Geben Sie keine Statements ab, die den Eindruck vermitteln, nur Sie haben den Durchblick à la „Sehen Sie, es ist doch folgendermaßen …“. Sagen Sie besser: „Ich persönliche denke …“ oder „Meiner Meinung nach ist es so und so …“ Damit bringen Sie zum Ausdruck, dass Sie eine eigene Ansicht haben, aber nicht rechthaberisch sind und andere Haltungen als die Ihre neben sich dulden.

Handlungsfragen
Um herauszufinden, ob Sie Probleme rasch analysieren können und schell auf „des Pudels Kern“ kommen, stellt so mancher Interviewer gern Handlungsfragen. Beispiele:

- „Wie würden Sie die Marketingkampagne für einen neuen …(z. B. Joghurt) planen?“
- „Was kann man tun, um die interne Kommunikation innerhalb eines Unternehmens zu verbessern?“
- „Was müsste unternommen werden, um unsere Kunden noch fester an uns zu binden?“

… und hilft auch außerhalb des Assessments

Fragen dieser Art sind typisch, um zu testen, wie Ihre analytischen und konzeptionellen Fähigkeiten sind. Denken Sie beim Antworten daran, nicht alles im Alleingang zu bewältigen. Auch Delegationsbereitschaft und -fähigkeit sowie Teamorientierung könnte von Ihnen erwartet werden. Wie gelingt es Ihnen, andere mit einzubeziehen und zu motivieren? Auch daraufhin wird Ihre Antwort abgeklopft. Oft geht es bei derlei Fragen weniger um Inhalte und ihre tatsächliche Umsetzbarkeit. Viel interessanter ist es herauszufinden, was für ein Typ Mensch Sie sind. Sind Sie kooperativ, verträglich und passen Sie gut ins vorhandene Team, oder ist zu befürchten, dass Sie eher ein Querulant und eigenwilliger Kauz sind, womöglich Unruhe ins Unternehmen bringen?

Neben den aufgeführten vier Fragetypen existieren noch weitere, die im Vorstellungsgespräch eingesetzt werden[5]:

- Nach- und Konkretisierungsfragen
- Widerstands- bzw. Kontrapunktfragen zum gängigen Stereotyp
- Enthüllungsfragen (zirkuläre, projektive, abstrakte Fragen)
- Kettenfragen

Konkretisierungsfragen

„Warum bewerben Sie sich bei uns?"

Darunter sind Nachfragen zu verstehen, die es dem Personalentscheider erleichtern sollen, abzuschätzen, ob der Kandidat sich nur oberflächlich vorbereitet hat und eventuell flunkert oder ob das von ihm Gesagte mehr persönliche Substanz enthält und somit der Wahrheit und Arbeitsalltagsrealität entspricht. Ein Beispiel hilft, dies zu verdeutlichen. Wie Sie bereits wissen, kommt es vonseiten des Auswählers garantiert zu der Frage: „Warum bewerben Sie sich heute bei uns ...?"

So oder ähnlich gefragt, bekommt der Personalauswähler eine Antwort des Bewerbers in Richtung:

„Ich suche den beruflichen Einstieg ..., sah Ihre Anzeige ..., habe gehört ..., kenne die Produkte/Dienstleistungen Ihres Unternehmens und möchte gerne bei Ihnen die Herausforderung annehmen ..."

Meistens wird hierauf wenig eingegangen und es folgt eine nächste Frage an den Bewerber, wie etwa:

- „Helfen Sie mir bitte, wie muss ich mir Ihre Situation vorstellen ...?"
- „Warum suchen Sie ..., lesen Sie die Stellenanzeigen?"
- „Wieso suchen Sie eigentlich jetzt erst den Einstieg?"
- „Was verstehen Sie unter dem Begriff Einstieg?"
- „In welcher Situation befinden Sie sich arbeitsmäßig momentan?"
- „Was konkret kennen Sie von uns..., haben Sie über uns gehört... etc.?"

Die inhaltliche Qualität der Antworten auf solche Nachfragen ist für die Prüfer ein Hinweis, ob es sich um „ehrliche" oder um eher „taktische" (einstudierte) Antworten handelt. Durch sorgfältige Vorbereitung und Flexibilität im Denken begegnen Sie solchen Nachfragen souverän und auch inhaltlich glänzend. Dies gelingt Ihnen umso besser, je mehr Energie Sie in die Vorbereitung und vor allem in das, was Sie als Botschaft vermitteln wollen, investieren.

Widerstands- bzw. Kontrapunktfragen

Widerstands- und Kontrapunktfragen zum gängigen Stereotyp: Eine Frage wie beispielsweise: „Wie stehen Sie zur Teamarbeit?“ wird zumeist stereotyp mit einer bejahenden, positiven Bewertung beantwortet. Um herauszufinden, wie Sie wirklich darüber denken, muss sich der geschickte Interviewer schon mehr einfallen lassen, z. B. mit folgenden Fragen:

Ruhe bewahren

- „Wo sehen Sie die Grenzen für Teamarbeit?“
- „Wann ist aus Ihrer Sicht Teamarbeit nicht angezeigt?“
- „Welche Rahmenbedingungen müssen nach Ihrer Erfahrung vorhanden sein, damit Teamarbeit erfolgreich sein kann?“
- „Teamarbeit bringt auch immer wieder Probleme mit sich. Wo sehen Sie die Hauptprobleme, die Knackpunkte?“
- „Kann man wirklich in vielen Fällen von Teamarbeit sprechen, oder lügt man sich da nicht oftmals in die eigene Tasche?“

Anhand der Fragenbatterie merken Sie, dass Sie als Antwortender nicht mit einem einfachen Statement wie „Teamarbeit ist in der heutigen komplexen Arbeitswelt notwendig und stets positiv zu fördern“ davonkommen. Sollten Sie dennoch stereotyp positiv reagieren, wird man Sie bestenfalls für unerfahren im Umgang mit Teamarbeit halten. Hier ist eine differenzierte Beantwortung notwendig und dabei werden Sie – zumindest wenn Sie nicht vorbereitet sind – einiges von sich und Ihrer Wertewelt preisgeben.

Es kommt nicht darauf an, schnell zu antworten, sondern gut zu antworten

So sollten Sie nicht von Ihrer negativen Erfahrung im jetzigen Lern- oder Arbeitsteam sprechen, von den Kommilitonen / Kollegen, die sich als Ideenklauer profiliert haben, den Betreuern und Vorgesetzten, die nicht durchblicken, der allgemeinen Ungerechtigkeit und überhaupt … Sie merken schon, was wir damit andeuten wollen. Kluge Antwortmöglichkeiten sind etwa:

- „Der Koordinierungsaufwand ist bei Teamarbeit nicht unerheblich.“
- „Teams benötigen eine längere Anlaufzeit, um produktiv zu werden.“
- „Es besteht immer die Gefahr, dass Einzelne ein Team dominieren.“
- „Konformitätseffekte können leichter in einer Gruppe auftreten.“
- „Entscheidungsprozesse können länger dauern, stets verschoben werden.“
- „Ein Einzelner kann sich als Trittbrettfahrer verstecken.“
- „Ein Profilneurotiker kann ein ganzes Team sprengen.“
- „Die Risikobereitschaft kann ungünstig erhöht sein.“

usw.

Sind Sie flexibel?

Das Konstruktionsprinzip dieses Fragetyps lautet: Auf welche Frage antwortet der Bewerber stereotyp wie alle Bewerber mit in etwa den gleichen Inhalten und Wertungen. Und wie reagiert er, wenn er genötigt wird, eine konträre Position zu formulieren oder mindestens zu kommentieren.

Hier wird nicht nur die Glaubwürdigkeit der Aussagen überprüft, sondern auch die geistige Flexibilität. Grund genug, sich vorher mit dieser Frageform zu beschäftigen. Entscheidend bleibt: Was wollen Sie von sich vermitteln und wie geschickt positionieren Sie Ihren Standpunkt?

Enthüllungsfragen

Die folgenden drei Fragetypen gehören zu den Enthüllungsfragen, denn durch den gedanklichen Umweg verführen sie unvorbereitete Kandidaten dazu, unreflektiert zu plaudern:

Zirkuläre Fragen

Dieser Fragetyp wird angewendet, wenn es um die Einschätzung der eigenen Person, der Stärken und Schwächen des Bewerbers geht, wie beispielsweise:

- „Was schätzen Ihre Kommilitonen/Kollegen an Ihnen, was Ihr Professor/Vorgesetzter?“
- „Was würde mir Ihr Professor/Chef über Sie nicht gerne so offen sagen?“
- „Was könnte ich in einem Arbeitszeugnis, das Ihr Professor/Betreuer/Vorgesetzter schreibt, über Sie lesen?“
- „Was mögen Ihre Kommilitonen an Ihnen (nicht) so besonders gerne?“
- „Wie würde Ihr Professor/Vorgesetzter, Kollege etc. Sie beschreiben?“
- „Was meinen/glauben Sie, würde die Person über Sie sagen/denken/meinen in Bezug auf ...?“
- „Warum, glauben Sie, würde man Sie so und so einschätzen?“

Nicht ins Plaudern kommen

Fragen dieser Art können unvorbereitete Kandidaten dazu verführen, unreflektiert zu plaudern. In einer Prüfungs- und damit Stresssituation, wie sie im Vorstellungsgespräch üblich ist, kann dieser kleine gedankliche Umweg (Was würde *XY* über Sie zum Thema *ABC* sagen?) einen Bewerbungskandidaten weit öffnen.

Projektive Fragen

Diese Art ähnelt den eben beschriebenen zirkulären Fragen. Hierbei will man etwas von Ihnen erfahren und fragt Sie vordergründig, was Sie glauben oder zu wissen meinen, wie der/die/das ... denkt, handeln würde oder beispielsweise etwas einschätzt. Statt Sie direkt zu fragen, was Sie am liebsten in Ihrem Betrieb ändern würden oder kritisieren, bietet man Ihnen an, dieses stellvertretend über bzw. durch eine dritte Person zu äußern. Beispiele:

- „Womit sind Ihre Kommilitonen/Arbeitskollegen zurzeit besonders unzufrieden ...?"
- „Welche Prioritäten bei der Arbeit haben Ihre Kollegen/der Vorgesetzte?"
- „Was, denken Sie, kritisieren die Kunden an dem Unternehmen/der Dienstleistung/den Produkten etc. gelegentlich/öfter/am häufigsten ...?"
- „Beschreiben Sie bitte die Werthaltung Ihres Professors/Vorgesetzten."
- „Wie stehen Sie dazu?"
- „Warum denken Sie dies bzw. das (im Kontext zur vorherigen Frage und Ihrer Aussage dazu)?"

Auch hier können Ihre Antworten intensiv hinterfragt und Sie um Konkretisierung gebeten werden.

Bleiben Sie höflich

Abstrakte Fragen
Eine andere Möglichkeit, Sie zum Erzählen zu bringen und bei Ihnen an viel „persönliches Material" zu gelangen, sind offene Fragen wie:

- „Was ist Ihr Lebenstraum?"
- „Wovor fürchten Sie sich?"
- „Welche Ziele verfolgen Sie?"
- „Was ist Ihr Lebensmotto?"
- „Was sind Ihre Grundwerte?"
- „Was bedeutet Erfolg/Arbeit/Qualität etc. für Sie?"
- „Was können Sie nicht leiden, was bringt Sie zum Wahnsinn etc.?"
- „Worüber können Sie sich so richtig schön ärgern?

Das Prinzip ist klar. Wer hier erzählt, macht in der Regel bedeutsame Aussagen über sich und seine „(Werte-)Welt". Kurzum: der perfekte Persönlichkeitstest. Besonders mit der Mischung „erst eine konkrete, dann eine abstrakte Frage" kann man Sie aus der Reserve locken.

Kettenfragen
Dank dieses Fragetyps soll angeblich die „Mehrgleisigkeit" des Denkens eines Bewerbers überprüft werden können. Es geht dabei um die möglichst clevere Beantwortung solcher Fragen wie:

- „Was war das bisher größte Problem in Ihrem (Arbeits-)Leben und wie sind Sie damit umgegangen?"
- „Wer oder was hat Ihnen dabei geholfen, wie lange haben Sie gebraucht, um das Problem zu lösen, und welche Lehren für die Zukunft können Sie daraus ziehen?"

Mittels einer zwei- oder dreigliedrigen Frage will man sehen, welchen Teil Sie zuerst beantworten (Rangfolge) und welchen eventuell nicht. Gut vorstellbar, dass es in dieser durch Anspannung gekennzeichneten Situation bei Ihnen nur zu Teilantworten kommt. Daher: Bleiben Sie ruhig und widmen Sie sich nacheinander jeder Fragestellung.

Nicht provozieren lassen!

Lassen Sie sich nicht provozieren, fragen Sie zurück, ob Sie eine Frage, die Ihnen merkwürdig vorkommt, richtig verstanden haben, und reagieren Sie mit Gelassenheit. Möglicherweise will man herausbekommen, wie Sie reagieren, wenn man Sie persönlich angreift, kritisiert und/oder hinterfragt.

Noch etwas sehr Wichtiges: Sprechen Sie nie schlecht über andere Menschen (z. B. Kommilitonen, Profs, evtl. Vorgesetzte oder Kollegen), auch wenn Sie allen Grund dazu hätten. Hier geht es um die Überprüfung Ihrer Loyalität, und ein „Plaudern aus dem Nähkästchen" wird kein potenzieller Arbeitgeber honorieren.

Grundsätzlich gilt: Höflichkeit, Freundlichkeit, Blickkontakt, Bemühtheit und Interesse tragen wesentlich dazu bei, die Sympathiegefühle Ihres Gegenübers zu mobilisieren. Und: Behalten Sie beim Sprechen die Kontrolle über Ihren Körper. Wer mit der Hand vor dem Mund spricht, kann sich nur schwer verständlich machen, und wer sich alle Augenblicke nervös durchs Haar fährt, überzeugt nicht.

Tipp!

Die wichtigsten Tipps

- Seien Sie gut vorbereitet.
- Hören Sie aufmerksam zu.
- Erkennen Sie den jeweiligen Fragehintergrund und die vermutlich zugrunde liegende Intention.
- Nehmen Sie sich genügend Zeit zum Überlegen.
- Fragen Sie nach, wenn Sie etwas nicht richtig verstanden haben.
- Überlegen Sie jeweils, was Sie mit der Beantwortung einer Frage sagen und erreichen wollen.
- Wägen Sie ab: Was spricht für Sie, was eventuell gegen Sie?
- Überlegen Sie: Welche Beweise können Sie für Ihre Behauptungen bieten?
- Bereiten Sie sich auf mögliche Einwände vor und überlegen Sie, wie Sie diese entkräften können.

Selbstreflexion zahlt sich aus

Denken Sie an unsere vier Ausgangsfragen

- Was für ein Mensch bin ich?
- Was kann ich?
- Was will ich?
- Was ist möglich?

Anhand einer schwierigen Frage möchten wir Ihnen nun konkrete Antwortbeispiele geben, mit denen Sie souverän wirken und Zeit gewinnen:

„Was machen Sie, wenn wir in der Probezeit feststellen, dass wir uns in Ihnen getäuscht haben?"

Souverän wirken und Zeit gewinnen

Warten Sie einige Sekunden, und vermitteln Sie den Eindruck, dass Sie nachdenken. „Mmh ... habe ich Sie richtig verstanden? Sie wollen von mir wissen, wie ich in dem Fall ... also wenn Sie sich für mich als Ihren Kandidaten entschieden haben ... wie ich mit dem Problem umgehe, in der Probezeit nicht Ihre Erwartungen getroffen zu haben ..." Sehr wahrscheinlich wird jetzt Ihr Interviewer wieder das Wort ergreifen und – je nachdem, ob er Profi ist oder nicht – seine Frage kürzer oder länger wiederholen. Nicht selten sogar bis hin zu sehr ausführlichen Hinweisen, die Ihnen seine Frageintention verdeutlichen – beispielsweise mit dem Zusatz, ob Sie daran denken würden, zunächst einmal zu promovieren. Nun wissen Sie, worum es geht, und können gezielt darauf eingehen.

Sicherlich hätten Sie auch so reagieren können:

- „Das ist eine interessante Frage ..."
- „Über diese Frage muss ich erst mal nachdenken ..."
- „Zugegeben, mit dieser Frage habe ich mich noch nie beschäftigt ... Ist das jetzt sehr wichtig ...? Hängt davon ... ab?" usw.

Sie könnten auch auf eine allgemeinere Ebene ausweichen:

- „In dieser Situation würden wohl viele Menschen so und so reagieren. Was meinen Sie? Würden Sie meine Einschätzung teilen ...?"
- „Interessant! Ist so etwas bei Ihnen im Unternehmen in der letzten Zeit vorgekommen ...?"

Wie und was Sie auch immer in dieser Situation antworten würden, die Beispiele sollen Ihnen zeigen, wie man sogar mit schwierigen Fragen in einer Stresssituation souverän fertig werden kann.

Zum Umgang mit unangenehmen Fragen

Vor welchen Fragen fürchten Sie sich? Machen Sie sich eine Liste mit Ihren Angstfragen, und versuchen Sie, wie bei den anderen Themen auch, sich Antworten vorab zu überlegen. Reagieren Sie beispielsweise im Vorstellungsgespräch sehr zurückhaltend auf die Frage: „Was spricht gegen Sie als Kandidat für diese Aufgabe?"

Was bezweckt die Provokation?

Denken Sie daran, wie meisterhaft es Politiker verstehen, auf unangenehme Fragen zu antworten. Da wird beispielsweise die Frage nach der Erklärung für eine erdrutschartige Wahlniederlage damit beantwortet, dass man sich zunächst einmal ganz herzlich bei den Wählerinnen und Wählern sowie den vielen Helfern für die außergewöhnliche Unterstützung und das entgegengebrachte Vertrauen bedankt und sich dann beklagt, wie aggressiv der Wahlkampf doch von der Gegenseite geführt wurde.

Sie bestimmen, was Sie antworten!

Heben Sie an dieser Stelle – bei der Frage, was gegen Sie als Bewerber spricht – eher noch einmal hervor, was für Sie spricht, und bieten Sie nach wohl kalkuliertem Zögern einen oder maximal zwei Punkte an, die aber nicht wirklich gegen Sie sprechen. Häufige Standardeinwände gegen Bewerber sind:

- bereits zu alt
- noch zu jung
- zu wenig erfahren
- schon viel zu teuer
- über- oder unterqualifiziert
- zu lange studiert
- keine Auslandserfahrung/Fremdsprachenkenntnisse
- falsches Geschlecht (wird nicht direkt angesprochen!)
- gesundheitlich labil (wird eher gedacht als ausgesprochen)
- zu kritisch
- zu schüchtern
- falsche (auch ehemalige) politische Überzeugung und/oder Parteizugehörigkeit usw.

Mal das eine und dann wieder das genaue Gegenteil – für Sie also nur bedingt kalkulierbar.

Mit zu den unangenehmen Punkten gehören auch Fragen wie: „Was würden Sie machen, wenn ...?"

Katastrophenszenario

Und dann folgen Katastrophenszenarien, fast unlösbare Aufgaben und Situationsbeschreibungen, die Sie aus dem Stegreif lösen oder doch wenigstens bearbeiten sollen. Was immer Ihr Gegenüber gegen Sie einwendet (wenn überhaupt offen): Es kommt darauf an, wie Sie damit umgehen! Manche Interviewer leiten einen solchen Provokationstest etwa mit den Worten ein:

„Was würden Sie sagen, wenn wir Ihnen den Arbeitsplatz nicht anbieten, weil ..."

Hier empfiehlt sich die folgende Strategie: „Darauf würde ich Ihnen antworten, dass ich Ihr Argument einerseits verstehe, andererseits aber doch anführen möchte, dass ..." Im Grunde geht es bei dieser Fragetechnik darum zu sehen, ob und wie Sie Gelassenheit bewahren und in der Lage sind, mit solchen Bemerkungen sachlich-professionell umzugehen.

Seien Sie sicher: Wirkliche Einwände gegen Ihre Person wird man nie direkt mit Ihnen diskutieren.

Überraschend offen?

Offenheit kann auch sehr entwaffnend und sympathisch wirken. So können Sie sich auch dazu entschließen, den Vorwurf, Sie hätten zu lange studiert, einfach zu akzeptieren und nicht krampfhaft zu versuchen, sich herauszureden. Im Folgenden stellen wir Ihnen Antwortbeispiele für harmlos klingende Fragen vor, die es genauso in sich haben wie die bereits bekannten Fragestellungen:

Standardformulierungen sollten Sie kennen

ALT: „Was sind Ihre aktuellen Schwächen?"
NEU: „Wo sehen Sie für sich noch Entwicklungspotenzial?"
Vorsicht, Falle! Mit dem positiv klingenden Wort Entwicklungspotenzial will Ihr künftiger Arbeitgeber nur eines: Ihre Schattenseiten aufspüren. Bieten Sie zwei Beispiele an: zunächst ein privates, dann, wenn Sie weiter aufgefordert werden, ein harmloses aus dem beruflichen Bereich. Beispielsweise können Sie leider Brahms von Mozart nicht unterscheiden und sind auch kein ausgesprochener Computerfreak – können aber alle Programme bedienen, die Sie für Ihren Job brauchen. So räumen Sie etwas ein, relativieren es jedoch sofort wieder.

ALT: „Was bieten Sie uns? Warum sollten wir uns für Sie entscheiden?"
NEU: „Wovon wollen Sie mich / uns überzeugen?"
Gehen Sie freundlich, aber bestimmt in die Offensive und antworten Sie, dass Sie hier sind, um Ihr Gegenüber von Ihren Fähigkeiten zu überzeugen. Dann zählen Sie diese der Reihe nach auf.

ALT: „Welche Probleme hatten Sie während des Studiums / am Praktikumsplatz bei XYZ?"
NEU: „Was würde mir Ihr Professor / Betreuer / Vorgesetzter über Sie sagen, wenn ich ihn jetzt anriefe?"
Geben Sie keine Unstimmigkeiten mit Ihrem Ex-Betreuer / Vorgesetzten etc. oder den Kommilitonen / Kollegen zu. Zeigen Sie, dass Sie nicht auf den Mund gefallen sind und sich in andere Menschen hineinversetzen können. Fangen Sie etwa so an: „Ich weiß es zwar nicht genau, aber er würde wahrscheinlich sagen…" und dann zählen Sie noch einmal Ihre Vorzüge auf.

ALT: „Warum haben Sie kein besseres Praktikums- / Abschlusszeugnis bekommen?"
NEU: „Was steht aus Höflichkeits- und Kulanzgründen nicht in diesem Praktikums- / Abschlusszeugnis?"
Weisen Sie den unterschwelligen Vorwurf zurück; geben Sie keine Schwächen zu, sondern ergänzen Sie Ihr Zeugnis. Zum Beispiel: „Eigentlich hätte noch der Erfolg dieses oder jenes Projekt erwähnt werden müssen."

Spezielle Tipps für das Stressinterview

Unter Druck

Hauptziel der Interviewer beim Stressinterview ist es, Sie aus der Reserve zu locken, Sie zu provozieren, Ihr Verhalten in einer Drucksituation zu testen. Es liegt an Ihnen, wie weit Sie sich darauf einlassen und wie gut Sie vorbereitet sind. Wichtig ist es, die Ruhe zu bewahren und gelassen zu bleiben, möglichst kurz und knapp zu antworten, jedoch nötigenfalls darauf hinzuweisen, dass es auch für Ihre Toleranz und Geduld Grenzen gebe. Gern legen Interviewer zwischendurch Schweigepausen ein. Das soll die Kandidaten verwirren, aus dem Konzept bringen. Sie lassen sich natürlich (!) nicht in diese Falle locken, durchschauen diesen Versuch und ertragen ihn mit freundlicher Gelassenheit.

Nicht alle Fragen sind erlaubt

Übrigens: Sie müssen nicht alle Fragen beantworten. Intime Details, Ihre Entscheidung bei der letzten Bundestagswahl etc., gehen niemanden etwas an. Weisen Sie derartige Fragen zurück – selbstverständlich auf die freundliche Art. Zeigen Sie, dass Sie Grenzen setzen können. Lassen Sie sich nicht „verführen" oder dazu hinreißen, Dinge auszuplaudern, die Sie eigentlich nicht mitteilen wollten. Gehen Sie in schwierigen Situationen diplomatisch vor, bewahren Sie Haltung und Gelassenheit. Das Motto könnte lauten: kontrollierte Spontaneität.

Grundsätzlich sollten Sie aber auf unangenehme Fragen vorbereitet sein. Sie selbst wissen am besten, was für Sie heikle, schwierige Fragen bzw. Themen sein könnten. Auch wenn Sie nicht alle Fragen vorwegnehmen oder vorbereiten können: Es kommt darauf an, eine generelle Antwortstrategie und Umgangsweise für sich zu entwickeln, um mit dieser Situation gut fertigzuwerden.

Beispiele für solch unangenehme Fragen:

- „Was spricht gegen Sie als Kandidat?"
- „Was sind Ihre Schwächen, Nachteile, Defizite?"
- „Was haben Sie alles in Ihrem (Berufs-)Leben trotz Vorsätzen (noch) nicht erreicht?"
- „Ihr größter (beruflicher) Misserfolg, Ihre größte Enttäuschung etc.?"
- „Was haben Sie daraus gelernt, welche Konsequenzen gezogen?"
- „Wovor fürchten Sie sich?"

Fragen und reflektieren, dann kann Ihnen nichts passieren

- „Was kann Sie so richtig ärgerlich machen?"
- „Was mögen Sie nicht / schätzen Sie bei ... nicht; haben Sie Schwierigkeiten ... (bei der Arbeit, am Arbeitsplatz; tätigkeits- und personenbezogen, bei Kollegen / Mitarbeitern / Vorgesetzten / sich selbst)?"
- „Stellen Sie uns aus Ihrer beruflichen Laufbahn (aus Ihrem Werdegang / Leben) Negativvorbilder vor und erklären Sie uns diese!"
- „Was würden Sie in Ihrem (Berufs-)Leben anders machen, wenn Sie es könnten (wenn Sie noch mal von vorn anfangen könnten)?"

- „Was wollen Sie wann und wie (beruflich) in Ihrem Leben erreicht haben?"
- „Was sind Ihre persönlichen (beruflichen) Ziele, Ihr Motto (bis hin zum Sinn des Lebens)?"
- „Wie definieren Sie für sich die Begriffe: Führung, Verantwortung, Loyalität, Schwäche, Leistung etc.?"
- „Wie sollte Ihr Stellvertreter sein?"
- „Worin sollte er Sie ergänzen? Was sollte er haben, vorweisen, was Sie nicht haben?"
- „Was machen Sie, wenn wir Sie nicht nehmen?"
- „Was würden Sie tun, wenn Sie nicht mehr arbeiten müssten?"

Missverstehen Sie aber nicht jede kritische Frage als den Beginn eines Stressinterviews.

Mimik, Gestik, Haltung: die Bedeutung der Körpersprache

Lassen Sie ein Video von sich aufnehmen!

Erhobener Zeigefinger, hochgezogene Augenbrauen, gerümpfte Nase und eine in Falten gelegte Stirn sprechen eine deutliche Sprache. Wer die Hände im Schoß faltet oder hinter dem Kopf verschränkt, signalisiert seiner Umwelt bewusst oder unbewusst etwas. Nur was, ist die Frage.

AC-Beobachter hantieren gerne mit Listen, aus denen sie schnell ablesen können, was eine bestimmte Haltung, Geste, Mimik usw. angeblich für eine Bedeutung hat – alles eigentlich auf ähnlich düsterem Niveau wie die diversen Traumdeutungsbücher, die einem aufs Stichwort verraten, was der Traum der vergangenen Nacht bedeutet.

Im Wesentlichen geht es um:

Ihr Auftritt

- Blickverhalten
- Mimik
- Gesten
- Körperhaltung
- Sprechweise
- Geruch

Bitte nehmen Sie die folgende Aufstellung nicht zu ernst, aber Sie sollten wissen, wie Ihr Verhalten – bei der Gruppendiskussion, bei Präsentationen und im AC-Interview – möglicherweise interpretiert werden könnte.

Körpersignal	**Bedeutung**
Blickverhalten	
Augen betont weit offen	Aufmerksamkeit, Aufnahmebereitschaft, Sympathie, Weltoffenheit signalisierend, Flirtverhalten
verengte Augenöffnung	Konzentration, Entschlossenheit, Eigensinn, Kleinlichkeit, überkritische Haltung
zugekniffene Augen	Abwehr, Unlust
gerader Blick	Offenheit, Gewissensreinheit, Vertrauen
schräger Blick	abschätzende Zurückhaltung
häufiger Blickkontakt	Sympathie
häufiges Wegsehen	mangelnde Sympathie oder Verlegenheit
auffällig häufiger Lidschlag	Unsicherheit, Befangenheit, u.U. nervöse Störung
Mimik	
offenes Lächeln	offene Heiterkeit, uneingeschränkte Mitfreude
gequältes Lächeln	ironisch, schadenfroh, blasiert, ängstlich
überwiegend geöffneter Mund	Mangel an Selbstkontrolle
zusammengepresster Mund	Zurückhaltung, Reserviertheit, Verkniffenheit, Kontaktarmut
Mundwinkel nach unten	Bitterreaktion, Pessimist, depressiv
Mundwinkel nach oben	Aktivität bis Abwehr
Heben der Augenbrauen	Ungläubigkeit oder Arroganz
Gesten	
übertrieben kräftiger Händedruck (»Knochenbrecher«)	Rücksichtslosigkeit, Angeberei
kräftiger Händedruck ohne Übertreibung	Aufrichtigkeit, Sicherheit
schlaffer Händedruck (»tote Hasenpfote«)	Unsicherheit, kontaktarm, leicht beeinflussbar
Hand wegziehend	Verschlossenheit

Körpersignal	**Bedeutung**
verschränkte Arme – bei Männern – bei Frauen	 – Ablehnung, Verschlossenheit – Selbstschutz, Angst
Hand vor den Mund halten – während des Sprechens – nach dem Sprechen	 – Unsicherheit – will das Gesagte zurücknehmen
Sprecher hält Armlehnen mit beiden Händen fest	Aggressivität, aber etwas unsicher, neigt zur Weitschweifigkeit
Kopf auf Hände stützen	Nachdenklichkeit, Erschöpfung, Langeweile
Spitzdach mit den Händen formen	Arroganz, Abwehr gegen Einwände
Hände reiben	selbstgefällig, selbstzufrieden
spielende Hände	Zeichen von Erregung, Nervosität, Befangenheit, Angst, Verwirrung
mit dem Finger auf den Gesprächspartner zeigen	Angriff, Wut
Hand zur Faust verkrampfen	Wut, verhaltener Zorn
Anfassen der Nase	Nachdenklichkeit, kritische Haltung, Verlegenheit
über den Hinterkopf streichen, Zupfen an den Ohren	Verlegenheit, Unbehagen, Ärger
Streichen des Kinns	Nachdenklichkeit, Zufriedenheit
Finger zum Mund nehmen	verlegen, unsicher
mit den Fingern trommeln	Nervosität, Ungeduld
häufiges Spielen mit dem Ring	Eheprobleme, frustriert vom häuslichen Leben
häufiges Abnehmen der Brille	Ablehnung, Angriff, Nervosität
Körperhaltung	
Achselzucken, die Handflächen nach außen	passive Hilflosigkeit
übereinandergeschlagene Beine – zum Gesprächspartner hin – vom Gesprächspartner weg	 – Aufbau eines Sympathiefelds – Ablehnung, Unwillen

Körpersignal	**Bedeutung**
übereinandergeschlagene Beine, Knie in die Hand gestützt	kritisch, skeptisch
dicht aneinandergestellte Füße beim Sitzen	schuldhafte Ängstlichkeit, Einzelgänger, überkorrekte Grundeinstellung
breit auseinanderklaffende Beine beim Sitzen	sorglose Unbekümmertheit, Rücksichtslosigkeit
friedlich ruhende Sitzhaltung	Selbstsicherheit, aber auch robuste Unbekümmertheit, seelische Erschöpfung
alarmbereite Sitzweise (auf dem Sprung sein)	Mangel an Selbstvertrauen und Sicherheit, auch Misstrauen, innere Unruhe, Angst
Füße um die Stuhlbeine legen	Unsicherheit, Suche nach Halt
Füße nach hinten nehmen	Ablehnung
mit den Füßen wippen	Arroganz, Ungeduld, Sicherheit, Aggressivität
steife, militärische Körperhaltung, geziert aufrecht	Unterdrückung von Angst
breitbeinig dastehen, Daumen in die Achselhöhlen	Selbstsicherheit
den Oberkörper weit nach vorn lehnen	Interesse, Sympathie, Wunsch zu unterbrechen
den Oberkörper weit zurücklehnen	Desinteresse, Ablehnung
Sprechweise	
lautstarke Stimme	Vitalität, Selbstbewusstsein, Kontaktfreude, aber auch Unbeherrschtheit, Geltungsdrang
leise, flüsternde Stimme	Schwäche, mangelndes Selbstbewusstsein, aber auch Sachlichkeit, Bescheidenheit
schnelles Sprechtempo	Impulsivität, Temperament, aber auch ungezügelt, nervös
langsames Sprechtempo	antriebsschwach, aber auch Sachlichkeit, Besonnenheit, Ausgeglichenheit
wechselndes Sprechtempo	innere Unausgeglichenheit

Körpersignal	Bedeutung
ausgeprägte Pausengestaltung	Disziplin, Selbstbewusstsein
starke Akzentuierung	Lebhaftigkeit, Gefühlsstärke
schwache Akzentuierung	Uninteressiertheit, mangelnde geistige Flexibilität
Geruch	
parfümiert	werbend
überstark parfümiert	unsicher, vernebelnd
Schweißgeruch	ängstlich, unordentlich

Gestik und Mimik haben zweifelsohne ihre Bedeutung. Jedes Kind weiß, dass eine in Falten gelegte Stirn, ein verkniffener Mund, enge oder weit geöffnete Augen, ein gequältes Lächeln oder feistes Grinsen Alarmzeichen sind. Ob sie aber so einfach interpretierbar sind, wie es sich manche Personalauswähler vorstellen, darf wirklich bezweifelt werden. Ihnen als AC-Kandidaten an dieser Stelle konkretere Verhaltensmodifikationen zu empfehlen, wäre unseriös, und dass Sie z. B. in einer Gruppendiskussion oder Einzelpräsentation nicht an den Fingernägeln knabbernd auftreten sollten, versteht sich von selbst.

Körpersprache verrät viel

Und doch noch ein Stichwort: Bartträger haben es bei beim Assessment Center und bei Vorstellungsgesprächen schwer. „Keine weißen Socken und keinen Bart" lautet die ungeschriebene, aber konsequent angewandte Regel einer großen deutschen Bank. Der Bart bzw. dessen Träger scheint etwas zu verbergen, so die Denkweise, und wer hinauf will in die Höhen der deutschen Wirtschaft, darf (zunächst einmal) keine Anzeichen dieser Art zeigen. Vorsicht auch mit zur Schau gestellten Piercings und Tattoos!

Die wichtigsten Tipps

Tipp!

- Hören Sie aufmerksam und konzentriert zu.
- Halten Sie angemessenen Blickkontakt.
- Beobachten Sie genau (ohne zu mustern).
- Überlegen Sie, bevor Sie antworten, nehmen Sie sich Zeit.
- Scheuen Sie sich nicht nachzufragen.
- Reden Sie lieber etwas weniger als zu viel.
- Lassen Sie Ihren Gesprächspartner (aus-)reden.

- Warten Sie ab, stehen Sie auch mal eine kleine Gesprächspause durch.
- Seien Sie lieber etwas zurückhaltender als zu forsch.
- Bleiben Sie sachlich, ruhig, geduldig und gelassen.
- Versuchen Sie, die wichtigsten Regeln der Körpersprache zu beachten.

Auf den Punkt gebracht
Worum geht es in einem Interview, in einer Art Vorstellungsgespräch während des Assessment Centers? Insgesamt zehn Beurteilungskriterien stehen mit ihren verschiedenen Aspekten im Mittelpunkt:

1. Wie sind äußere Erscheinung, Auftreten und Umgangsformen?
2. Welche charakteristischen Merkmale zeichnen den Bewerber aus?
3. Welche (Leistungs-)Motivation liegt der Bewerbung zugrunde?
4. Welche Führungsqualitäten sind vorhanden oder im Ansatz bereits erkennbar?
5. Welche berufliche und soziale Kompetenz besteht?
6. Wie stark ist die Bereitschaft zu Kooperation und Teamarbeit?
7. Wie hoch ist die intellektuelle Leistungsfähigkeit / die Auffassungsgabe entwickelt?
8. Wie sind das sprachliche Ausdrucksvermögen und die Kommunikationsfähigkeit ausgeprägt?
9. Welcher Art ist das zu erwartende Gesamtarbeitsverhalten?
10. Passt der Bewerber zum Unternehmen, zur Institution / zum Team?

Persönlichkeits-, Intelligenz-, Leistungs- & Konzentrationstests

Übersicht

Achtung, Psychotests!

Wie beschrieben, handelt es sich bei einem AC um eine Kombination von Einzelaufgaben. Hierbei kommen häufig auch klassische psychologische Testverfahren zum Einsatz. Dazu gehören neben den sogenannten Intelligenz- und Leistungs- / Konzentrationstests vor allem Persönlichkeitstests. In den nächsten Kapiteln wenden wir uns diesen speziellen Ausleseverfahren zu.

Folgende Übersicht über die gängigsten Testverfahren wurde nach Anforderungen und Aufgabentypen systematisiert:

1. Allgemeine intellektuelle Fähigkeiten
1.1 Allgemeinwissen
1.2 Spezielle berufsbezogene (Vor-)Kenntnisse
1.3 Logisches Denken / Abstraktionsfähigkeit
1.4 Merkfähigkeit / Kurzzeitgedächtnis
1.5 Gestaltwahrnehmung

2. Spezielle intellektuelle Fähigkeiten
2.1 Sprachbeherrschung / verbale Intelligenz
2.1.1 Wort- und Sprachverständnis
2.1.2 Rechtschreibung
2.1.3 Schriftliche Ausdrucksfähigkeit (Aufsatz)
2.1.4 Mündliche Ausdrucksfähigkeit
2.1.4.1 Vorstellungsgespräch
2.1.4.2 Gruppendiskussion
2.1.4.3 (Kurz-)Vortrag
2.2 Praktisch-technische Intelligenz
2.2.1 Rechenfähigkeit / mathematisches Denken
2.2.2 Technisches Verständnis
2.3 Räumliches Vorstellungsvermögen

3. Arbeitsverhalten
3.1 Konzentrationsvermögen / Ausdauer / Belastbarkeit
3.2 Ordnung und Sorgfalt
3.3 Arbeitsorganisation

4. Persönlichkeitsmerkmale
4.1 Leistungsbereitschaft
4.2 Kontakt- und Kommunikationsfähigkeit
4.3 Anpassungsfähigkeit
4.4 Emotionale Stabilität

In unseren zahlreichen Test-Trainings-Büchern setzen wir uns kritisch mit den Hintergründen von testgesteuerten Personalausleseverfahren auseinander und beleuchten dabei psychologische, pädagogische und juristische Aspekte. Besonderer Schwerpunkt unserer Bücher ist es, dem Leser die wichtigsten Testaufgabentypen praxisnah vorzustellen, um ihre erfolgreiche Bearbeitung auch mittels spezieller Lösungsstrategien trainieren zu können.

Testtraining hilft!

Ausführliche Trainingsmöglichkeiten für Intelligenz- und Leistungs- / Konzentrationstests finden Sie in unserem Buch *Testtraining 2000plus* und der interaktiven Software *Testtraining+plus*. Wir müssen uns hier auf eine kurze Übersicht zu diesen beiden Testarten beschränken. Auf Persönlichkeitstests gehen wir nun zuerst näher ein.

Persönlichkeitstests

Erlebnisbericht: Von Vertrauen bis Moral

Seelenstriptease

Mit etwa 190 Fragen versuchte man am Ende des zweiten Assessment-Tages, unser Seelenleben zu durchleuchten. Ich sollte ankreuzen, welche Behauptung / Aussage jeweils für mich zutraf, z. B.:

1. Wenn man mein Vertrauen enttäuscht, dann
a) bin ich bereit, sofort zu verzeihen
b) teils, teils
c) werde ich sehr böse

2. Von Freunden im Stich gelassen zu werden, ist mir
a) ziemlich häufig
b) manchmal
c) kaum jemals passiert

3. Ich fände es interessanter, in einer Fabrik verantwortlich zu sein für
a) die Auswahl und Einstellung neuer Mitarbeiter
b) weiß nicht
c) Maschinen oder die Buchhaltung

4. In einem kleinen, engen Raum, z. B. in einem überfüllten Aufzug, habe ich schnell das Gefühl, eingesperrt zu sein.
a) gelegentlich
b) selten
c) nie

5. Ich würde mein Leben, wenn ich es noch einmal zu leben hätte,
a) mir genauso wünschen
b) weiß nicht
c) ganz anders planen

6. Wenn ich die Wahl hätte, wäre ich lieber
a) ein Wissenschaftler in der Forschung
b) teils, teils
c) ein Manager mit vielen Besprechungen

7. Ich rede mit den Leuten
a) nur, wenn ich etwas zu sagen habe
b) teils, teils
c) damit diese sich wohlfühlen können

8. *Wenn man mir freundlicher begegnet, als ich es eigentlich erwartet habe, zweifle ich an der Echtheit dieser Freundlichkeit.*
a) *stimmt*
b) *teils, teils*
c) *stimmt nicht*

9. *Wenn Leute eine moralisch überlegene Haltung demonstrieren, regt mich das auf.*
a) *nein*
b) *teils, teils*
c) *ja*

(Eine Auflösung zu diesen neun Testaufgaben finden Sie auf S. 112)

Beschreibung

Mit Persönlichkeitstests im Assessment Center wollen Unternehmen einen maximalen Einblick in die Psyche des Bewerbers bekommen. Sie möchten seine allgemeinen Verhaltensweisen und vor allem seine möglichen Reaktionsweisen in bestimmten Situationen (z. B. Konflikten) kennenlernen.

Auf Tests können Sie sich vorbereiten

Die dahinterstehenden Grundfragen sind also: Passt dieser Bewerber zu uns? Fügt er sich möglichst reibungslos in das Arbeitsteam ein? Ist er ein einsatzbereiter, starker und dennoch leicht zu handhabender, gut funktionierender potenzieller Mitarbeiter?

Ergründet werden sollen Persönlichkeit, Charakter und Wesen des Bewerbers. Sie spielen bei der Personalentscheidung eine zentrale Rolle.

Doch was ist eigentlich die Persönlichkeit, was macht den Charakter aus? Die Psychologie ist sich hier ebenso wie beim Begriff der Intelligenz ziemlich uneinig. Es existieren dazu etliche, zum Teil widersprüchliche Persönlichkeitsmodelle. Nicht nur aus diesem Grund sind unserer Meinung nach solche Tests äußerst fragwürdig. Wir halten den Anspruch des Arbeitgebers, die Persönlichkeit des Bewerbers durchleuchten zu wollen, sogar für eine rechtswidrige Ausnutzung eines Abhängigkeitsverhältnisses und eine Verletzung von grundlegenden Persönlichkeitsrechten.

Der Fragebogen eines Persönlichkeitstests stellt eine Reihe von unterschiedlichsten Fragen, die Sie mit Ja oder Nein beantworten sollen. Sie sollen jede Frage ehrlich und spontan beantworten, haben dafür aber nur wenig Zeit. Ihr Ergebnis verbessert sich nicht, wenn Sie zu lange überlegen. Meist hat solch ein Bogen etwa 70 Fragen, unter anderem diese:

- „Passiert es Ihnen, dass Sie tagsüber von Dingen träumen, die dann doch nicht verwirklicht werden?“
- „Fühlen Sie sich oft unzufrieden und schlecht?“
- „Macht es Ihnen Freude, andere zum Narren zu halten?“
- „Als Sie Kind waren, haben Sie immer sofort und ohne Murren das getan, was man von Ihnen verlangt hat?“

- „Legen Sie immer Wert darauf, bei anderen einen guten Eindruck zu machen?"
- „Fangen Sie oft viel mehr an, als Sie wirklich schaffen können?"
- „Wandern Ihre Gedanken, wenn Sie versuchen, sich zu konzentrieren, oft umher?"
- „Würden Sie sich selbst als gesprächig bezeichnen?"
- „Können Sie sich in einer vergnügten Gesellschaft ungezwungen und unbeschwert bewegen?"

Oder es gibt Fragen, ob man ab und zu dickköpfig sei, die Geduld verliere und wütend werde – oder „ohne besonderen Grund so etwas wie ein miserables Gefühl hat" ...

Anforderungen

Im Wesentlichen geht es bei dieser Art von Tests um vier Persönlichkeitsmerkmale, aufgrund derer man glaubt, entscheiden zu können, ob Sie für eine bestimmte Position der/die Richtige sind:

1. Emotionale Stabilität
2. Kontakt- und Kommunikationsfähigkeit
3. Leistungsbereitschaft

1. Emotionale Stabilität

Man unterliegt nicht grundlos Stimmungsschwankungen,
wird nicht von diffusen Ängsten und Sorgen gequält,
kennt keine Schuldgefühle,
neigt nicht zum Perfektionismus,
ist nicht launenhaft,
nur sehr selten krank,
hat keine Schwierigkeit, sich auf seine Arbeit zu konzentrieren,
kennt keine Tagträumereien,
man ist mit seinem Leben zufrieden und würde sich ein neues Leben genau so wünschen und vorstellen wie das jetzige,
leidet nicht unter Platzangst,
plant seine Arbeit und geht ihr zügig nach,
fühlt sich selten schlecht oder elend,
ist gewöhnlich nicht nervös, sondern ausgeglichen,
nach dem Aufwachen frühmorgens frisch und munter,
leidet nicht unter Schlafstörungen und kann auch gut einschlafen,
ist nicht wetterfühlig,
man lässt sich durch Unordnung nicht stören,
leidet nicht unter Kopfschmerzen, Migräne oder Schwindelanfällen,
sorgt sich nur wenig um die eigene Gesundheit,
hat als Kind auch schon mal etwas gegen den Willen der Eltern getan,
fühlt sich den Anforderungen des Lebens gut gewachsen,

zeigt Toleranz,
hat Selbstvertrauen und kennt keine Minderwertigkeitsgefühle,
handelt nicht impulsiv,
neigt nicht zu Grübeleien,
ist eher offen,
kennt keine ständig wiederkehrenden unnützen Gedanken,
fühlt sich nicht unverstanden, verkannt oder im Stich gelassen,
leidet nicht unter Appetitlosigkeit
usw.

2. Kontakt- und Kommunikationsfähigkeit
Man ist von der Grundstimmung her Optimist,
fühlt sich zusammen mit vielen Menschen wohl,
trifft sich gern mit Freunden,
schließt schnell Freundschaften,
verfügt über einen großen Bekannten- und Freundeskreis,
ist aktiv, gesprächig, temperamentvoll, kurzum lebhaft,
geht gerne und oft aus,
glaubt, erfolgreich zu sein,
fühlt sich auch in großen Gruppen unbefangen,
ist in der Lage, in Gesellschaften aus sich herausgehen,
sucht die Geselligkeit anderer Leute,
ergreift gewöhnlich bei neuen Bekanntschaften die Initiative,
übernimmt in Gruppen gerne eine Führungsposition,
bevorzugt gesellige Freizeitbeschäftigungen,
lässt sich leichter auf Risiken ein,
bevorzugt Berufe, die einen Kontakt zu anderen Menschen schaffen bzw. herstellen,
telefoniert lieber, als Briefe zu schreiben,
geht eher auf eine Party, als ein Buch zu lesen,
schätzt sich schlagfertig ein und hat immer eine passende Antwort parat,
erzählt auch gerne mal einen Witz,
behält selbst in kritischen Situationen bei Problemen und Ärger die gute Laune,
hält es für wichtig, allgemein beliebt zu sein,
empfindet keine Hemmungen beim Sprechen vor größeren Gruppen
usw.

3. Leistungsbereitschaft
„Erst die Arbeit, dann das Vergnügen" ist der Lebensgrundsatz,
man schiebt Arbeiten nicht auf,
lässt begonnene Arbeiten nicht liegen,
lässt sich bei der Arbeit nur schwer unterbrechen,
arbeitet planvoll, überlegt und organisiert, man überlegt sich vorher genau, was zu tun ist,
kann sich auf seine Arbeit leicht konzentrieren,
bereitet sich z. B. auf Prüfungen intensiv vor,

scheut keinen Wettkampf,
vergleicht die eigene Leistung und Fähigkeit mit der von anderen,
zeigt Ehrgeiz und verfolgt seine Ziele mit Entschlossenheit,
lässt sich nicht von der Arbeit abhalten,
zeigt sich bemüht, begonnene Arbeiten abzuschließen,
man beneidet den Erfolg anderer,
besitzt genug Kraft, um mit eigenen Problemen fertig zu werden,
man möchte gerne eine wichtige oder berühmte Persönlichkeit sein,
selbst in den Ferien denkt man an die Arbeit,
ständig zeigt man sich bemüht voranzukommen
und genießt seine Freizeit erst dann, wenn die Arbeit getan ist,
usw.

Wir geben Ihnen einen tieferen Einblick in die gängigen Persönlichkeitstests wie den 16PF, den Satzergänzungstest sowie biografische Fragebögen, aber stellen Ihnen auch im Trainingsteil ab Seite 152 die wichtigsten neuen Tests vor.

16PF – Schwarz-Weiß-Denken als Test

Dieser Persönlichkeitstest reduziert den Menschen auf 16 konträre Persönlichkeitsmerkmale:

1. Sachinteresse – Kontaktinteresse
2. Konkretes Denkvermögen – abstraktes Denkvermögen
3. Emotionale Labilität – emotionale Stabilität
4. Soziale Anpassung – Dominanzstreben
5. Besonnenheit– Begeisterungsvermögen
6. Flexibilität– Pflichtbewusstsein
7. Zurückhaltung – Selbstsicherheit
8. Robustheit– Sensibilität
9. Vertrauen – Misstrauen
10. Pragmatismus – Fantasie
11. Offenheit – Cleverness
12. Selbstvertrauen – Besorgtheit
13. Sicherheitsdenken – Veränderungsbereitschaft
14. Teamfähigkeit – Einzelgängertum
15. Spontaneität – Selbstkontrolle
16. Ausgeglichenheit – Angespanntheit

Weiterhin werden noch 5 Zusatzfaktoren ermittelt:

- starke Normorientierung – geringe Normorientierung
- große Stresstoleranz – geringe Stresstoleranz
- große Autonomie – geringe Autonomie
- große Entscheidungsfreudigkeit – geringe Entscheidungsfreudigkeit
- starker Kontaktwunsch – geringer Kontaktwunsch

Nun etwas ausführlicher:

Faktoren	in den Dimensionen	überprüft durch Fragen wie
1. Sachbezogenheit gegenüber Kontaktorientierungen	*von* eher kühl und reserviert *bis* aufgeschlossen und warmherzig	Ich wäre lieber a) Förster b) weiß nicht c) Lehrer
2. Konkretes, eher langsames Denken gegenüber abstraktem und logischem Denkvermögen	*von* weniger intelligent *bis* deutlich intelligent	Wenn der Himmel »unten« ist und der Winter »heiß«, dann ist auch ein Verbrecher a) ein Heiliger b) eine Wolke c) ein Gangster
3. Emotionale Störanfälligkeit gegenüber emotionaler Stabilität	*von* sich leicht beunruhigen lassen *bis* stabil und gelassen bleiben	Wenn ich zu Bett gehe, schlafe ich a) nur schwer ein b) teils-teils c) sehr schnell ein
4. Soziale Anpassung gegenüber Selbstbehauptung und Dominanz	*von* sich anpassen und sich unterordnen *bis* selbstbewusst und unnachgiebig auftreten	Wenn ich in einem Kaufhaus von einer Verkäuferin nicht so bedient werde, wie ich es mir wünsche, gehe ich ohne Zögern zum Abteilungsleiter. a) stimmt b) teils-teils c) stimmt nicht
5. Ausdrucksarmut und Besonnenheit gegenüber Begeisterungsfähigkeit	*von* ernsthaft und nachdenklich *bis* schnell, wach, enthusiastisch, sorglos	Ich kenne bei mir ein starkes Verlangen nach aufregenden und spannenden Erlebnissen, a) stimmt b) teils-teils c) stimmt nicht
6. Flexibilität oder auch Über-Ich-(Gewissens-) Schwäche gegenüber Pflichtbewusstsein, einem starken, kontrollierenden Gewissen	*von* ungezwungen, unordentlich *bis* ordnungsliebend, gewissenhaft	Wenn ich mit einer schweren Erkältung im Bett liege, erlebe ich dies a) als eine Art von Urlaub b) als Grund zur Sorge, weil ich nicht arbeiten kann c) teils-teils

Faktoren	in den Dimensionen	überprüft durch Fragen wie
7. Zurückhaltung und soziale Scheu gegenüber Initiative und Selbstsicherheit	*von* gehemmt, zurückhaltend und vorsichtig *bis* aktiv, ungehemmt, sorglos	Bei gesellschaftlichen Anlässen mich unter die Leute zu mischen, das fällt mir a) leicht b) teils-teils c) schwer
8. Grobschlächtigkeit und Robustheit gegenüber Feinfühligkeit, Sensibilität	*von* realistisch, rücksichtslos *bis* intuitiv, sensibel	Die Schönheit eines Gedichts bewundere ich mehr als die präzise Verarbeitung eines Gewehrs. a) stimmt b) weiß nicht c) stimmt nicht
9. Vertrauensbereitschaft und Vertrauensseligkeit gegenüber Argwohn und skeptischer Haltung	*von* vertrauensvoll, tolerant, vergebend *bis* skeptisch, kritisch, Haltung bewahrend, offen misstrauisch	Angst vor Strafe hält die meisten Menschen davon ab, sich kriminell zu betätigen. a) stimmt b) teils-teils c) stimmt nicht
10. Nüchternheit, Pragmatismus gegenüber Unbekümmertheit und Unkonventionalität	*von* konventionell und bedacht, das Richtige zu tun, *über* Zweckmäßigkeit *bis* zur Bereitschaft, vom Üblichen abzuweichen, unbekümmert, was andere davon halten	Meine Devise: a) anfangen und probieren, es wird schon schiefgehen b) teils-teils c) erst einmal nachdenken, sich bloß nicht lächerlich machen
11. Unbefangenheit und Offenheit gegenüber Überlegtheit und Scharfsinn	*von* natürlich, unkompliziert und direkt *bis* überlegt, diplomatisch, kultiviert, berechnend, ausgekocht	Die nationale Verteidigungsmacht zu stärken, halte ich für klüger, als sich nur auf die internationale Verständigungsbereitschaft zu verlassen. a) stimmt b) teils-teils c) stimmt nicht
12. Zuversicht und Selbstvertrauen gegenüber Besorgtheit	*von* unbekümmert und schwer zu beeindrucken *bis* sorgenvoll und leicht zu entmutigen	Weil ich mir Gedanken über einen unglücklichen Vorfall mache, schlafe ich schwerer ein. a) selten b) gelegentlich c) oft
13. Konservative Haltung und Sicherheitsinteresse gegenüber Veränderungsbereitschaft *bis* hin zum Radikalismus	*von* Beständigkeit und Risikovermeidung *bis* zur Bereitschaft zu widersprechen, zu verändern, Risiken einzugehen	Über die Möglichkeit, wie man unsere Welt verändern müsste, damit sie besser funktioniert, denke ich gerne nach. a) stimmt b) teils-teils c) stimmt nicht

Faktoren	in den Dimensionen	überprüft durch Fragen wie
14. Gruppenabhängigkeit gegenüber Eigenständigkeit	*von* konform und bereit, sich anderen anzuschließen *bis* Einzelgängertum eigenbrötlerisches Verhalten	Mein Bürozimmer möchte ich mit niemandem teilen. a) stimmt b) unsicher c) stimmt nicht
15. Mangel an Willenskontrolle, Spontaneität gegenüber Selbstkontrolle	*von* spontan, unbeherrscht *bis* diszipliniert, zielstrebig, zwanghaft	Viele Menschen denken, dass meine Ansichten über Politik und Gesellschaft a) etwas außergewöhnlich b) teils-teils c) sehr vernünftig sind.
16. Innere Ruhe und Ausgeglichenheit gegenüber Gespanntheit	*von* entspannt *bis* ehrgeizig, nervös, frustriert	Bei einem Test oder einer Prüfung bin ich vorher a) angespannt b) teils-teils c) ganz gelassen.

Im Einzelnen verstehen die 16PF-Testautoren darunter Folgendes:

1. *Sachinteresse* dominiert gegenüber *Kontaktinteresse*,

- wenn man sich bei gleicher Arbeitszeit und gleichem Lohn eher für den Beruf des Zimmermanns oder Kochs als für den des Kellners entscheiden würde,
- wenn man lieber Chemiker in der Forschung wäre als Geschäftsführer in einem Hotel,
- wenn man lieber Mitglied in einem Fotoklub als in einer Diskussionsgruppe wäre.

Kontaktinteresse bedeutet, dass jemand gerne mit Leuten redet, damit diese sich wohlfühlen. Übertragen auf das Berufsbild wäre er also z. B. lieber Versicherungsagent als Landwirt.

2. *Abstraktes* gegenüber *konkretem Denkvermögen* beweist, wer begreift, dass sich Hund zu Knochen wie Kuh zu Gras verhält, heiß zu warm wie Berg zu Hügel und Flamme zu Hitze wie Rose zu Duft. *Konkret (und eher dümmlich)* ist, wer nicht darauf kommt, dass folgende Relation gilt: „Besser" verhält sich zu „am schlechtesten" wie „langsamer" zu „am schnellsten".

3. *Emotionale Stabilität* zeichnet sich gegenüber Labilität dadurch aus, dass man

- selbst gesteckte Ziele im Privatleben erreicht,
- bei beruflichen und privaten Entscheidungen nie auf mangelndes Verständnis vonseiten der Familie stößt,

- sich immer den Anforderungen des Lebens gewachsen fühlt,
- nie Sachen macht, die schiefgehen.

Als *emotional labil* gilt, wer sich ein Leben wünscht, das geschützter und weniger schwierig ist, oder wer gar sein Leben, wenn er es noch einmal zu leben hätte, anders planen würde.

4. Eher *Dominanzstreben und Selbstbehauptung* gegenüber *sozialer Anpassung bis Unterwürfigkeit* zeigt, wer

Der Mensch als 16 Faktoren-Modell

- in einer fremden Stadt geht, wohin es ihm beliebt,
- glaubt, dass es ihm besser als anderen gelingt, Herausforderungen mutig zu begegnen,
- spöttische Bemerkungen macht, wenn andere Leute sie verdient haben.

Sozial angepasst ist jemand, der sich in einer Stadt verläuft und dann seinem Begleiter ohne zu murren folgt, obwohl er davon überzeugt ist, dass auch dieser den Weg nicht sicher kennt.

5. Wer öfter als einmal in der Woche ausgeht, zeigt *Begeisterungsfähigkeit*, wer hingegen keinen Spaß dabei empfindet, Gäste einzuladen und sie zu unterhalten, zeigt *Besonnenheit*, die aber eher negativ interpretiert wird. *Begeisterungsfähigkeit* beinhaltet, einen Urlaub zu wählen, in dem viel unternommen wird, statt sich richtig zu entspannen.

6. Wer *Pflichtbewusstsein* demonstrieren will, fühlt sich von unordentlichen Menschen abgestoßen und ärgert sich über sie. Ein unordentliches Zimmer stört ihn, und er besteht darauf, dass die Moralgesetze befolgt werden. Wer zu Hause ist und über Zeit verfügt, ohne etwas Bestimmtes zu tun, außer sich zu entspannen, zeigt *Flexibilität*. Wer keine starke Abneigung gegen Unordnung empfindet, ebenso.

7. *Selbstsicher* wirkt, wer nicht verlegen reagiert, wenn er plötzlich zum Mittelpunkt der Aufmerksamkeit wird und keine Mühe hat, mit Fremden ins Gespräch zu kommen. *Zurückhaltung* und *Schüchternheit* zeichnet denjenigen aus, der mit Fremden in öffentlichen Verkehrsmitteln nicht so leicht ins Gespräch kommt oder sich Schwierigkeiten vorstellen könnte, wenn er vor fremdem Publikum eine Rede zu halten hat.

Was alles abgefragt wird

8. *Robustheit* gegenüber *Sensibilität* ist dadurch charakterisiert, dass man im Fernsehen lieber eine nützliche und informative Sendung über neue Erfindungen anschaut als einen bekannten Konzertkünstler. Auch einen Oberst halten die Testerfinder für robust, im Gegensatz zu einem Bischof, der für Sensibilität steht. Wer lieber elektrische Geräte repariert als Kinderbücher schreibt, ist also im Sinne des Tests robust, vielleicht sogar grobschlächtig, andernfalls intuitiv bis sensibel.

9. Wer nicht gut mit eingebildeten Leuten auskommt, vor allem, wenn sie prahlen, zeigt *Misstrauen*. Wer die Aufrichtigkeit von Menschen bezweifelt, die freundlicher sind, als man erwarten könnte, ebenso. Wenn jemand das in ihn gesetzte Vertrauen enttäuscht, hat man keinen Grund, böse auf ihn zu sein – es sei denn, man möchte als misstrauisch eingestuft werden. *Vertrauen* zeigt, wer glaubt, dass niemand es wirklich gern sehen würde, wenn man in Schwierigkeiten gerät. Wer sich nichts daraus macht, wenn man heimlich schlecht über ihn redet, demonstriert ebenfalls sehr viel Vertrauensseligkeit.

10. *Fantasie* hat, wer gerne bei einer Zeitung Musical-, Theater- oder Konzertkritiken schreiben würde oder sich vorstellen könnte, als Bewährungshelfer mit Haftentlassenen zu arbeiten. Wer aber glaubt, dass es für einen Mann wichtiger sei, ein gutes Familieneinkommen zu sichern, als sich Gedanken über den Sinn des Lebens zu machen, beweist eine Portion Nüchternheit bzw. *Pragmatismus*. Wer Freunde mag, die tüchtig sind und praktische Interessen haben, statt sich ernsthafte Gedanken über ihre Lebenseinstellung zu machen, bekommt wieder einen Punkt auf der Pragmatismus-Skala. Zeitungsberichte über alltägliche Gefahren und Unfälle fesseln die Aufmerksamkeit eines Pragmatikers.

11. *Offenheit* signalisiert, wer lieber mit höflichen Menschen verkehrt als mit ungeschliffenen Personen. *Clever* ist, wer das Leben eines Tierarztes, der Tiere behandelt und operiert, nicht toll findet. Wer Scherze über den Tod nicht okay findet, zählt auch zu den Cleveren, meinen die 16PFler. Wer sich nicht bemüht, über Witze leise zu lachen, gehört zu den Offenen und Unbefangenen, die unkompliziert, natürlich und direkt sind. Wer nicht glaubt, mehr Glück als andere Menschen zu haben, ist clever und zeigt Gelassenheit, besonders dann, wenn er immer Dinge tun kann, die ihm Spaß machen.

12. Durch *Selbstvertrauen* zeichnet sich aus, wer sich nicht entmutigt fühlt, auch wenn er von anderen kritisiert wird. Ebenso der, der nicht extrem gewissenhaft ist und sich keine Gedanken über zurückliegende Handlungen oder Fehler macht. *Besorgtheit* dagegen wird bei dem entdeckt, der sich fürchtet, etwas falsch gemacht zu haben, wenn er zu seinem Chef oder Lehrer gerufen wird. Wer meint, dass seine Freunde ihn nicht so sehr brauchen wie er sie, macht auf die Tester ebenfalls einen besorgten Eindruck.

Machen Sie sich mit dem Persönlichkeitsmodell und diesen Schwerpunkten vertraut

13. *Sicherheitsdenken* äußert sich in Statements wie:

- „Die Welt braucht mehr beständige und verlässliche Bürger."
- „Besser einen Arbeitsplatz mit festem und sicherem Gehalt!"
- „Lieber sich auf bewährte Methoden verlassen!"
- „Besser Hausmannskost als ausländische Speisen!"

Veränderungsbereitschaft dokumentiert, wer

- auch als Jugendlicher bei seiner Meinung blieb, selbst wenn diese anders war als die der Eltern,
- gerne über Möglichkeiten nachdenkt, wie sich die Welt verändern müsste,
- oft Menschen und deren Ansichten widerspricht.

14. *Einzelgängertum* zeichnet sich dadurch aus, dass man

- lieber etwas alleine aufbaut als mit anderen zusammen,
- lieber alleine Pläne schmiedet,
- lieber und leichter lernt durch das Lesen eines Sachbuches,
- Bücher unterhaltsamer findet als Menschen.

Teamfähigkeit wird belegt durch

- Freude an gemeinschaftlichen Unternehmungen,
- die Wahl, einen freien Abend gemeinsam mit Freunden bei einem Hobby zu verbringen,
- die Entscheidung, eigene Probleme mit anderen zu besprechen.

Vermeiden Sie Extrempositionen

15. *Selbstkontrolle* manifestiert sich darin, dass man alles plant und die Dinge nicht dem Zufall überlässt, beim Ausgehen, Essen und Arbeiten überlegt und systematisch vorgeht. (Hier stellt sich natürlich die Frage, wie man, bitte schön, „überlegt und systematisch" essen soll?) Wer beim Ausgehen, Essen, Arbeiten gern von einer Sache zur anderen wechselt, neigt zu *Spontaneität* (von den Kartoffeln zum Fleisch und zum Gemüse, ein Häppchen hier, ein Häppchen da ... so unsere Interpretation). Selbstkontrolle beweist, wer es sich zum Prinzip macht, sich nicht ablenken zu lassen oder Einzelheiten nicht zu vergessen. Das gegenteilige Verhalten spricht angeblich dann für Spontaneität.

16. *Angespannt* wirkt, wer sich über verhältnismäßig kleine Rückschläge manchmal mehr als notwendig aufregt oder wer sich oft zu schnell über andere ärgert. Wer vor einem Test oder einer Prüfung gelassen bleiben kann, zeigt *Ausgeglichenheit*. Auch wer seine Gefühlsregungen immer genau zu beherrschen weiß und wer sich für weniger reizbar hält als die meisten Menschen, dokumentiert Ausgeglichenheit.

Unseriös, aber gebräuchlich: Satzergänzungstests

Durchschauen Sie, worum es geht

Testentwickler haben den harmlos klingenden Begriff „Kreativitätsüberprüfung" für den sogenannten Satzergänzungstest erfunden. Letztlich steckt aber nichts anderes als eine besondere Art von Persönlichkeitstest dahinter. Man legt Ihnen Satzanfänge vor und bittet Sie, den unvollständigen Satz nach Ihren Vorstellungen zu beenden, z. B.:

- Ich möchte gerne ...
- Ich fürchte ...
- Ich mag es nicht, wenn ...

Egal, wie diese Sätze anfangen, es geht darum, Ihnen Gedanken, Statements, Meinungen etc. zu entlocken, die dann entsprechend interpretiert werden. Dass dieses Verfahren unseriös ist und Sie sich eigentlich weigern sollten, so etwas mitzumachen, ist eine Empfehlung – wenn auch in der Zwangssituation einer Bewerbung nicht wirklich realisierbar.

Achtung: Auch wenn es scheinbar um andere Personennamen geht, („Karl ist immer ...", „Marion mag es, wenn man ..."), es handelt sich dabei immer um *Sie*. Die Vervollständigung des Satzes soll Rückschlüsse auf *Ihre* Persönlichkeitsstruktur ermöglichen.

Nur scheinbar harmlos: biografische Fragebögen

Biografische Fragebögen

„Wir haben hier noch einige Fragen an Sie. Bitte füllen Sie doch gleich mal unseren Personalfragebogen aus ..." Wenn Sie als AC-Kandidat dazu aufgefordert werden, freuen Sie sich bitte nicht zu früh. Das heißt noch lange nicht, dass Sie es geschafft haben. Was aussieht wie die letzten Formalitäten vor dem endgültigen Arbeitsvertrag, ist nichts anderes als ein weiterer Persönlichkeitstest. Neben den persönlichen Daten (Name, Adresse, Alter, Bildungsabschlüsse, Schuhgröße usw.) werden überwiegend folgende Bereiche angesprochen:

- Ursprungsfamilie (Größe, Ausbildung und Beruf der Eltern)
- eigene Familie (Größe, Alter der Kinder, Ausbildung und Beruf des Partners)
- Kindheit/Jugend (elterlicher Erziehungsstil, prägende Erfahrungen)
- schulischer Werdegang (geliebte/ungeliebte Fächer, Leistungen, Anpassung an Lehrer/Mitschüler)
- Ausbildung (Berufswahl, Ausbildungsschwerpunkte, Gründe für eventuelle Fehlleistungen)
- Arbeits-/Berufserfahrung (Gründe für die Arbeitsplatzwahl, besondere Kenntnisse/Fähigkeiten, Häufigkeit von Arbeitsplatzwechseln, Gründe und zeitlicher Verlauf)

Wie weit wollen Sie sich offenbaren?

- Freizeitgestaltung/Interessen (Hobbys, soziales Engagement, außerberufliche Aktivitäten)
- Selbsteinschätzung (besondere Stärken und Schwächen, Gründe für Fehl- und Rückschläge, Entwicklungs- und Verbesserungschancen)
- Lebensziele (berufliche und persönliche Ziele – auch bezüglich der Kinder –, optimistische/pessimistische Zukunftseinschätzung)

Aber auch Fragen, die Sie angeblich ganz frei beantworten können, z. B. in Form eines Kurzaufsatzes, können es in sich haben. Beispiele:

- „Welche Menschen bewundern Sie am meisten (bitte Namen nennen)?“
- „Nennen Sie einige von Ihnen bevorzugte Bücher.“
- „Welchen Beruf würden Sie wählen, wenn Sie ohne Rücksicht auf Gehalt und Vorbildung frei wählen könnten?“
- „Welche sind die größten Missstände Ihrer Meinung nach:
  a) in der Welt,
  b) in Ihrem Land,
  c) in der Stadt, in der Sie wohnen,
  d) in der Uni, in der Sie ausgebildet wurden?“

Wie hoch ist Ihr „Meckerpotenzial“?

Gefahr erkannt, Gefahr (fast schon) gebannt – Bewältigungsstrategien

Die Devise lautet für Sie also: Wenn Sie Persönlichkeitstests durchschauen und wissen, worauf es den Testern ankommt, haben Sie schon viel gewonnen. Diese Kunst ist erlernbar.

Wer das Prinzip versteht, hat Vorteile

Entscheidend ist erstens, diese Testverfahren überhaupt als solche zu erkennen. Zweitens ist es wichtig zu wissen, wer und vor allem wie man ist, also die eigene Persönlichkeit, die eigenen Charaktermerkmale möglichst gut zu kennen. Drittens ist es unbedingt notwendig, in Erfahrung zu bringen, was die andere Seite (die AC-Beobachter, der Arbeitgeber) für Persönlichkeitsmerkmale erwartet bzw. wünscht. Und viertens muss es einem gelingen, das Übermitteln dieser Merkmale glaubhaft zu gestalten.

www.

Unter *www.berufsstrategie-plus.de* stellen wir Ihnen außerdem die einzelnen Prüfungskriterien zu Ihren „Berufsbezogenen Persönlichkeitsmerkmalen“ dar.

Hier aber nehmen wir uns die Fragen von Seite 100 noch einmal vor. Sie werden schon gemerkt haben, worum es geht. Drei „Persönlichkeitsmerkmale“ (Faktoren) sind es, die hinter diesen Fragen stehen:

1. *Sachbezogenheit* (kühl und reserviert) vs. *Kontaktorientierung* (aufgeschlossen und warm)
   Frage 3: Antwort a ist kontaktbezogen, c ist sachbezogen.
   Frage 6: Antwort a ist sachbezogen, c kontaktbezogen.
   Frage 7: Antwort a ist sachbezogen, c kontaktbezogen.

Haben Sie sich zweimal oder öfter für einen der beiden Faktoren entschieden, ist Ihr Persönlichkeitsbild festgenagelt. Sie sind dann also z. B. ein eher kühler, bei dreimal a ein eiskalter Sachmensch. Bei dreimaliger Kontaktorientierung sind Sie übrigens nicht bloß warmherzig, sondern bereits geschwätzig.

2. *Vertrauensbereitschaft* (vertrauensvoll) vs. *skeptische Haltung* (misstrauisch)
   Frage 1: Antwort a ist vertrauensvoll, c misstrauisch.
   Frage 8: Antwort a ist misstrauisch, c vertrauensvoll.
   Frage 9: Antwort a ist vertrauensvoll, c misstrauisch.

Hier wären die Extrempole (dreimalige Ankreuzung) vertrauensvoll, naiv und „blöd wie ein Schaf" zu sein bzw. ekelhaft, unangenehm, verschlossen und misstrauisch.

3. *Emotionale Empfindlichkeit* (neurotisch) vs. *emotionale Stabilität* (gelassen)
   Frage 2: Antwort a ist neurotisch, c stabil.
   Frage 4: Antwort a ist neurotisch, c stabil.
   Frage 5: Antwort a ist stabil, c neurotisch.

Dabei geht es um die Polaritäten neurotisch bzw. gestört oder cool und gelassen.

Sollten Sie bei allen neun Fragen mehr als zweimal die Antwortmöglichkeit b angekreuzt haben (teils, teils; weiß nicht; manchmal u. Ä.), laufen Sie Gefahr, als jemand eingeschätzt zu werden, der nichts preisgeben und den Test nicht offen beantworten will.

Bitte nehmen Sie das Ergebnis dieses kleinen Tests nicht ernst. Wir wollen Ihnen nur demonstrieren, wie die Sache läuft. In der Testrealität wird man bei der Auswertung im Prinzip genauso vorgehen: Man interpretiert Ihre Ankreuzungen nach einem Schema. Da kann selten etwas Positives herauskommen. Auf jeden Fall sollten Sie wissen, dass es keinesfalls immer eindeutig einen „guten" und erstrebenswerten gegenüber einem „schlechten" und zu vermeidenden Persönlichkeitsfaktor gibt.

Es ist schwer, generelle Empfehlungen für das Bearbeiten von Persönlichkeitstests auszusprechen, aber achten Sie darauf, die Fragen nicht zu extrem in eine Richtung anzukreuzen. Es geht um die „richtige Mischung" aus folgenden drei Komponenten:

Auf die richtige Mischung kommt es an

1. Wie stellt sich der Arbeitgeber den idealen Bewerber für diese Position / Aufgabe vor?
2. Wie glauben Sie wirklich zu sein?
3. Ausweichen auf die „teils-teils"-Position.

Tipp!

Spezielle Tipps für Satzergänzungstests
Halten Sie Ihre Antworten knapp und den Erwartungen entsprechend. Bleiben Sie sachlich, vermitteln Sie den Eindruck, dass Sie sich um aufrichtige Antworten bemüht haben, und bewegen Sie sich im sozial unverfänglichen und konfliktfreien Klischee. Hier drei Negativbeispiele, wie Sie es bitte nicht machen:

- Ich fürchte … *nicht den richtigen Erfolg zu haben.*
- Früher war ich … *ein bisschen schüchterner als meine Freunde.*
- Es ärgert mich besonders, wenn … *man mir nicht glaubt.*

Bessere Ergänzungen sind z. B. diese:

- Ich fürchte … *mich nicht.*
- Früher war ich … *ein erfolgreicher Torwart unserer Schulmannschaft.*
- Es ärgert mich besonders, wenn … *andere Menschen abergläubisch sind.*

Verdeutlichen Sie sich positive Verhaltensklischees, die man von Ihnen erwarten kann. Machen Sie sich noch einmal klar: Es geht nicht um Wahrheit oder um Ihre wirkliche persönliche Meinung. Banal wirkende Sätze sind keine Gefahr, sondern eher ein Indiz dafür, dass Sie kein Neurotiker sind.

Hier noch einige Beispiele, wie Sie sich geschickt aus der Affäre ziehen:

- Ich kann nicht … *klagen.*
- Wenn ich einen Fehler mache, dann … *bemühe ich mich, ihn zu korrigieren.*
- Als man mir sagte, das könne ich nicht … *bat ich, es doch einmal versuchen zu dürfen.*
- Wenn alles misslingt, dann … *suche ich nach der Ursache und beseitige sie.*

Tipp!

Die wichtigsten Tipps

- Machen Sie sich klar, um was für eine Art von Test es geht und was dahintersteckt.
- Bereiten Sie sich innerlich auf diese Art der Durchleuchtung vor.
- Beschäftigen Sie sich mit sich selbst, mit der Art und Weise, wie Sie wirklich sind, bereiten Sie aber auch etwas vor, das Sie anderen ohne Bedenken – und ohne zu tiefe Einblicke in Ihre Psyche zu geben – offenbaren können.
- Bei Testaufgaben dieser Art geht es nicht wirklich um Ihre persönliche Einschätzung und Beurteilung, jedenfalls ist das nicht in Ihrem Interesse.
- Überlegen Sie sich, welches charakterliche Bild Sie vermitteln wollen und welches von Ihren Prüfern wohl favorisiert wird.
- Nicht vergessen: Sie haben das (gesetzlich verbriefte) Recht auf eine Notlüge.
- Lassen Sie sich nicht schnell durch etwas erschrecken, das man Ihnen aufgrund der Testergebnisse mitteilt. Dies ist vielleicht auch nur ein weiterer Test.

Auf den Punkt gebracht

Notlügen sind Notwehr

Aus juristischer Sicht sind die in diesem Kapitel vorgestellten Persönlichkeitstests ein absolut unzulässiger Eingriff in Ihre per Gesetz geschützte Privatsphäre. Das Bundesarbeitsgericht billigt jedem Bewerber bei unzulässigen Fragen im Bewerbungsverfahren ein Notwehrrecht auf Lüge zu. Sie dürfen also Ihre Fantasie spielen lassen. Es kann hier nicht um die wahrheitsgemäße Beantwortung von unzulässigen, in die Persönlichkeits- und Privatsphäre eindringenden Fragen gehen. Entscheidend ist, sich auf Persönlichkeitstests gut vorzubereiten.

Intelligenz- und Leistungs- / Konzentrationstests

Intelligenztests: Beschreibung und Anforderungen

Aufgaben aus dem Anforderungsbereich „Logisches Denken/Abstraktionsfähigkeit" kommen in erster Linie bei sogenannten Intelligenztests zum Einsatz.

Unter „logischem Denken" versteht man ein folgerichtiges, schlüssiges, gültiges, „denkrichtiges" Denken, das zu einleuchtenden und offenkundig richtigen Schlussfolgerungen führt. Welcher Arbeitgeber hätte nicht gern solche Mitarbeiter. Der Haken bei der Sache: Die Tests halten nicht, was sie versprechen.

Dass so mancher Intelligenztest seinen Namen nicht verdient, musste auch ein Bewerber erfahren, der sich mit folgenden Fragen auseinanderzusetzen hatte:

Wie lang ist ein 10-Euro-Schein? Wie groß ist ein sechsjähriges Kind?
Oder: Was ist das Wichtigste am Fernseher? Zu wählen hatten wir unter

- *a) der Kontrastregler,*
- *b) die Antenne,*
- *c) die Bildröhre,*
- *d) der Abstellknopf.*

Aber es kamen auch noch einige andere knifflige Fragen vor, wie z. B.: Welcher Tag war vorgestern, wenn der Tag nach übermorgen zwei Tage vor Samstag liegt ...?

Bei anderen Tests wird das Schulwissen gefordert:

Am Anfang waren ca. vier Seiten mit Zahlen von 1 bis 100 willkürlich bedruckt, die man in 30 Sekunden so schnell wie möglich verbinden sollte. Anschließend gab es einen Sprachtest: Einem Wort musste eines von fünf möglichen anderen Wörtern zugeordnet werden, das dem ersten am ehesten entsprach. Daraufhin gab es Zahlenreihen, die man mit einer Zahl oder einem weiteren Symbol ergänzen musste (Tipp: Bruchrechnen zuvor üben). Außerdem kam reichlich Oberstufenmathematik zum Tragen, z. B. Volumen von Kugeln, Kreiszylindern berechnen, Logarithmusfunktionen und Grenzwertberechnungen. Es folgte ein Ergänzungsteil von geometrischen Figuren, die in einer bestimmten Reihenfolge angeordnet waren, sodass man ein viertes Bild ergänzen musste, das man aus fünf zur Verfügung stehenden auszuwählen hatte.

Mithilfe unterschiedlicher Aufgabentypen versucht man, sich an Logik- und Abstraktionsfähigkeiten der Kandidaten heranzupirschen. Es gibt dabei grafische, sprachliche und zahlengebundene Aufgaben.

1. Beispiel

Sie sehen ein Rechteck mit 8 Figuren. Welcher der vorgegebenen 9 Lösungsvorschläge – rechts, a) bis i) – passt als Einziger in das freie 9. Feld?

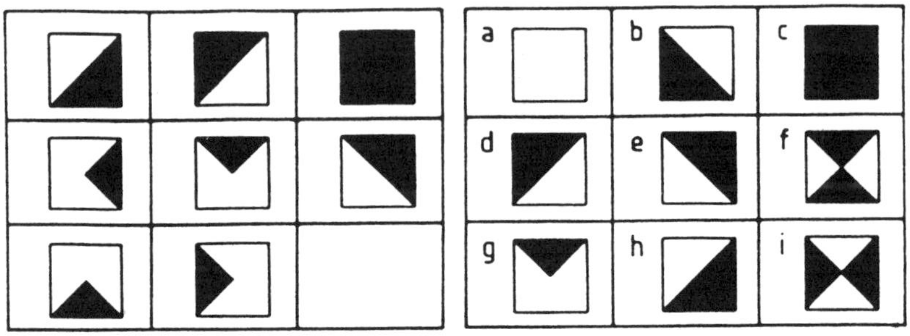

Die schwarze Fläche der ersten Figur addiert mit der schwarzen Fläche der zweiten Figur ergibt (sozusagen als Summe) die dritte Figur. Dieses Prinzip gilt sowohl in vertikaler als auch in horizontaler Richtung – ein wichtiger Hinweis für die generelle Bearbeitung dieses Aufgabentyps. Lösung: b)

2. Beispiel

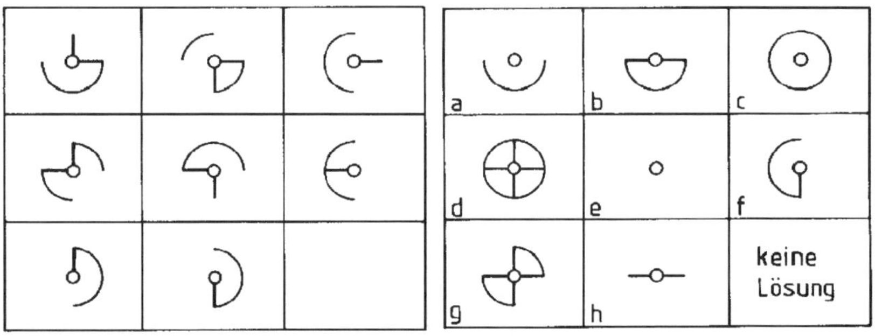

Lösung: e)

Hier beherrschen drei Elemente die Szene: der Mittelpunkt, der daran befestigte „Zeiger" und die Kreisteile (am besten in Vierteln eines Ziffernblatts vorstellbar, nach dem System 1. Viertel = 12–3, 2. Viertel 3–6, 3. Viertel 6–9, 4. Viertel 9–12).

Der Mittelpunkt bleibt in allen Figuren erhalten. Leider enthalten auch alle Lösungsvorschläge a) bis h) den Mittelpunkt, sodass die sinnvolle Testbearbeitungsstrategie, nicht infrage kommende Lösungsvorschläge zu eliminieren (= Ausschluss-Strategie), hier nicht weiterhilft.

Betrachten wir als zweites Element die „Zeiger", zunächst den waagerechten: Er bleibt in der ersten und in der zweiten Zeile jeweils in gleicher, unveränderter Position. In der dritten Zeile gibt es ihn nicht mehr. Der senkrechte Zeiger kommt erst nach oben, dann nach unten zeigend vor und verschwindet in der dritten Figur. Wir schließen daraus, dass die Lösungsfigur entsprechend der dritten Zeile keinen Zeiger haben darf. Insofern hilft die Ausschluss-Strategie jetzt weiter: Die Lösungsvorschläge b), d), f), g) und h) fallen weg – als Lösungen bleiben nur noch a), c) und e) übrig.

Nun kommen wir zur Betrachtung des dritten Elements, der Kreisteile (Viertelkreise). Doppelt, d. h. sowohl in der ersten wie in der zweiten Figur (= Zeichnung, Kästchen) enthaltene Kreisteile fallen in der dritten Figur weg, einmal vorhandene bleiben.

Am Beispiel der ersten Zeile: Der Viertelkreis 3–6 ist in der zweiten Figur ebenfalls enthalten und in der dritten nicht mehr. Der Viertelkreis 6–9 in der ersten Figur ist in der zweiten Figur nicht vorhanden, aber in der dritten. Der Viertelkreis 9–12 wird in der ersten Figur nicht verwendet, aber in der zweiten und bleibt deshalb auch in der dritten.

Nach dem gleichen Prinzip ist auch die zweite Zeile aufgebaut. In der dritten Zeile herrscht als „Gesetz", dass der Kreis 12–6 (zwei zusammengesetzte Kreisviertel) in den ersten beiden Figuren (= Zeichnung, Kästchen) vorhanden ist und deshalb im dritten wegfallen muss. Also bleibt als Lösung unter Berücksichtigung der Elemente Mittelpunkt und Zeiger nur die Lösung e) übrig.

Die aufgeführten „Gesetzmäßigkeiten" gelten auch für die Aufgabenbearbeitung in vertikaler Richtung.

Weitere Beispielaufgaben

1. Für die folgenden vier Aufgaben haben Sie 6 Minuten Zeit.

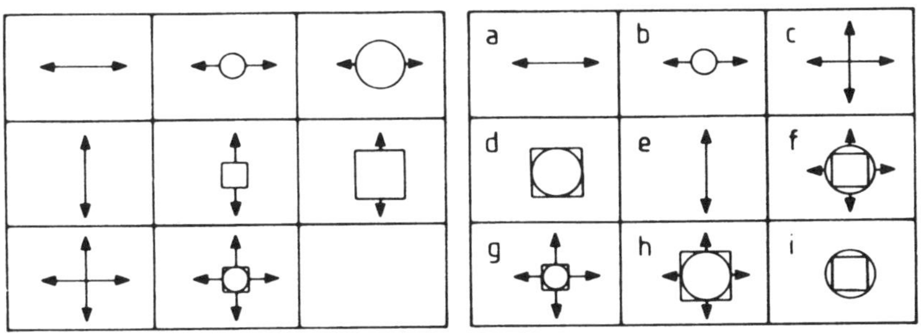

1

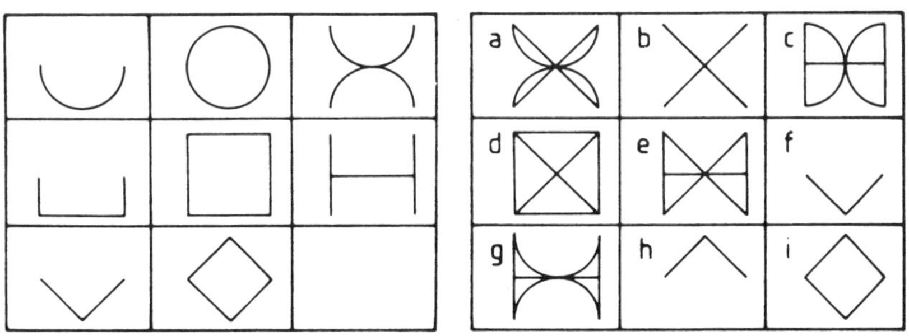

2

3

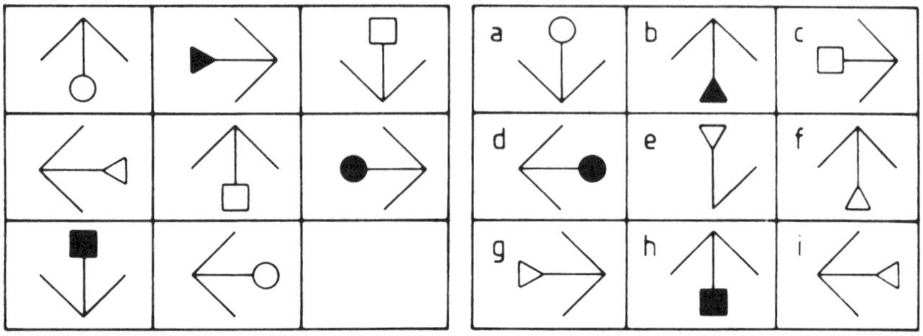

4

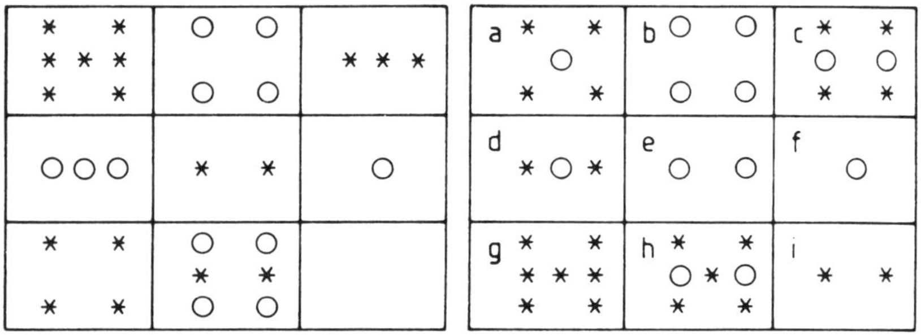

Wie lautet das fehlende Wort bei den folgenden Wortgleichungen? (2 Min.)

2. Muster verhält sich zu Entwurf wie Maschine zu
   a) Antrieb b) kaputt c) Räder d) Arbeit e) Konstruktion

3. Leder verhält sich zu Eisen wie zäh zu
   a) flexibel b) schwer c) hart d) haltbar e) biegsam

4. Kanal verhält sich zu Fluss wie Park zu
   a) Anlage b) Bäume c) Sträucher d) Landschaft e) Rasen

5. Die folgenden Zahlenreihen sind nach bestimmten Regeln aufgebaut. Wie lautet die nächste Zahl in der Reihe? (2 Min.)
   a) 81 9 18 2 11 ?
   b) 2 5 11 23 47 ?
   c) 18 20 10 14 6 12 6 14 ?

Aber auch Aufgaben wie diese sind zu lösen: (2 Min.)

6. Wenn es um die Wurst geht, ist Rambo nicht der schnellste Hund. Waldi und Bonzo sind gleich schnell. Ringo ist schneller als Bonzo, aber doch langsamer als Fiffi. Ricky ist langsamer als Waldi, aber bedeutend schneller als Hektor. Rambo ist schneller als Ricky, und Hektor ist ein guter Futterverwerter. Welcher Hund kriegt die Wurst (am schnellsten)?

Jetzt geht es um logisches Denken und Abstraktionsvermögen – die Realität ist außer Kraft gesetzt. Welche Aussage unter a) bis e) ist logisch richtig?
Hier können mehrere Antworten, aber auch keine richtig sein. (3 Min.)

7. Nur schlechte Menschen betrügen oder stehlen.
   Elfriede ist gut.
   Also, was stimmt? (im Sinne von logisch richtig!)
   a) Elfriede ist ein guter Mensch.
   b) Elfriede betrügt und stiehlt nicht.
   c) Elfriede ist nicht schlecht.
   d) Gute Menschen wie Elfriede betrügen oder stehlen nicht.
   e) Schlechte Menschen betrügen.

Nicht vom Glauben abfallen!

8. Im Winter heizen Telefone nur dienstags.
   Jeden Dienstag fällt Schnee.
   Was stimmt?
   a) Wenn Schnee fällt, heizen Telefone.
   b) Jeden Dienstag im Winter heizen Telefone.
   c) Telefone heizen immer dienstags.
   d) Dienstags im Winter fällt Schnee.
   e) Wenn im Winter dienstags Schnee fällt, heizen Telefone.

Lösungen Intelligenztests:

Aufgabe 1	:	1: h; 2: b; 3: f; 4: i
Aufgabe 2	:	e
Aufgabe 3	:	c
Aufgabe 4	:	d
Aufgabe 5a	:	elf Neuntel (System : 9 + 9 ...);
5b	:	95 (x 2 + 1 ...);
5c	:	10 (+ 2 – 10 + 4 – 8 + 6 – 6 + 8 – 4 ...)
Aufgabe 6	:	Fiffi
Aufgabe 7	:	e (Elfriede ist nicht als Mensch definiert, sie könnte z. B. ein Testschwein sein)
Aufgabe 8	:	b, d, e

Leistungs-/Konzentrationstests: Beschreibung und Anforderungen

Konzentration ist gefragt und wird häufig unterschätzt

Sehr häufig werden Tests eingesetzt, von denen sich die Anwender versprechen, etwas über Ihr allgemeines Konzentrations- und Leistungsvermögen zu erfahren. Ob das in der Stresssituation eines Einstellungstests überhaupt möglich ist, kann bezweifelt werden. Zwei Beispiele für Aufgabentypen aus diesem Bereich:

1. Buchstaben durchstreichen

In den Buchstabenreihen müssen alle d, die zwei Striche haben, durchgestrichen werden. Dabei geht es um folgende d:

```
II    I
d  d  d
   II I
```

d's, die mehr oder weniger als zwei Striche haben (oben/unten), dürfen nicht durchgestrichen werden, ebenso wenig wie alle b, p und q.

Ein kleiner Ausschnitt – Sie haben zwei Minuten Bearbeitungszeit:

```
       I     I     I  I  II II II    I     II    I  I  II    II I  I  I  I  I  I  I  I  I
1.  d  b  q  d  q  d  q  d  q  b  b  b  d  b  d  b  d  b  d  b  d  b  d  b  d  b  d  b  d
    I  I  I  I  I  I              I     I     I     I     I     I     I     II II II II I

    I     I  II II    II    II    I     II    I     II    I     II    I     II    I  II I
2.  b  q  d  q  d  q  d  q  d  q  d  q  b  d  d  d  d  d  b  d  d  d  d  d  d  d  d  b  q
                   II    II    II    II    II    II    II    II    II    II    II    II II

          II             I     I        I  II    I        I     II    I     I     II    I
3.  d  d  d  d  d  q  d  b  q  d  d  d  d  d  d  d  b  q  d  b  q  d  d  d  d  d  d  d  d
    I        II    I  I     I     I     I     I     I           I     I     I  I  I  I  II

    II I  I     II    I  I     I  II II II I     I  I     I  II II I     I     I     II II
4.  d  d  d  d  q  d  q  d  q  d  d  d  d  d  b  b  d  b  d  b  q  d  b  q  d  b  d  d  b
       I     I  II I     I        I     I  I     I     I     II    I     I     I  I     I

    I  II    I  I     I     I     I  I  II II I     I  II I  II    I  I  II    II    II
5.  b  d  d  d  q  q  d  d  d  d  d  b  d  d  d  d  d  d  d  d  d  b  d  b  d  b  d  q  q
          II I     I     II    I              I  I  I  I  I     I  I  I  I     I  I  I  I

    I  I  II I  II    I     I     I     I     II    I  I     I     I  II I     I     II
6.  b  d  b  d  b  d  b  d  q  d  q  d  q  b  d  b  d  d  d  d  b  d  b  d  b  d  b  q  d
       I     I     I     I     I     I     I        I  I  II I  II I  I     II    II    I

    I  II    I     II    I     II    I     II    II    I  II    I     II    I  II       I
7.  b  d  b  d  b  d  b  d  b  d  b  d  b  b  d  d  d  b  d  b  d  b  d  b  d  b  d  q  d
    I        I           I           I        I     I  I  I  I  I  I     I     II II I  I

    II I  II I  II I  II I  II I  II I  II I  II I  II I  II I     II I  II    I  II    I
8.  q  d  q  d  q  d  b  d  q  d  q  d  q  d  b  d  q  d  q  d  q  d  d  d  d  b  d  q  d
    II I     I     I     I     I     I     I     I     I     I     I  I  II II I     II
```

2. Leistungs- / Konzentrationstest

Die nachstehenden Aufgaben sind nach folgendem Muster zu lösen:

Die obere Zeile wird zuerst ausgerechnet. Das Ergebnis darf nicht aufgeschrieben, sondern muss „im Kopf behalten" werden. Nun ist die untere Zeile auszurechnen, und auch dieses Ergebnis ist zu merken. Jetzt gilt folgende Regel: Stets ist die kleinere Zahl von der größeren abzuziehen, und nur dieses Ergebnis ist aufzuschreiben. Es dürfen keine Nebenrechnungen oder sonst irgendwelche Notizen gemacht werden.

Beispiel:

2 + 8 – 7	
4 + 5 – 2	Ergebnis: 4

Obere Zeile:	Ergebnis: 3
Untere Zeile:	Ergebnis: 7

7 – 3 = 4, nur die 4 darf als Lösung hingeschrieben werden.

Für die folgenden zehn Aufgaben haben Sie zwei Minuten Zeit. In der Testrealität erwarten Sie weit über 200 Aufgaben mit etwa 30–45 Minuten Bearbeitungszeit.

So etwas kostet Kraft – Nervenkraft!

A	4 + 5 + 2 8 – 6 + 9	F	8 – 6 + 5 4 + 9 – 7
B	8 – 3 + 7 9 – 5 + 3	G	4 + 8 + 6 7 – 9 + 8
C	2 + 6 + 7 5 – 3 + 7	H	9 – 5 + 7 4 + 3 + 6
D	8 + 4 – 9 3 + 8 – 5	I	4 – 3 + 6 5 + 7 – 3
E	2 + 8 – 7 6 – 5 + 9	J	5 – 2 + 9 4 + 8 + 6

Nach dieser Rechenoperation fangen Sie mit folgender Variante von vorne an: Ist das Ergebnis der oberen Zeile größer als das Ergebnis der unteren Zeile, müssen Sie jetzt die untere Zeile von der oberen abziehen (wie gehabt). Ist das Ergebnis der oberen Zeile kleiner als das Ergebnis der unteren Zeile, müssen Sie es dazuzählen.

Lösungen:
Buchstaben durchstreichen:
1. Zeile: 7 d; 2. Zeile: 13; 3. Zeile: 6; 4. Zeile: 5; 5. Zeile: 11; 6. Zeile: 8; 7. Zeile: 10; 8. Zeile: 13

Kopfrechenaufgaben
A 1. Durchgang 0/2. Durchgang: 22 bzw. 0; B: 5/5; C: 6/6; D: 3/9; E: 7/13; F: 1/1; G: 12/12; H: 2/24; I: 2/16; J: 6/30

Training ist möglich – Bewältigungsstrategien

Übung macht den Meister

Wenn Sie das erste Mal vor Aufgaben der gerade beschriebenen Art sitzen und Schwierigkeiten haben: keine Panik. Erstens geht es fast allen AC-Kandidaten so. Und zweitens: Sie können solche Übungen trainieren – auch wenn die Assessment-Veranstalter dies offiziell immer bestreiten. Zunächst kommt es auf die richtige Vorbereitung an. Drei Aspekte sind zu berücksichtigen:

- die emotionale,
- die intellektuelle und
- die organisatorische Vorbereitung.

Was heißt das?

Lassen Sie sich nicht mürbe machen!

Lassen Sie sich und Ihr Selbstwertgefühl nicht von diesen Testergebnissen „runterziehen". Von wissenschaftlicher Seite wird ein Zusammenhang zwischen Testerfolg und Berufserfolg entschieden bestritten. Das Testresultat ist also kein „Gottesurteil" und sagt absolut nichts über Ihre Intelligenz, Ihre wirkliche Leistungs- und Konzentrationsfähigkeit, Ihren Wert als Mensch und über Ihre angebliche (Nicht-)Eignung für eine bestimmte Position aus. Was übrigens für das gesamte AC-Verfahren gilt!

Ganz wichtig ist das Sammeln von Informationen über Tests und Auswahlverfahren bei für Sie infrage kommenden Arbeitgebern. Warum bewerben Sie sich z. B. nicht einfach mal „testweise" bei einem Unternehmen, bei dem Sie nicht unbedingt arbeiten möchten – nur unter dem Aspekt, Erfahrung zu sammeln?

Außerdem hat das Zusammentreffen mit anderen Bewerbern echte Vorteile, wie folgender Bewerber berichten kann:

Wir AC-Kandidaten waren alle froh, einmal Leidensgenossen in größerer Zahl anzutreffen, und haben unsere Pausen zum ausführlichen Erfahrungsaustausch genutzt – ein positiver Nebeneffekt von Assessment Centern.

Tipp!

Die vier wichtigsten Tipps

- Nutzen Sie die Zeit zu Beginn der Tests, wenn die Aufgaben erklärt werden: Verdeutlichen Sie sich das Aufgaben- und Lösungsschema und versuchen Sie, sich an ähnliche, bereits gelöste Aufgaben aus Trainingsbüchern zu erinnern. Fragen Sie den Testleiter bei Unklarheiten, solange dazu Gelegenheit besteht.
- Arbeiten Sie so schnell wie möglich, mit einem sinnvollen Maß an Sorgfalt.
- Beißen Sie sich aber nicht an schwierigen Aufgaben fest, sonst verlieren Sie wertvolle Bearbeitungszeit für andere, vielleicht viel leichtere Aufgaben. In der Regel sind Testaufgaben mit steigendem Schwierigkeitsgrad angeordnet.
- Sind verschiedene Antwortmöglichkeiten vorgegeben, wenden Sie bei Zweifeln über die richtige Lösung folgende Strategien an: Versuchen Sie, falsche Lösungen zu eliminieren, um so die richtige einzukreisen („Ausschlussmethode"). Es ist leichter, z. B. unter zwei verbleibenden Möglichkeiten auszuwählen als unter mehreren. Und wählen Sie notfalls lieber eine Lösung auf gut Glück, anstatt gar nichts anzukreuzen.

Auf den Punkt gebracht

Intelligenz-, Leistungs- und Konzentrationstests lassen sich trainieren, gut abzuschneiden ist vor allem Übungssache. Wenn es also nicht gleich geklappt hat, sollten Sie nicht an sich zweifeln. Machen Sie bloß nicht Ihr Selbstbewusstsein vom Testergebnis abhängig. Das wäre zu viel der Ehre für derlei dubiose Bewerbungstestverfahren. Auch wenn es hart ist – das oberste Bewerbungsgebot lautet: Dranbleiben, bis es klappt.

Auf der beigefügten **Testtraining-CD** finden Sie folgende Testaufgaben zur Vorbereitung:

- Allgemeinwissenstestaufgaben aus den Bereichen: Politik, Gesellschaft, Geografie und bekannte Persönlichkeiten
- Lern- und Gedächtnistestaufgaben
- Aufgaben zu Bild / Symboldeutungen
- Matheleistungsaufgaben: Maße und Gewichte
- Abstrakt-logisches Denken: Tests mit Symbolen, Zahlen, Sprache
- Persönlichkeitstestaufgaben
- Tipps zur Vorbereitung

Das Abschlussgespräch

Erlebnisbericht: Feierabend?

Atmosphäre schaffen

Zum Schluss folgte das letzte Gespräch mit zwei AC-Beobachtern. 45 Minuten lang hatte ich in einer freundlichen Gesprächsatmosphäre Fragen zu beantworten: Zu Beginn sollte ich etwas über meinen privaten, aber auch beruflichen Hintergrund erzählen. Der zweite Themenblock behandelte die Frage, warum ich mit meinem speziellen Studium (Religionswissenschaft) ausgerechnet Bank-Trainee werden möchte, und mit welchen Erwartungen ich mich hier in diese Bewerbungssituation begeben hätte. Der dritte Punkt behandelte dann meine Stärken und Schwächen, die Einschätzung meines Abschneidens am heutigen Tag, aber auch Arbeitsschwerpunkte, die ich mir im Bankbereich vorstellen könnte, ebenso wie Einsatzorte und die Gehaltsfrage.

Es war mittlerweile 18 Uhr, das Assessment Center schien beendet zu sein. Alle zwölf Teilnehmer und die acht Beobachter trafen sich in dem sehr ansprechend gestalteten Foyer, es gab belegte Brote und Wein, und hier war wiederum Gelegenheit für einen etwa 30-minütigen Small Talk. Anschließend wurden wir – mit allen guten Wünschen – offiziell verabschiedet, und unsere AC-Beobachter versprachen, sich noch am selben Abend zusammenzusetzen, um Auswahlentscheidungen zu treffen. Man bat uns, am nächsten Tag telefonisch nach dem Ergebnis zu fragen.

Beschreibung

Für gute Stimmung will gesorgt sein. Beteiligen Sie sich daran!

Das Abschlussgespräch soll das Auswahlverfahren abrunden und von Arbeitgeberseite aus eine positive Schlussatmosphäre schaffen. Die wichtigsten Themen, zu denen Sie im Abschlussgespräch befragt werden können, sind folgende:

- „Wie haben Sie das AC-Verfahren erlebt?“
- „Was war in dem AC gut, was schlecht, was sollten wir ändern?“
- „Wo sehen Sie persönliche Stärken und Schwächen?“
- „Wie zufrieden sind Sie mit Ihrer Leistung?“
- „Wie beurteilen Sie Ihre Mitbewerber?“

Nach dieser Befragung gibt es normalerweise eine mehr oder minder ausführliche Einschätzung der Leistungen durch die Veranstalter und Beobachter des Assessments. In der Regel werden die Kandidaten freundlich gelobt. Kritik und Verbesserungsempfehlungen bekommen eigentlich nur Teilnehmer, die bereits zum Unternehmen gehören und sich um einen Aufstieg bemüht haben. Nur bei diesen lohnt sich die Mühe. Externe Bewerber dagegen, die im AC nicht so erfolgreich waren, werden immer mit allen guten Wünschen für die berufliche Zukunft auf Nimmerwiedersehen verabschiedet.

Anforderungen

Die Anforderungen für das Abschlussgespräch sind vergleichbar mit den im Kapitel „Das Interview" (S. 77) und den im Abschnitt „Worauf es beim AC wirklich ankommt" (S. 12) besprochenen: Persönlichkeit, Leistungsmotivation, Kompetenz. Eventuell fragt man Sie auch etwas konkreter nach Ihren Vorstellungen zu Gehalt und Arbeitsbedingungen (Ort, Zeit, Aufgabenschwerpunkt). Aber machen Sie sich keine falschen Hoffnungen – noch ist nichts entschieden.

Falls Ihr Gegenüber mehr spricht als zuhört und Sie kaum zum Zuge kommen, brauchen Sie sich nicht zu wundern. Manchmal nutzen die Unternehmen das Abschlussgespräch zur Imagepflege.

Der Test geht weiter – Bewältigungsstrategien

Spielen Sie Ihre Rolle weiter

Halten Sie durch und spielen Sie Ihre Rolle weiter – so lautet die Devise für das Abschlussgespräch. Selbst eine noch so joviale Aufforderung (nach dem Motto: „Jetzt, wo alles vorüber ist, können Sie offen sprechen, frei von der Leber weg kritisieren") ist mit Vorsicht genießen. Denn Sie sitzen weiter auf dem Präsentierteller und werden genauestens beobachtet. Dies ist nicht der Moment der Entspannung oder gar der Abrechnung.

Zeigen Sie sich weiter freundlich und aufmerksam. Natürlich müssen Sie sich angemessen selbstkritisch einschätzen und selbstverständlich die eine oder andere Übung loben – aber auch eine mehr oder minder kritische Bemerkung formulieren, damit man sieht, dass Sie auch das können.

Nicht lustig machen

Bei Fragen zu Ihren Mitbewerbern kommt es vor allem auf Ihr diplomatisches Geschick an. Natürlich bewundern Sie die guten Leistungen, die Eloquenz des einen oder anderen, und sollte sich jemand wirklich bis auf die Knochen blamiert haben, so ist dies der Moment, wohlwollendes persönliches Mitgefühl zu demonstrieren. Machen Sie sich bloß nicht lustig oder äußern Sie sich nicht verächtlich über Ihre Mitstreiter, selbst wenn Sie dazu aufgefordert werden.

Weitere Hinweise zu Bewältigungsstrategien entnehmen Sie unseren Empfehlungen zum AC-Interview (s. S. 79).

Tipp!

Die wichtigsten Tipps

- Bleiben Sie unter allen Umständen ruhig und gelassen. Sie können nicht wissen, ob Provokationen nicht zum Plan gehören.
- Halten Sie Ihre persönlichen Bewertungen eher knapp, allgemein und wohlwollend. Sie bewundern die offensichtlichen Leistungen anderer.
- Vermitteln Sie eine optimistische, freundlich-fröhliche Grundhaltung.
- Demonstrieren Sie die Bereitschaft, zuzuhören, Aufmerksamkeit und eine gute Portion Kritikfähigkeit. Falls man sich Ihnen gegenüber im Ton vergreift, weisen Sie freundlich darauf hin, schweigen dann aber.

- Seien Sie selbstkritisch, aber sagen Sie auch, was Ihnen Ihrer Meinung nach gut gelungen ist. Stichwort: Ausgewogenheit!
- Bedanken Sie sich für die vielen Anregungen, über die Sie noch nachdenken werden und würdigen Sie den Aufwand Ihrer Gesprächspartner.

Auf den Punkt gebracht
Ob krönender Abschluss oder nicht – behalten Sie im Abschlussgespräch auf jeden Fall die Nerven, lassen Sie sich zu nichts hinreißen. Ihre persönlichen Stellungnahmen zum AC sind ausgewogen und in einem optimistischen Grundtenor gehalten. Für viele Ihrer Mitbewerber hegen Sie Bewunderung.

Small Talk

Immer wieder unterschätzt in seiner Wichtigkeit!

Zum vermeintlich harmlosen Small Talk gibt es beim Assessment Center viele Gelegenheiten, ob beim Mittagessen in der Kantine oder abends beim Gläschen Wein. Vorsicht: Lassen Sie sich nicht aufs Glatteis führen!

Erlebnisbericht: Horsd'oeuvre

Zum Horsd´oeuvre serviert der Kellner in einem Nobelrestaurant Froschschenkel in Weinsoße. Der Personalchef lehnt sich entspannt zurück, lockert die Krawatte, hebt sein Glas Pinot blanc und wünscht guten Appetit. Der ihm gegenübersitzende Bewerber als Juniormanager in einem Münchner Großbetrieb glaubt, alle Einstellungshürden genommen zu haben.

Zwei Tage lang beantwortete er geduldig jede Frage zu seinem Privatleben, referierte ausführlich über sein Betriebswirtschaftsstudium, kreuzte die Vorgaben in einem „Biografischen Fragebogen" an, löste die Aufgaben des „Intelligenz-Struktur-Tests", wählte aus 48 Fotos von Geisteskranken und abnormen Persönlichkeiten die ihm sympathischsten aus (Szondi-Test) und behauptete sich in Gruppendiskussionen mit anderen Bewerbern. Zu guter Letzt wird er zum Essen eingeladen. Der Personalchef nippt noch einmal an seinem Weinglas, räuspert sich und fragt für jedermann im Lokal gut vernehmbar: „Sagen Sie, onanieren Sie eigentlich noch?" Der Bewerber ist verlegen, weiß nicht, was er antworten soll, und überlegt, was die Frage mit seinem zukünftigen Job zu tun hat. Er ahnt nicht, dass es von seiner Reaktion, seiner jetzt gezeigten Nervenstärke abhängt, ob er künftig ins Büro oder ins Arbeitsamt geht.

Beschreibung

Kommunikation und gutes Benehmen

Sie werden zum Essen eingeladen, zu einem vornehm feinen Dinner in gehobener Atmosphäre. Nett, denken Sie. Die lassen sich das Ganze ja richtig was kosten. Aber Ihre Dankbarkeit wird sich in Grenzen halten. Denn auch bei einer solchen Einladung – ob nun ganz edel oder nur in der Kantine – stehen Sie nach wie vor auf dem Prüfstand. Bisweilen werden die Kandidaten sogar explizit aufgefordert, sich mit den

Beobachtern am Essenstisch zusammenzusetzen. Und wenn angeblich alles vorüber ist und man noch schnell auf ein Glas Bier oder Wein zusammenkommt und aufgefordert wird: „Nun mal ganz unter uns, wie fanden Sie es denn wirklich?", dann drängt sich der Gedanke auf, ein AC scheine niemals zu enden und das ganze Leben sei ein Test.

Sie bleiben unter Beobachtung!

In Pausen, auch auf der gemeinsamen Fahrt in das wunderschön gelegene Ausbildungszentrum – was immer Sie zwischen erstem und letztem Kontakt während der AC-Veranstaltung tun, sagen etc.: Es fließt wahrscheinlich in die Gesamtbeurteilung Ihrer Leistung ein. Selbst wenn Sie scheinbar „unter sich" mit den anderen AC-Kandidaten sind, behalten Sie stets die Selbstkontrolle.

Anforderungen

Knigge lässt grüßen

Auch oder gerade in Situationen, in denen man Sie nicht befragt – wie eben bei einem solchen gemeinsamen Essen –, stehen Sie unter Beobachtung. Geprüft werden vor allem Ihre soziale Kompetenz und Ihr allgemeines Kommunikationsvermögen. Deshalb wird sehr genau darauf geachtet, wie Sie sich in einer scheinbar ungezwungenen Runde verhalten. Wie ist Ihr gesellschaftliches Auftreten und was verraten Sie in gemütlicher Atmosphäre nach einigen Gläschen Wein? Wie klingt Ihr privater Erzählstoff? Nur „Ha-Ho-He ... Hertha BSC" oder Ihre Erlebnisse bei Wattwanderungen?

Wie gehen Sie mit Speisekarte, Messer, Gabel und Kellnern um? Entpuppen Sie sich als schwieriger Veganer, oder stopfen Sie Ihr Pfeifchen, nachdem Sie als Vorspeise ein Bauernomelett weggeputzt haben? Was machen Sie mit dem Rotweinfleck, den Sie versehentlich beim Einschenken eines Glases verursacht haben?

Ziehen Sie sich zum Abendessen um, präsentieren Sie sich jetzt im Freizeitlook (Leder, Kaschmir oder Jeans?), oder transportiert Ihre Kleidung die Transpirationen angestrengter AC-Arbeitsstunden?

Das 1x1 des guten Benehmens – Bewältigungsstrategien

Stichwort: Etikette

Sind Sie in Benimmfragen unsicher, empfehlen wir Ihnen die Lektüre eines modernen *Knigge*. Ansonsten sind Sie ja vorbereitet auf Fragen zu Ihren Hobbys, Lieblingsbüchern, -filmen usw. An angemessenen Konversationsthemen wird es Ihnen hoffentlich nicht fehlen. Lesen Sie vor der Veranstaltung intensiv Zeitungen und Magazine, um genügend Gesprächsstoff zu haben. Aber denken Sie daran: Es geht nicht darum, um jeden Preis im Mittelpunkt zu stehen und die anderen mit einer Informationsflut zu überschwemmen oder gar zu missionieren. Genauso wichtig ist es natürlich, den anderen aufmerksam zuzuhören.

Tipp!

Die fünf wichtigsten Tipps

- Unterschätzen Sie nicht die kleinen Gesten.
- Mit Höflichkeit kommen Sie im Zweifel immer weiter.
- Guter Small Talk ist eine Kunst, in der man sich üben sollte. Sie ist in der Lage, die wichtigsten Türen zu öffnen und direkt ins Herz zu dringen (s. S. 126).
- Achten Sie auf Körpersprache, Ihre eigene und die Ihres Gegenübers. So erfahren Sie mehr über sich und andere.
- „Wie Du kommst gegangen, so wirst Du auch empfangen", sagt das alte deutsche Sprichwort. Richtig!

Auf den Punkt gebracht

Auch hier kommt es wieder auf die Vorbereitung an: Wenn Sie unsicher sind, welche Gabel für welches Gericht die richtige ist, dann informieren Sie sich vorher in entsprechenden Ratgebern. Haben Sie ein paar Themen parat, über die es sich angenehm und gepflegt am Tische plaudern lässt? Dann klappt's auch mit Small Talk, *Knigge* & Co.

Assessment Center: Sonderformen

Telefoninterview vorab oder: wenn das Telefon zweimal klingelt

Immer häufiger werden interessante Bewerber vor ihrer Einladung zu einem ersten Kennenlerngespräch (oder vor der Teilnahme an einem AC-Auswahlverfahren) angerufen, um bereits vorab telefonisch ausführlichst befragt zu werden (s. a. Erlebnisbericht S. 137). Vornehmer klingt natürlich der Ausdruck Interview! Zwischen 20 und 60 Minuten Zeit nehmen sich Personaler, um einen guten Selbstdarsteller auf dem Papier (Bewerbungsunterlagen) oder im Online-Verfahren eingehender zu prüfen (Auch das „Skypen" ist mittlerweile im Vormarsch!).

Unternehmen versuchen in dieser ersten *fernmündlichen* Begegnung zu testen, wie der geeignet erscheinende Kandidat klingt, sich anhört, wie der Erstkontakt insgesamt wirkt, ob der Kandidat wach und kommunikativ ist oder eben nicht, um dann zu ermessen, ob sich eine Einladung, seine Anreise (und damit das Investment an Zeit und Geld) wirklich auch lohnt. Genau wissen und absolut richtig beurteilen kann man es auf diese Weise sicher nicht, und so besteht nur etwa jeder dritte Angerufene den telefonischen Vorab-Test.

Wie hören Sie sich an?

Ob nun ein Vorab-Telefonat oder ein vorgeschalteter Online-Test (ja, den gibt es auch!) die erste Hürde darstellen, die es für den Bewerber zu nehmen gilt – beide sind von Zuhause aus (mehr oder weniger bequem) abzuarbeiten. Immer wieder steht im Hintergrund die Maximierung der Trefferquote, die Minimierung der Kosten für die Auswählenden.

Wobei der Eindruck, der hinterlassen wird, durchaus wechselseitig ist. Nicht jeder Anrufer im Auftrag des Unternehmens und der Personalabteilung ist selber ein perfekter English-Speaker mit optimalen Durchblick darüber, was sein Unternehmen bereit ist zu tun, um das vermeintliche High Potential, den Angerufenen, an sich zu binden. Und so passiert es nicht ganz selten, dass auch der Angerufene zum Entschluss gelangt, es sei für ihn wohl besser, hier in diesem frühen Stadium einen Schlussstrich zu setzen, als sich weiter dem drögen Ausfrage-Auswahlverfahren zu stellen.

Übrigens: Seriöse Unternehmen kündigen ihren Anruf vorher an. Dennoch passiert es nicht selten, dass ein Bewerber per Telefon gezielt überrascht werden soll. Manchmal ist allein schon die Uhrzeit (sehr früh am Wochenende oder sehr spät abends) eine Art „Provokationstest". Hier heißt es zunächst einmal, starke Nerven zu bewahren und gelassen zu reagieren. Mit Vorwürfen und kritischen Anmerkungen schießt man sich als Kandidat ebenso schnell ab, wie es eigentlich auch das Unternehmen tut, das zu unpassender Stunde und ohne Ankündigung telefonisch in die Privatsphäre einbricht.

Weichensteller für den Erfolg auf beiden Seiten ist übrigens die gute Vorbereitung auf das Interview. Was sollte man als Hochschulabsolvent und Bewerber dafür tun?

Zunächst einmal: Sie müssen wissen, dass so ein Telefonat sehr wahrscheinlich auf Sie zukommen kann. Ergo: Wer geht (bei Ihnen sonst noch) ans Telefon, wenn es klingelt, und wie meldet man sich? Instruieren Sie Ihre Mitbewohner und sorgen Sie für einen gut funktionierenden Anrufbeantworter (Runter mit den coolen Sprüchen, jetzt soll`s seriös klingen!). Dafür ist auch es unbedingt notwendig, die entsprechenden Materialen griffbereit zu haben (Stichwort Organisation: Stift und Papier, aber auch Ihre Bewerbungsunterlagen). Sollten Sie nicht zuhause sein und eine andere Person Ihres Haushalts den Anruf entgegennehmen, so sollten diese höflich nachfragen, wer der Anrufer sei, und sich Namen und Rückrufnummer ebenso wie den günstigsten Rückruf-Zeitpunkt notieren. Ob es ratsam ist, Auskunft zu geben, wo der hoffnungsvolle Kandidat (Sie!) gerade ist, möge gut überlegt d. h. besser vorab abgesprochen werden!

Nerven behalten!

Und auch *Sie* als direkt Betroffener müssen nicht nur Ihre Bewerbungsunterlagen in Griffnähe, sondern sollten auch eine so überzeugend klingende Ausrede parat haben wie: *Vielen Dank! Ich habe gerade Besuch, den ich nur noch verabschieden möchte (oder einen Topf auf dem Feuer, der...); darf ich mich gleich in 5 / in 10 Minuten bei Ihnen wieder melden? Wie ist Ihre Durchwahl?*

Ihr Gewinn: Eine kleine Zeitspanne, die helfen kann, Ihre Gedanken (und Unterlagen!) nochmals zu ordnen. Der große Versuch einer Gesamtordnung und eines angemessenen Vortrags ist aber besser in der Vorbereitungsphase getan. Sie sollten in der Lage sein, Ihren Werdegang (nicht nur in deutscher sondern auch in den Sprachen, die Sie angegeben haben, gut zu sprechen) bestens verbal vermitteln können.

Auch Standardfragen nach Motivation, Misserfolgen – wie eben auch Erfolgen – sind absehbar und müssen von Ihnen am Telefon mühelos und überzeugend beantwortet werden können (notfalls auch auf Portugiesisch, falls Sie es angegeben haben!). Die wichtigsten Fragen haben wir für Sie ab Seite 201 vorbereitet.

Natürlich hat diese Kommunikation schon sehr viel von einem Vorstellungsgespräch und gerade deswegen liegt Ihr Gewinn in der sorgfältigen Vorbereitung!

Übrigens werden solche Telefonate nicht selten sogar delegiert und ein Callcenteragent bemüht sich, den vor ihm liegenden Gesprächsanweisungen gerecht zu werden. Haben Sie Mitleid ... zeigen Sie sich geduldig und nachsichtig!

Online-Vorauswahl-Testverfahren

Keinesfalls außergewöhnlich, wenn man Sie heute erst einmal zu einem Besuch im Internet (aber nicht im Cafe) auf der Homepage XYZ einlädt. Auch hier sind die (minimalen) Einladungskosten mit ein Grund, warum man Ihnen erst eine Test-Batterie zumutet, bevor man überlegt, ob Ihre Test-(Werte)-Ergebnisse immer noch so sind, dass man Sie unbedingt näher kennenlernen möchte. Auf Seite 98 haben wir Ihnen schon eine Übersicht über die gängigen Testverfahren gegeben und der Erlebnisbericht auf Seite 138 schildert, wie so etwas ablaufen kann ...

Ohne ein gewisses Einübungsprogramm könnte Ihre Leistungsfähigkeit in der Lösung von Zahlenreihen oder Konzentrationsrechenaufgaben vielleicht doch nur durchschnittlich ausfallen. Und wer möchte das schon? Gehen Sie besser auf Nummer sicher, üben kann nicht schaden, im Gegenteil, es soll jede Menge Leute geben, die solche Testaufgaben (Gehirnjogging) lieber bearbeiten als Kreuzworträtzel oder Sudoku.

Angefangen von harmlosen Allgemeinwissensfragen (Welche Partei/en stellt/en aktuell die Regierung in Deutschland, im Bundesland XYZ ...) über schon recht kniffllige Fachfragen (Medizin: Wie lange ist die Inkubationszeit von Masern), alles kann abgefragt werden und wenn Sie nicht sicher wissen, welcher Baustil vor welchem dran war (*Gotik, Rokoko, Barock, Romanik, Jugendstiel*), es ist nie zu spät, sich das scheinbar notwendige Allgemeinwissen für solcherlei Momente einfach schnell anzueignen (Haben Sie wenigstens den Rechtschreibfehler bemerkt? Stillos! Ja, aber auch das könnte abverlangt werden). Wenn Ihnen jetzt *angst und bange* wird, keine Sorge, eine Kurzzeit-Testtraining hilft für diese Fälle (Lösung: *Romanik, Gotik, Barock, Rokoko* ist die zeitlich richtige Abfolge und übrigens: Jugendstil ist kein Baustil! Und: Masern, Inkubationszeit, die Zeit von der Ansteckung bis zum Ausbruch: etwa 8–14 Tage).

Allgemeinbildung

Am wichtigsten: Sie haben sich wenigstens schon mal mit den typischen Aufgabenformen vertraut gemacht, denn nicht immer versteht der ahnungslose Akademiker, was ihm da eigentlich abverlangt wird.

Sicher, Konzentration und Gedächtnisleistung – nicht selten bei diesen Online-Testverfahren überprüft – lassen sich nicht besonders schnell verbessern, aber selbst eine nur kurze Auseinandersetzung hilft, sich mit diesem Testtypus besser, sprich erfolgversprechender, zu arrangieren.

Einzel-Assessment Center

Bei einem Einzel-Assessment Center werden mit nur einem Teilnehmer die wichtigsten Aufgaben wie Vorstellung, Präsentation, Rollenspiel, Postkorb und schriftliche Tests durchgeführt (Kandidatenbericht siehe nächster Punkt). Bei diesem Verfahren geht der für das AC charakteristische Vergleichseffekt verloren. Die Assessoren können nicht mehrere Kandidaten beim Lösen von Aufgaben beobachten, wie es beim normalen AC intendiert ist. Wegen des hohen Organisations- und Kostenaufwandes wird diese Methode daher eher für die unternehmensinterne Auswahl höhergestellter Führungskräfte angewandt. Sie als Hochschulabsolvent werden dementsprechend eher selten mit dieser Form konfrontiert.

Online-Assessment

Erlebnisbericht: „Karrierejagd" von Cyquest

Nach erfolgreichen neun Semestern Betriebswirtschaft habe ich zunächst anderthalb Jahre im Bereich Marketing für ein mittelständisches Unternehmen in meinem Heimatort gearbeitet. Mein Ziel – Marketingprojekte bei einem größeren Konzern zu realisieren – hatte ich jedoch stets im Hinterkopf und habe deshalb regelmäßig die Stellenanzeigen der größeren Tageszeitungen nach interessanten Angeboten durchsucht. Irgendwann stand

Jäger oder Gejagter?

dann im Wirtschaftsteil meiner Zeitung ein Bericht über ein neues virtuelles Auswahlverfahren, die „Karrierejagd" von Cyquest. Karrierechancen im Internet finden – ein interessanter Weg, der mich neugierig machte. Noch am selben Abend nahm ich die Herausforderung an.

Auf der Startseite werden zunächst die Kooperationspartner der „Karrierejagd", beispielsweise Allianz, Deutsche Post und Lufthansa Technik, genannt. Generell gibt es zwei verschiedene Versionen dieses Auswahlverfahrens: einmal für Studenten, Absolventen, Berufstätige (diese habe ich ausgewählt) und einmal für Schüler, Azubis, Schulabgänger. Diese Aufteilung ergibt u. a. deshalb Sinn, da auf erfolgreiche Karrierejäger neben potenziellen Festanstellungen auch Praktika, Ausbildungsplätze, Abschlussarbeiten und diverse Preise, z. B. Bücher, warten.

Bevor es nun richtig losging, mussten erst noch zwei wichtige Punkte abgearbeitet werden: Zunächst einmal galt es, ein eigenes Profil mit Namen, Passwort, E-Mail-Adresse anzulegen; somit konnte ich dann jederzeit den Test unterbrechen bzw. wieder aufnehmen. Außerdem hatte ich noch die umfangreichen Datenschutzbestimmungen zu lesen und die hierfür notwendigen Einwilligungen zu geben. Dieser Aufwand war berechtigt, denn während der „Karrierejagd" wurden nicht nur Problemlösefähigkeiten, soziale Kompetenzen, Aktivitätspotenziale, sondern auch soziodemografische Daten sowie Informationen zu meinem Mediennutzungs- und Konsumverhalten gesammelt. Laut Eigenaussage von Cyquest werden diese Daten nicht nur zur effizienten Personalvermittlung, sondern auch für gezielte Produktwerbung genutzt.

Wie auch immer, die Frage, was mich wohl als Nächstes erwarten würde, konnte mit „Ned" beantwortet werden. Mein von jetzt an ständiger Begleiter, der positiv verrückte Alien Ned, passte hierbei perfekt zum futuristischen Zeichentrickfilm-Ambiente des Auswahlverfahrens. Im weiteren Verlauf lernte ich dann auch noch Neds Freunde kennen, beispielsweise die Lifestyle-Wissenschaftlerin Nelli oder den Netzmechaniker Netto – alle zusammen eine bunte Mischung an liebevoll-seltsamen Zeitgenossen.

Sind wir Helden?

Nachdem Ned und ich uns bekannt gemacht hatten, begleitete ich ihn mit einigen Mausklicks auf dem Weg zum sogenannten Helden-Quiz. Dies und die zwischendurch gestellten Fragen zum Geburtsdatum und Studiengang stellten keine große technische Herausforderung dar. Beim Quiz angekommen, trafen wir den überdrehten Moderator FastMax. Auf einer Sechser-Skala von „trifft voll zu" bis „trifft gar nicht zu" waren nun Fragen im Stil von „Wenn ich das Gefühl habe, dass etwas nicht stimmt, spreche ich das geradeheraus an, auch wenn ich mich damit unbeliebt mache" zu beantworten, ein klarer Psychotest.

Zwischen den Befragungen plauderten die computergenerierten Mitspieler stets sehr locker, unkonventionell vor sich hin bzw. sprachen mich auch direkt an. Leider waren das manchmal wirklich sehr lange Texte, die mit ihrem merkwürdig schrägen Humor bestimmt nicht jedermanns Geschmack treffen. Jedoch, und dies merkte ich erst später, die hier verbreiteten Informationen sollten bei bestimmten Aufgaben noch einmal sehr wichtig werden.

Doch auf ging´s zur nächsten Station: Jetzt musste die empfohlene Bewerbungsform der Deutschen Post benannt werden. Hierzu wurde zur besseren Recherche auch gleich der passende Internet-Link angegeben. Nach dieser Übung waren dann Fragen zum Wunsch-

arbeitsplatz dran. Es folgte eine Frage zum Bindungsprogramm der Lufthansa Technik, wieder inklusive eines passenden Internet-Links. Nach Absolvierung dieser Aufgabe wurde man mit Fragen zum Umgang innerhalb bestimmter Teamstrukturen konfrontiert. Im weiteren Verlauf der „Karrierejagd" folgten nun im Wechsel die schon bekannten Recherche-Fragen, Abfragen von Bewerber-Informationen, Fragen zur Teamarbeit sowie die humorvoll seltsamen Unterhaltungen mit den virtuellen Teilnehmern.

Kurz bevor es fast schon langweilig wurde, gab es eine neue Aufgabenstellung: Ned und seine Freunde wollten ihre Reise zum Nordpol vorbereiten und ich sollte nun die unterschiedlichen Aufgaben, z. B. Müll wegräumen oder im Freibad anrufen, bestmöglich unter den Mitspielern und mir aufteilen. Spätestens an dieser Stelle zeigte sich die Bedeutung des aufmerksamen Lesens der ständigen Unterhaltungen. Eine fundierte Einschätzung zu den Stärken und Schwächen der Reisegruppe hätte ich, ohne die Texte zuvor aufmerksam gelesen zu haben, nicht vornehmen können.

Das ganze Leben ist ein Quiz …

Ehe es nun zurück zur Quizshow ging, sollte ich zunächst noch einmal schnell einen Teamleiter für die Reisegruppe bestimmen. Bei FastMax angekommen, schlüpfte ich dann in die Rolle eines Geschäftsführers, der unter verschiedenen Anbietern einen neuen Auftrag auszuwählen hatte. Eine etwas komplizierte Entscheidung, da hierfür stets eine ganze Reihe von Faktoren, u. a. die langfristige Firmenstrategie, eine Rolle spielen. Als Nächstes standen dann recht einfache Wissens- und Logikfragen auf dem Plan, die zusätzlich unter realem Zeitdruck zu bewältigen waren. Umrahmt von weiteren Teammanagement-Fragen folgte eine recht knifflige Postkorbübung (Dauer: 15 Minuten), bei der ich die Rolle des Studenten Hanno Hasko zu übernehmen hatte. Auf Basis seiner letzten Maileingänge sowie unter Berücksichtigung der zeitlichen Vorgaben galt es, eine kluge Auswahl zu treffen: Termin absagen, Termin übernehmen, Termin bzw. Aufgabe weiterleiten.

… und wir sind nur die Kandidaten

Nach Bewältigung dieses Abschnitts steuerte die Rahmenhandlung der ca. 60 Minuten dauernden „Karrierejagd" auch endlich ihrem Ende zu, und ich hatte dann umgehend die Möglichkeit, meine Testergebnisse anzuschauen. Zur Auswertung werden laut Cyquest unterschiedliche Soft-Skill-Erhebungsinstrumente sowie diverse psychometrische Verfahren herangezogen, um im Resultat entsprechende Aussagen zur Problemlösefähigkeit, dem Aktivitätspotenzial und der sozialen Kompetenz des Bewerbers vornehmen zu können. Diese kompliziert klingenden Aspekte konnte ich jedoch gut in der verständlichen Auswertungsdatei durcharbeiten, da meine Ergebnisse stets in Relation zu den Mittelwerten der Vergleichsgruppe angezeigt wurden. Im Detail waren meine Werte in der Mehrheit leicht überdurchschnittlich und nur ganz selten unter dem Durchschnitt.

Mein Fazit: Bei der „Karrierejagd" verbirgt sich unter einer verspielt-humorvollen Oberfläche ein umfangreiches Auswahlverfahren, das aus unterschiedlich schwierigen Aufgaben besteht. Generell sehr einfach ist hierbei die Steuerung, wobei man auch stets freundlich auf mögliche Bedienfehler hingewiesen wird. Die virtuellen Mitspieler, Ned und seine Freunde, vermitteln durchaus Interaktivität, geben individuelle Rückmeldungen, treffen aber mit ihrer skurrilen Art nicht unbedingt jedermanns Humor. Nun, für mich war es okay, auch wenn ich über diesen neuen, virtuellen Weg leider nie ein Jobangebot erhielt. Jedoch, kürzlich habe ich durch den Kontakt zu einem früheren Arbeitskollegen eine sehr interessante Stelle in einem international agierenden Unternehmen gefunden. Manchmal kommt man auch ohne Jagd zum Ziel.

Beschreibung

Web 2.0

Im Zeitalter elektronischer Medien spielt auch das Internet eine große Rolle bei der Personalauswahl. Nicht nur Jobbörsen und -vermittlungen oder Web-2.0-Communities wie *Xing* sind wichtig, vor allem bei einigen Großunternehmen gibt es auch sogenannte Online-Assessments.

Die Firmen versuchen dadurch, die Bewerberflut zu bewältigen. Sie lassen Kandidaten durch Rekrutierungsspiele und Online-Assessments surfen, um so mögliche High Potentials schnell zu identifizieren oder altdeutsch: die Spreu vom Weizen zu trennen.

Die neu entwickelten Online-Assessment-Center setzen darauf, jederzeit und an vielen Orten gleichzeitig eine Durchführung und vollautomatische Auswertung zu ermöglichen. Dabei geht es häufig um die Erfassung von

- verbalen Fähigkeiten
- numerischen Fähigkeiten
- diagrammatischen Fähigkeiten
- mechanisch-physikalischen Fähigkeiten

Des Weiteren absolviert man Wissens- und Persönlichkeitstests. Damit sollen Bildungsniveau und wesentliche Charaktermerkmale der Online-Bewerber erfasst werden, z. B.:

- Eigenschaften
- Interessen
- Motive und Motivation
- Verhaltenstendenzen
- Präferenzen beim Arbeitsumfeld
- bevorzugte Vorgehensweisen und Führungseigenschaften

Anforderungen

Drei typische Konstruktionsprinzipien liegen einem Online-AC zugrunde:

Normative Testverfahren

Kann man Persönlichkeit wirklich messen?

Bei normativen Testverfahren wird durch eine gezielte Abfrage ermittelt, wie sich die untersuchten Kandidaten im Vergleich zu einer oder mehreren Referenzgruppen sehen. Da sich die Ausprägung von Merkmalen zwischen Geschlechts-, Alters-, Ausbildungs-, Berufs- und Bevölkerungsgruppen unterscheidet, kann man so die AC-Kandidaten einer Gruppe zuordnen. Daraus abgeleitete Typisierungen ermöglichen die Bildung von Merkmalen für ganz bestimmte Personengruppen und erlauben eine interindividuelle Vergleichbarkeit der Messwerte.

Bekannte Tests dieser Verfahrensart sind z. B. das *Bochumer Persönlichkeitsinventar (BIP)*, der *16PF*, der *OPQ32-Test* und viele weitere. Die Mehrzahl der Persönlichkeitstests gehört in diese Gruppe. Sie finden zu den eingesetzten Tests sowohl in diesem Buch (s. S. 98) als auch über das Internet weitere Informationen.

Ipsative Testverfahren
Die ipsativen Testverfahren ermitteln im Gegensatz zu den normativen, welche Verhaltensweisen und / oder Fähigkeiten in bestimmten Situationen von den Kandidaten in der Vergangenheit immer wieder erfolgreich angewendet wurden. Dabei wird unterstellt, dass dieses Verhalten bevorzugt eingesetzt und so zum individuellen Verhaltensmuster (bei vergleichbaren Situationen) wird. Über ein Anforderungsprofil können nun gewünschte und vorhandene Verhaltensmuster verglichen werden.

Das ermöglicht einen intraindividuellen Vergleich von Eigenschaftsausprägungen (im Sinne: „Eigenschaft / Verhaltenstendenz A ist bei dem Kandidaten X stärker vorhanden als Verhaltenstendenz B"). Bekannte Vertreter dieser Verfahren sind z. B. *Thomas International, DISC, Harrison Assessments.*

Kriterienorientierte Testverfahren
Bei kriterienorientierten Testverfahren soll durch die Befragung ermittelt werden, ob und wie stark ein bestimmtes Merkmal, eine Eigenschaft oder ein Verhalten ausgeprägt ist. Dabei werden jedoch weder interindividuelle Vergleiche angestellt noch wird untersucht, ob dieses Verhalten intraindividuell ein klassisches Verhaltensmuster darstellt. Letztlich ist dieses Verfahren eine Mischung aus dem ipsativen und dem normativen Ansatz. Bekannte Vertreter sind der *CAPtain-Test* sowie *Alpha-Plus.*

Warum gibt es E-Recruiting?

Hauptargumente für den gezielten Einsatz von E-Recruiting-Tools sind die angebliche Kostenreduktion und Effizienz. Mehrsprachigkeit und leicht zu interpretierende Ergebnisse, die Entkopplung von Eingabe- und Ausgabesprache sind weitere Argumente. Die Testverfahren können quasi in allen Ländern und Sprachen zum Einsatz kommen.

Ist digital besser?

Auch das damit angestrebte innovative Image überzeugt immer mehr Unternehmen von diesem Auswahlverfahren.

Einige Personaler halten ihre Onlinetests für genauso effektiv wie einen klassischen Paper-and-Pencil-Test, der mit Bewerbern vor Ort durchgeführt werden müsste. Die Kosten- und Zeitersparnis und die Beschleunigung des Recruitment-Prozesses für beide Seiten werden gelobt. So erhalten Bewerber ihr Feedback direkt am PC und müssen nicht mehr persönlich erscheinen.

Kritik – Bewältigungsstrategien

Schwachstellen des Online-Assessments

Das Online-AC verspricht in unseren Augen mehr, als es hält, und exponiert sich damit noch stärker als sein realer großer Bruder. Die Kosten eines intelligenten Online-AC-Spiels dürften erheblich sein. Billige, simpel gestrickte Spielszenen und leicht durchschaubare Abfragen und Spielaufgaben sind dagegen noch weniger in der Lage, komplexes Sozialverhalten der Teilnehmer abzubilden.

Auch die Identifizierung der mitspielenden Bewerbungskandidaten und die Bedingungskontrolle sind nicht gewährleistet. So lässt sich nicht kontrollieren, ob der Bewerber auch wirklich derjenige ist, der das virtuelle AC bearbeitet hat. Zum anderen wird man nicht sicherstellen können, dass alle Bewerber den Test unter gleichen Bedingungen absolvieren konnten. Gewiefte Kandidaten machen sich vorher schlau und üben sich ein, um dann zu glänzen …

Zocker und Gamer sind im Vorteil

Zudem ist die Gewöhnung der Teilnehmer bei interaktiven Spielen ein Aspekt, der das Ergebnis beeinflussen kann. Ebenso der geübte Umgang mit Computern. So wird es Kandidaten geben, die durch ihre technischen Kompetenzen und Fähigkeiten leicht in der Lage sind, ein Online-AC zu „überlisten“, und somit auf der Liste der Bewerber deutlich weiter oben landen werden. Technisch ungeübte oder unbegabte Bewerber könnten schlecht abschneiden oder entnervt vorzeitig aussteigen, obwohl sie eigentlich sehr gut für den Job geeignet sind.

Interessant ist dabei die Frage, wie Männer und Frauen im Vergleich mit diesen Online-Assessments klarkommen und abschneiden. Statistisch sind eher Männer im Umgang mit Computerspielen geübt, auch wenn heutzutage zunehmend Frauen dieses Medium zur Unterhaltung nutzen. Hierbei zeigt sich jedoch, dass Männer tendenziell mehr konfrontative „Sieger / Verlierer-Spiele“ oder Action Games nutzen, während Frauen eher sogenannte friedvoll-kreative Spiele, wie z. B. Denkspiele oder „Aufbau/Strategie“-Spiele, bevorzugen.

Nur scheinbar bieten internetbasierte AC-Systeme die Vorzüge standardisierter Personalbeurteilung bei zusätzlicher Steigerung der Effizienz. Dementsprechend folgen den Onlinetests, die als eine Art „Pre-Assessment“ dienen, meist mehrteilige Bewerberauswahlverfahren oder -interviews „face to face“. Die in einem Onlinetest ausgewählten Kandidaten lädt man dann also doch wieder lieber zum „richtigen“ Assessment Center und / oder weiteren persönlichen Gesprächen ein.

www.

Online-AC-Beispiele

- *www.recrutainment.de / uniquest / simulation.html*
- *www.eligo.de / html / 32perls.html*
- *www.alpha-test.de /*
- *www.cyquest.de /*

Die wichtigsten Tipps

Tipp!

- Auch ein Online-Assessment prüft die üblichen Merkmale und das übliche Wissen – nur mithilfe eines anderen Mediums.
- Trainieren Sie den Umgang mit elektronischen Medien und machen Sie mal ein Online-AC nur für sich „zum Test" bei einem Unternehmen, zu dem Sie garantiert nicht wollen.
- Die Elektronik ist auch nicht schlauer …

Erlebnisbericht: Davor, danach, dabei ...

Vorab Telefoninterview, persönliches Gespräch, PC Vortest und erst dann ab ins AC

Nach meinen Studium bewarb ich mich bei der Telecom in dem für mich entsprechenden Unternehmensteil. Daraufhin erhielt ich eine E-Mail und die Ankündigung eines telefonischen Interviews. Wenige Tage später klingelte dann auch mein Telefon. Ich wurde kurz gefragt, ob ich bereit wäre, das Gespräch in Englisch zu führen, und so blieb es dann auch in den nächsten 30 Minuten dabei. Ich glaube, die wichtigsten Fragen dieses Gesprächs waren zielten auf meine Motivation für die Studienwahl, dann auf den Auslandsaufenthalt und die Praktika (beides fand in Indien statt), auf die Bewerbung bei der T. und überhaupt, was mich bewegt, interessiert etc. Dabei kamen auch sehr spezifische Fachfragen zum Einsatz, die sich auf mein Thema der Abschlussarbeit bezogen. Am Ende des Telefonats der Hinweis, ich würde in den nächsten Tagen wieder angerufen werden.

So kam es dann auch und ich erhielt eine Einladung zu einem persönlichen Gespräch. Dieses fand etwa vier Wochen später statt und sollte wohl eine Art einstündiges erstes Vorstellungsgespräch sein (mir gegenüber saßen drei Gesprächspartner).

Wieder ging es um meinen Werdegang, meine Interessen; sogar zu Schule und Abitur inklusive Leistungskurse (das war schon etwas länger her ...) musste ich Auskunft geben. Da ich neben Deutsch und Englisch auch fließend Spanisch und Italienisch spreche (habe ich einem Elternteil zu verdanken), wollte man wissen, warum ich nicht Sprachen studiert hätte.

Warum ich in Indien anderthalb Jahre studiert hätte und nach welchem Gesichtspunkt ich meine Praktika ausgesucht hätte, wurde zwar höflich, aber nicht unkritisch mehrfach nachgefragt. Dann kamen Fragen zur Unternehmenskultur, die ich im Ausland kennengelernt hatte, was ich daran schätze und was nicht, wo es mir am besten gefallen hätte und plötzlich wurde ich aufgefordert, den Unternehmenszweig der T. vorzustellen, den Namen bekannter Mitarbeiter zu nennen und überhaupt zur Unternehmensphilosophie und zum Vorstand der T. zu erzählen.

Gut, dass ich mich ordentlich vorbereitet hatte.

Dann die überraschende Frage, welche Fortbildungen aus dem Unternehmensangebot mein Interesse wecken würden?

Und nochmals, warum ich unbedingt für dieses Unternehmen arbeiten wolle, was ich anzubieten habe und ob ich mich in Deutschland denn auf längere Sicht wirklich wohlfühlen würde ...

Dann bekam ich für etwa 20 Minuten frei – und im Anschluss ein etwa ebenso langes, freundliches Feedback durch meine Gesprächspartner der ersten Runde. Sie schienen zufrieden, lobten mich und meine Erfahrungen, kritisierten jedoch Momente, in denen ich allzu einsilbig geantwortet hatte, versprachen mir aber mit den Worten „Gratulation, Sie sind eine Runde weiter!" eine Einladung zu einem Auswahlverfahren.

Keine 14 Tage später hatte ich zuhause an meinem PC einen etwa dreistündigen Test zu überstehen (Stichwort HTS).

Zahlenreihen, räumliches Vorstellungsvermögen (Würfel & Co.), Wort-Bedeutungen und diese ganz typischen Intelligenztestaufgaben wie Analogien (alles Multiple-Choice und so wie im Hesse/Schrader Testtraining 2000plus beschreiben) waren hier zu bewältigen. Unter anderem auch ein zweiseitiger Text (für jede Seite hatte man 3,5 Minuten Lesezeit, dann wurde automatisch umgeblättert), der auch Grafiken beinhaltete. Nach dem Text folgten 20 Minuten mathematische Aufgaben (Grundrechenarten: Stift war erlaubt). Daraufhin folgten Fragen zu dem vorhergehenden Text: Es wurde detailliert nach der genauen Anordnung der Grafiken/Symbole gefragt, selbst die Anzahl der darin vorkommenden Leute, Namen und Stockwerke wurde abgefragt, also ein ziemlich harter Merkfähigkeitstest. Im Anschluss gab es dann noch recht simple IT- und BWL-Wissenstestfragen, die zu beantworten eigentlich keine große Mühe machten.

Etwa zwei Wochen später erhielt ich dann eine Einladung zum Assessment Center. Fahrtkosten und Hotelübernachtung wurden übernommen. Es begann bereits am Abend zuvor mit einem Abendessen. Wir vier Kandidaten (zwei BWLer und ein Geisteswissenschaftler, ein Kandidat aus dem Ausland mit sehr guten Deutschkenntnissen; mehr werden zu den AC nicht zugelassen) sowie ein aktueller Trainee und ein Mitarbeiter der T. saßen da und parlierten.

Es wurde viel über das Programm und die T. gesprochen und es war ehrlich gesagt mittelmäßig langweilig, weil alle Kandidaten Angst hatten, einen Fehler zu machen. Das Essen ging von 20 h bis 22:30 h.

Am nächsten Tag startete das AC um 9:00 h. Wir wurden von etwa 8 Personen begutachtet, äh beobachtet! Zwei Praktikanten, zwei Führungskräfte und der Rest Personaler. Es gab zwei Räume, der eine zur Vorbereitung, der andere als Präsentationsraum. Wir hatten Einzel- und Gruppenübungen zu absolvieren. Bei den Einzelübungen bereiteten sich jeweils nur zwei vor, die anderen nahmen vor der Tür Platz.

1. *Es ging los mit der Selbstpräsentation, wobei auf bestimmte Fragen eingegangen werden sollte (à la: „Wo will ich hin? Was war besonders? Wie bin ich?"), 5 Minuten Vorbereitung, 10 Minuten Präsentation.*

2. *Dann ein Einzelrollenspiel: Man sollte als Projektleiter einen Teammitarbeiter davon überzeugen, seinen Urlaub ausfallen zu lassen. Danach Mittagessen in der Kantine.*

3. *Gruppendisput: Jeder bekam die gleiche Fragestellung: „Sollten Schlafräume für Powernaps angrenzend an die Büros der T. installiert werden?" Man sollte Pro & Kontra-Positionen vorbereiten. Nach der Vorbereitung wurde man der Pro- oder Kontra-Gruppe zugeordnet und musste jeweils für 20 Sekunden den eigenen Standpunkt vertreten und auf die vorhergehenden Standpunkte eingehen. Es gab mehrere Durchläufe.*

4. *BWL-Case-Study, einzeln, 20 Minuten Vorbereitung, 20 Minuten Präsentation der Strategie vor dem „Vorstand". Inhalt: ein imaginärer Business-Fall, bei dem auf einer halben A4-Seite einige Zahlen betreffend einer Firma XY genannt wurden (z. B. Mitarbeiterzahl, Umsatz, Firmensitze, Absatzprodukte ...) Dann wurde vorgegeben, dass im Inland Einsparungen um X % angestrebt werden sollen und im Ausland ein Wachstum um Y %.*
   Weiterhin wurde erwähnt, dass in Osteuropa eine Firmenübernahme ins Auge gefasst wird, bei der X Arbeitsplätze übernommen würden, die Experten aber geteilter Meinung bezüglich des Übernahmerisikos seien ... Auch wurde von strukturellen Problemen im inländischen Teil des Unternehmens berichtet. Die Arbeitnehmer seien hochqualifiziert, aber in falschen Bereichen eingesetzt ... so etwa waren die Fakten und man sollte nun, ich glaube in ca. 20 Minuten, die Konzernstrategie ausarbeiten, die dann dem Vorstand präsentiert werden musste.

5. *Gleiche Übung, aber diesmal mit der ganzen Gruppe, 40 Minuten Vorbereitung, 20 Minuten Präsentation.*

Wir mussten daraufhin etwa drei Stunden ausharren und bekamen dann aber jeder ein sehr ausführliches, persönliches Feedback. Ich habe verstanden, dass wir alle vier genommen worden sind!

Kommentar: Der hier beschriebene Start, die nicht unwichtige Einstiegsphase in Form von telefonischem Erstinterview, erstem Auswahlgespräch und häuslichem Computertestauswahlverfahren kommt immer häufiger zum Einsatz. Wir tragen dem Rechnung im Buch im Kapitel „Sonderformen" (S. 129).

Management Audit

Wahrscheinlich wird dieses Auswahlverfahren Sie als Hochschulabsolventen erst einmal nicht treffen, denn es geht hier in 99 Prozent der Fälle um bereits im Unternehmen tätige Mitarbeiter. Wir wollen Ihnen dennoch einen kurzen Überblick geben, denn z. B. nach einem Trainee-Programm kommt ein Management Audit als Auswahlinstrument neuerdings gerne zum Einsatz.

Ähnlich wie beim Assessment Center gibt es nicht *das* Management Audit. In der Regel wird ein externes Beraterteam oder eine Consultingfirma mit der Durchführung von einem oder mehreren Audits beauftragt.

Das Herzstück ist dabei ein mehrstündiges Interview, das ein bis drei externe Gesprächspartner mit ausgewählten, einzelnen Mitarbeitern des Unternehmens durchführen. Das ist der größte Unterschied zum AC; auch werden Sie mit weniger Aufgabentypen konfrontiert.

Der Weg ins Management

Das mehr oder weniger standardisierte Gespräch bildet die Grundlage für die Leistungseinschätzung. Es kann unterschiedlich lang und strukturiert sein. Manchmal müssen die Kandidaten auch in zwei oder drei Interviews mit verschiedenen Interviewpartnern gehen. Dabei handelt es sich weniger um einen Dialog als um ein Frage-und-Antwort-Spiel.

Teilweise holt man auch ganz gezielt Feedbacks aus dem Umfeld des Kandidaten ein (Vorgesetzter, Kollegen, Mitarbeiter, Kunden), durch die ein noch genaueres Bild von der Gesamtpersönlichkeit des Prüflings entstehen soll.

Es können auch – wie beim AC – Präsentationen, Gruppendiskussionen, Unternehmensplanspiele, Case Studies, Rollenspiele, alle Arten von Tests (inklusive Postkorb) sowie ein Abschlussinterview und Feedbackgespräch zum Einsatz kommen. Als MA-Kandidat treten Sie aber nicht wie beim AC üblich in direkter Konkurrenz zusammen mit anderen auf und haben auch keine „vielköpfige" hauseigene Jury (Assessoren) vor sich, die Sie überzeugen müssen.

Selbstverständlich werden Ihnen auch beim Management Audit schauspielerische Fähigkeiten abverlangt. Diskussionsrunden und Rollenspiele (mit Ihren Prüfern!) bringen Sie in diese bizarre Situation. Dennoch: Die größere Herausforderung richtet sich hier an Ihre Kommunikationsleistung, Argumentationsstärke und Überzeugungskraft. Sympathie und Vertrauen spielen zusätzlich eine wichtige Rolle, stehen jedoch im Vergleich zum AC vielleicht etwas weniger im Vordergrund.

Für beide Verfahren gilt: Schauen Sie unter die Oberfläche und entdecken Sie, worauf es wirklich ankommt. Bereiten Sie sich gezielt vor und verdeutlichen Sie sich immer wieder, worum es in diesen Prüfungssituationen wirklich geht und was Sie Ihren Beurteilern – ob nun Assessoren oder externen Personalberatern – von sich vermitteln wollen.

Tipp!

Die wichtigsten Tipps

- Lassen Sie sich nicht verunsichern, wenn abweichend vom üblichen Schema geprüft wird.
- Übung macht den Meister: Vorbereitung ist Pflicht.

Assessment Center: Vorbereitung – jetzt erst recht!

Mentale Einstimmung

Jede Bewerbung – und darum geht es doch letztendlich bei Ihrem AC-Abenteuer – bedarf einer geistigen Einstimmung und Vorbereitung, die den Glauben festigt, das gesetzte Ziel zu erreichen.

Be prepared!

Nicht nur im Sport weiß man die mentale Vorbereitung zu schätzen, auch in der Medizin hat sie ihre Bedeutung. Mentales Training wird im Rahmen der sich verbreitenden Erkenntnisse über Zusammenhänge von Seele und Körper (Psychosomatik) gezielt eingesetzt, um Behandlungserfolge und damit Gesundungsprozesse abzusichern, ja bisweilen überhaupt erst zu ermöglichen.

Wie sieht es also mit Ihrer Einstellung aus? Ihre Einstellung zum Vorhaben „erfolgreiche Teilnahme am AC-Auswahlverfahren" und damit Ihre *Einstellung* zu Ihrer *Einstellung*. Bitte glauben Sie uns: Diese ist von grundlegender Bedeutung. Angenommen, ein Bewerber geht voller Zweifel darüber, ob er wirklich die angebotene Position haben möchte, zum AC. Ihn plagt Unsicherheit bezüglich seiner Kompetenz für die neuen Aufgaben, den neuen Wirkungskreis. Die Wahrscheinlichkeit, dass dieser Bewerber ein Jobangebot oder auch nur einen Traineevertrag bekommt, ist sehr gering. Denn: Seine nicht wirklich vorhandene Motivation und seine Erwartung eines Misserfolgs werden auf die eine oder andere Art im Laufe der verschiedenen AC-Übungen den Beobachtern unangenehm auffallen.

Einstellung ist alles!

Falsch wäre jetzt der Umkehrschluss, der Bewerber bekäme ein Angebot allein deshalb, weil er fest daran glaubt, der Richtige zu sein und die maximale Kompetenz mitzubringen. Womöglich erklärt unser Beispiel-Bewerber seinen Assessoren zu Anfang des Auswahlverfahrens, dass es keinen Zweifel daran geben könne, er sei der einzig richtige Kandidat. Ebenfalls ein sicherer Weg, sich alle Chancen auf einen Einstieg zu verbauen.

Und trotzdem: Sie als Bewerber müssen von sich, von Ihren Qualitäten und Qualifikationsmerkmalen überzeugt sein. Wer sonst, wenn nicht *Sie*?

Was aber ist es genau, wovon Sie überzeugt sind? Was ist denn Ihr USP (Ihre „unique selling proposition", Ihr Alleinstellungsmerkmal), wie stellen Sie sich dar? In welcher Rolle wollen Sie auftreten und überzeugen?

Ihr USP

Eine Bewerbung ist immer Überzeugungsarbeit. Wer überzeugen will, braucht Kraft – Überzeugungskraft. Diese schöpfen Sie primär aus sich selbst, aber auch aus Ihrer Umwelt. Glauben Ihre Mitmenschen an Sie, an Ihre Fähigkeiten, oder wird Ihnen vermittelt, Sie seien nicht genügend qualifiziert und daher ungeeignet? Ermitteln Sie die „Krafträuber", die nicht an Sie glauben und versuchen Sie, sich von diesen zu distanzieren. Überlegen Sie ferner, wer Sie bei Ihrem künftigen Vorhaben unterstützen und motivieren kann. Auf wen können Sie für die Gewinnung zusätzlicher „Überzeugungskraft" zurückgreifen?

Rollenbewusstsein

Früher hieß es *Klassenbewusstsein*, und möglicherweise können Sie mit diesem Begriff überhaupt nichts anfangen. Was Sie jedoch jetzt brauchen, ist eine klar umschriebene Rolle (in Ihrem Bewusstsein), in der Sie sich der AC-Jury präsentieren.

Was verkörpern Sie?

Schwierige Frage: Als was wollen Sie auftreten, wie wollen Sie rüberkommen? Als strahlender Held (jung Siegfried), als böser Zauberer (Rumpelstilzchen), als Frau Holle, der Froschkönig, das unschuldige aber doch auch kluge und sehr engagierte, verlässliche Schwesterchen aus Brüderlein und ... oder liegt Ihnen mehr die Rolle des Captain Kirk vom Raumschiff Enterprise?

Sehen Sie sich eher als freundlich begleitender Moderator, oder als forscher, weil schneller An- bzw. Aufgreifer, als reflektierender, bedächtiger Philosoph, als vorsichtiger, kostenbewusster Oberbuchhalter usw.?

Es lohnt sich, darüber nachzudenken und sich klar darüber zu werden (auch ein bisschen festzulegen), wie und in welcher Rolle Sie bei diesem Auswahlverfahren auftreten wollen – und vor allem wie die Beobachter Sie erleben sollen. Gedanken in dieser Richtung helfen Ihnen bei der Vorbereitung und beim Vermitteln eines hoffentlich positiven, nachhaltigen Eindrucks.

Und bitte glauben Sie uns: Wir haben hunderte von Kandidaten erfolgreich auf ein AC vorbereitet. Auf die Frage „Wie wollen Sie auftreten?" spiegelte sich in den Gesichtern immer allergrößtes Erstaunen: „Wie meinen Sie das?"

Nun, wenn Sie sich darauf verständigen, als Rambo aufzutreten, verhalten Sie sich doch sicher anders, als wenn Sie das nette, liebe Rotkäppchen geben möchten ... Sicher, beides sind keine Rollenempfehlungen für ein AC, jedoch darüber nachzudenken und sich zu überlegen, wie Sie Ihrem Publikum glaubwürdig versichern können, so und so und nicht anders zu sein, macht schon Sinn.

Hören wir da jemanden sagen, man solle sich doch aber besser ganz natürlich verhalten, so wie man wirklich auch sei ...?

Oh ja, diese (ziemlich dumme, weil unreflektierte) Interview-Antwort können Sie auch aus ansonsten kompetenten Mündern hören und als besondere Empfehlung immer wieder nachlesen.

Die Rollen Ihres Lebens

Verzeihung, aber wie sind *Sie* denn nun wirklich ... z. B. in Ihrer Badewanne zuhause, oder in einem Gespräch mit dem Vermieter einer Wohnung, die Sie und Ihre Freunde gerne als WG mieten möchten, oder wenn Sie in einer Verkehrskontrolle angehalten werden und man Sie fragt, ob Sie wissen, wie schnell Sie gefahren sind, Sie aber gerade zuvor ein kleines Bier getrunken haben. Oder am Grab Ihrer geliebten Großmutter, die jetzt mit 90 Jahren verstorben ist ... oder auf der Hochzeit Ihres Freundes, der eine bezaubernde Frau heiratet, die Ihnen leider damals, als Sie sie das erste Mal gesehen haben, einen Korb gegeben hat ...

JA, Sie sind immer Sie! Aber in einer Rolle und Sie verhalten sich der Situation entsprechend angemessen, manchmal auch angepasst – und so manches Mal vielleicht leider auch ungeschickt. Und genau deshalb lohnt es sich, darüber nachzudenken, wie Sie auftreten, wie Sie erlebt werden möchten.

Keine Idee? Anregung gefällig? Natürlich fast nur positive Rollenbilder ... nun, da gibt es den Macher, Veränderer, Bewirker, den Organisator, den Initiator, Entwickler, Erfinder, Ermutiger, Helfer, den Denker und Theoretiker, Hinterfrager, Kritiker, den Abwäger und Vorsichtigen, den Kontrolleur, Bewahrer etc. Denken Sie nach und finden Sie heraus, welche Rollen (es muss ja nicht nur eine sein!) für Sie infrage kommen, bestens zu Ihnen und der Aufgabe passen!

Schauen Sie für weitere Überlegungen auch in das Kapitel „Wie Sie Ihre Botschaften optimal vermitteln" auf Seite 148.

Beziehungsmanagement – sein Gegenüber für sich einnehmen

Trainieren Sie Ihre „Bezauberungspotenziale"!

Perfekt aufbereitete Bewerbungsunterlagen, sind das eine – das andere der persönliche Kontakt, von Angesicht zu Angesicht oder auch nur akustisch am Telefon. Erst in der persönlichen Begegnung wird sich herausstellen, ob die Chemie zwischen Ihnen und Ihrem Gegenüber stimmt, ob Sie einen sympathischen, motivierten Eindruck machen und so Ihrem Ziel ein bisschen näher kommen. Es geht uns jetzt noch einmal um Ihre Vorbereitung, um das Verständnis Ihrer mentalen Einstimmung auf Ihr Vorhaben, etwas einfacher ausgedrückt: es geht um Ihr Kontakt- und Kommunikationsverhalten.

Wir haben schon zu Anfang kurz vorgestellt, wie es Ihnen gelingen kann, andere Menschen für sich einzunehmen. Jetzt wenden wir uns den Möglichkeiten zu, die Sie haben, um in einer persönlichen Begegnung Ihr Bewerbungsvorhaben optimal voranzubringen.

Wie schafft man gute Beziehungen?

Was macht einen zwischenmenschlichen Kontakt „erfolgreich"? Wann fühlen Sie sich mit Ihrem Gegenüber wohl und warum? Was können Sie persönlich dafür tun, dass Ihre Geschäfts- und Arbeitsbeziehungen bestens funktionieren? Mit diesen Fragen sollte man sich beschäftigen, wenn man durch sein persönliches Auftreten erfolgreich sein will, wenn man bei seinem Gegenüber etwas bewirken möchte.

Natürlich stellt all dies eine Herausforderung dar: an Ihr Selbstvertrauen, Ihre Fähigkeit, Menschen für sich zu gewinnen, Ihre kommunikativen und selbstdarstellerischen Begabungen.

Gerade in Situationen, in denen Sie auf neue Menschen treffen, die etwas für Sie tun sollen (nämlich sich für Sie entscheiden!), ist es besonders wichtig, dass Sie den von Ihnen gewünschten Eindruck hinterlassen. Dieser erste Eindruck wird vor allem von Ihrem Auftreten geprägt. *Was* Sie sagen ist weniger entscheidend als das *Wie*. Entscheidend ist, so etwas wie positive Energie und Optimismus auszustrahlen.

Sie bekommen keine zweite Chance, einen ersten Eindruck zu hinterlassen. Was da hilft? Zum Beispiel „zaubern" zu können. Und das geht etwa so:

Sie kennen sicherlich Menschen, die sowohl im Beruf als auch im Privatleben andere für sich gewinnen können und einfach mehr Erfolg im Leben haben. Sie können andere so motivieren, dass sie den eigenen Wünschen entsprechend agieren. Das nennen wir „Zaubern" und es hat viel mit Sympathie zu tun. Lernen auch Sie zu zaubern und Sie werden Ihre Ziele einfacher und schneller erreichen.

Zur Entstehung von Sympathie

Herzen öffnen, Menschen gewinnen! Egal, ob es ums Beeinflussen oder Überzeugen geht – beides wird Ihnen umso besser gelingen, je sympathischer Sie Ihr Gegenüber erlebt. Sympathie ist die Basis von Vertrauen, und wenn Ihnen jemand erst einmal vertraut, dann traut er Ihnen auch gewisse Kompetenzen zu, ist bereit, an Ihre Fähigkeiten zu glauben, Ihnen eine Chance zu geben. Wie wichtig das gerade in der Arbeitswelt ist, steht außer Frage. Der erste Eindruck entscheidet bei zwei Gesprächspartnern innerhalb von wenigen Sekunden über Sympathie oder Antipathie.

Was entscheidet bei der ersten Begegnung?

Psychologische Studien haben bewiesen, dass im ersten Moment der Begegnung zu etwa 60 Prozent der äußere Eindruck, zu 30 Prozent der Klang der Stimme und nur zu weniger als 10 Prozent der Inhalt des Gesagten zählt. Dies ist vor allem evolutionstechnisch sowie sozialpsychologisch begründet. Menschen versuchen vom Äußeren einer anderen Person auf ihre inneren Werte zu schließen. Hierbei werden attraktiven Personen immer höhere Kompetenzen zugesprochen als unattraktiven. Und das hängt oft stark von Ihrem Äußeren ab.

Zu Sympathiegefühlen bei Ihrem Gegenüber kommt es immer dann, wenn Sie bei ihm den (ersten) Eindruck und die Hoffnung erwecken, seine Bedürfnisse (z. B. nach Aufmerksamkeit, Zuwendung, Erfolg oder Macht) zumindest zum Teil befriedigen zu können. Ein weiterer verbindender Faktor sind gemeinsame Werte. Neben den reinen Äußerlichkeiten werden insbesondere biografische Gemeinsamkeiten zum Sympathiecheck herangezogen (z. B. frühere Wohnorte, Ausbildungsstätten und -inhalte, gemeinsame Bekannte, Freunde, Hobbys, Interessen, Engagements). Betonen Sie diese Gemeinsamkeiten und widmen Sie sich entspannt Ihrem Gegenüber.

Gemeinsamkeiten schaffen Sympathien

Sympathiefördernd sind also vor allem Identifizierungsprozesse („Mein Gegenüber ist ja genauso/ähnlich wie ich") und biografische Gemeinsamkeiten. Das Gefühl der Antipathie basiert dagegen auf dem Eindruck, dass der/die andere zur eigenen Bedürfnisbefriedigung keinen oder einen zu geringen Beitrag leisten kann.

Während *Sympathie* (wie auch Antipathie) bei einer ersten Begegnung spontan affektiv spürbar ist, werden die Schlüsselmerkmale *Leistungsmotivation* und *Kompetenz* attribuiert. Da es sich hier um Merkmale handelt, die sich nicht unmittelbar mitteilen, sind wiederum Zu- und Vertrauen mit im Spiel.

Leistungsmotivation und Kompetenz offenbaren sich nicht so schnell wie das zentrale, auf die Persönlichkeit bezogene und auch durch unbewusste Faktoren mitgesteuerte Sympathiegefühl. Wer jedoch leistungsmotiviert und kompetent wirkt, macht sich zusätzlich zu seinen sonstigen Persönlichkeitsmerkmalen sympathisch und trägt beim Interviewer dazu bei, sein Bedürfnis nach Erfolg zu realisieren. Für den Interviewer besteht Erfolg bereits darin, einen Kandidaten empfohlen zu haben, der den Posten bekommt und sich später bewährt. Aus Bewerbersicht muss es daher Ziel sein, die drei Grundzüge Persönlichkeit, Leistungsmotivation und Kompetenz während des gesamten Bewerbungsverfahrens als Signale so auszustrahlen, dass sie beim Arbeitgeber „ankommen".

Kontaktfähigkeit und Kommunikation – wichtigste Sympathie-Schlüssel zu Ihren Mitmenschen

Bei einer Begegnung oder einem ersten Kontakt hat der häufig unterschätze Small Talk zum Ziel, Gesprächsthemen und Gemeinsamkeiten zu finden, über die sich nett plaudern lässt und die Sie in den Augen des Gegenübers sympathisch, offen und interessant erscheinen lassen. Beinahe jeder Kontakt beginnt mit Small Talk: beim ersten Treffen der Mitbewerber, beim Kennenlernen der Assessoren des ACs in der Mittagspause und beim Warten auf die nächste Übung ... Unverbindliche und angenehme Kommunikation macht Sie für andere zum souveränen, sympathischen Gesprächspartner und hilft Ihnen, Kontakte zu knüpfen und zu pflegen. Die Fähigkeit zum Small Talk ist ein wichtiger Baustein für jeden, der beruflich und privat im Leben Erfolg haben will. Wir haben die wichtigsten Tipps für den gelungenen Small Talk für Sie zusammengestellt.

Lächeln

Es ist eine Selbstverständlichkeit, dennoch machen wir alle ja täglich gegenteilige Erfahrungen: Lächeln Sie! Wenn Sie mit jemandem sprechen, insbesondere wenn Sie Kontakt aufnehmen wollen, schauen Sie ihn ganz kurz an und lächeln Sie dann! Dadurch gewinnen Sie in aller Regel entscheidende Sympathiepunkte. Dieser erste Eindruck wirkt bei Ihrem Gesprächspartner nachhaltig.

Keep Smiling!

Interesse zeigen

Interessieren Sie sich demonstrativ für andere Menschen. Schon mit den einfachsten Fragen können Sie Ihrem Gegenüber vermitteln, wie wichtig Sie ihn nehmen. Lassen Sie den anderen ausreden, statt ihn sofort zu unterbrechen, wenn Ihnen selbst etwas Interessantes einfällt. Machen Sie unbedingt die Interessen des anderen zum Mittelpunkt des Gesprächs: Wenn Ihr Gegenüber über Dinge sprechen kann, die ihn besonders interessieren, dann fehlt zu seinem Glück nur noch ein engagierter Zuhörer und Gesprächspartner. Und das sind in diesem Fall Sie. Loten Sie ungefähr die Position Ihres Gegenübers aus, bevor Sie sich bestimmten Themen nähern. Politische Themen lassen Sie am besten ganz sein, aber auch wenn es um bestimmte Haltungen zu Umweltschutz, Ernährung etc. geht, tasten Sie sich vorsichtig vor! Es kann ansonsten leicht nach hinten losgehen ...

Aufmerksamkeit schenken

Seien Sie ein aufmerksamer Zuhörer. Konzentrieren Sie sich auf den anderen und fragen Sie interessiert nach. Je mehr Sie auf Ihren Gesprächspartner und seine Interessen eingehen, umso mehr ermutigen Sie ihn, auch über sich selbst zu reden. Gelegentliches Kopfnicken und Kommentare wie „Das klingt sehr interessant!“ oder „Ist ja toll!“ oder auch nur „Hm ...“ sorgen für ein gutes Gesprächsklima. Machen Sie kurze Pausen, bevor Sie auf die Aussagen Ihres Gesprächspartners reagieren, so wirken Sie noch aufmerksamer.

Dranbleiben!

Lob und Wertschätzung aussprechen

Wir loben andere viel zu wenig!

Mit persönlichen und ehrlich gemeinten Komplimenten stärken Sie das Selbstwertgefühl und Selbstbewusstsein Ihres Gesprächspartners. Das trägt zu einer lockeren, entspannten und sehr angenehmen Gesprächsatmosphäre bei. Zeigen Sie dem anderen immer, dass Sie in ihm ein großes Potenzial sehen, was Sie sehr zu schätzen wissen. Es wird ihn anspornen, Ihre Erwartungen zu erfüllen. Wenn Sie sagen „Das schaffen Sie bestimmt!", freut er sich über das in ihn gesetzte Vertrauen und fühlt sich besonders motiviert.

Zusammenfassen

Nachfragen!

Fassen Sie gelegentlich die Aussage des anderen in eigenen Worten zusammen. Zeigen Sie, dass Sie seine Worte verstanden haben und auch die Botschaft, die dahinter steht. Zum Beispiel: „Ich habe den Eindruck, dass Sie mit der augenblicklichen Situation gar nicht zufrieden sind. Ist das richtig?"

Nachfragen und um Rat bitten

Nicht zu neugierig, aber auch nicht zu vorsichtig – so sollten Ihre Fragen an Ihr Gegenüber formuliert sein. Stellen Sie dabei Fragen, deren Antwort Sie wenigstens ansatzweise interessiert. Mit Frage-Formulierungen wie „Was machen Sie, wenn Sie keinen geeigneten neuen Mitarbeiter finden?" können Sie das Gespräch geschickt zu den Themen lenken, die auch Sie interessieren, hier beispielsweise Ihre Karrierechancen. Aber bitte nicht zu früh!

Sensibilität zeigen

An kleinen Gesten und am Gesichtsausdruck erkennen Sie, ob Ihr Gesprächspartner auch wirklich an Ihren Ausführungen interessiert ist. Wenn er Ergänzungen macht, zustimmend mit dem Kopf nickt oder interessierte Zwischenfragen stellt, dürfen Sie mit gutem Gewissen weiter erzählen. Wenn er dagegen den Blick durch den Raum schweifen lässt, statt Sie anzuschauen, ist das ein untrügliches Zeichen dafür, dass er sich langweilt. Höchste Zeit, das Thema zu wechseln!

Überzeugen durch Selbsterkenntnis, Selbstbewusstsein und Selbstvertrauen

Ein AC ist eine klassische mündliche und teilweise auch schriftliche Test- und Prüfungssituation, auf die Sie sich sehr gut vorbereiten können. Investieren Zeit und Gedanken für Ihre Vorbereitung. Die folgenden drei Bausteine bilden dabei eine solide Ausgangsbasis:

1. Selbsterkenntnis
2. Selbstbewusstsein
3. Selbstvertrauen

1. Selbsterkenntnis – zu Ihren Kenntnissen, Fähigkeiten und Ihrer Wesensart

Die Herausforderung besteht darin, den potenziellen Arbeitgeber von Ihrer Leistungsfähigkeit zu überzeugen. Mehr als alles andere interessiert diesen, welchen *Gewinn* es *ihm* bringen wird, wenn er Sie einstellt. Seien Sie also auf die Frage: „Was können Sie für mich / uns, für das Unternehmen tun?" vorbereitet. Ziehen Sie vorab eine Bilanz Ihrer Fähigkeiten (Kompetenzen) und Stärken, und fragen Sie sich, welche Erfahrungen und Eigenschaften Sie für die angestrebte Position besonders qualifizieren.

Welche vier bis fünf Persönlichkeitsmerkmale sollten Sie vermitteln, welche sind von spezieller beruflicher Relevanz und wie können Sie diese mit Beispielsituationen glaubhaft belegen? Wir haben für Sie unter *www.berufsstrategie-plus.de* diverse Merkmalslisten hinterlegt!

www.

2. Selbstbewusstsein – zu den Spielregeln

Im AC ist es notwendig, den *Assessoren* selbstbewusst gegenüberzutreten. Diese Sicherheit wird auch durch das Bewusstsein über die eigenen Fähigkeiten und Motive beeinflusst. Bedenken Sie, dass weder übersteigertes Selbstwertgefühl noch übertriebene Bescheidenheit auf dem Arbeitsmarkt gefragt sind.

Leistung zählt!

Stellen Sie dabei weniger Ihre Person und Kompetenz als Ihre Leistungen in den Vordergrund und geben Sie so den Entscheidungsträgern das Gefühl, dass ihr Unternehmen davon profitiert, wenn man sich für Sie entscheidet.

3. Selbstvertrauen – zu Ihrer Selbstwirksamkeit

Die Erfolgsaussichten Ihrer Bewerbung verbessern sich entscheidend, wenn Sie ein stabiles Selbstvertrauen haben. Sie erlangen dieses durch ein sicheres Gefühl darüber, was die eigenen Fähigkeiten, Ihre Kompetenzen und insbesondere Ihre Leistungsmöglichkeiten anbetrifft, und durch eine Kenntnis der Spielregeln des Arbeitsmarktes.

Sicherheit ausstrahlen!

Die Beschäftigung mit dem, was Sie können, wollen und anzubieten haben, läuft ja nun schon eine Weile. Jetzt geht es darum, wie Sie diese Erkenntnisse angemessen dem potenziellen Einsteller gegenüber vermitteln. Geben Sie einem Arbeitsplatzanbieter das Gefühl, dass er mit Ihrer Unterstützung seine Probleme besser lösen kann. Und verdeutlichen Sie ihm, welchen Gewinn es bringt, wenn er sich für Sie entscheidet.

Grundlage für die Einstellungsentscheidung ist, wenn Sie erst einmal zu einem Vorstellungsgespräch eingeladen worden sind, in der Regel etwa zu 60 Prozent Ihre Persönlichkeit, zu 25 Prozent Ihre Leistungsmotivation und nur zu etwa 15 Prozent Ihre fachliche Kompetenz (s. a. S. 12).

Wie Sie Ihre Botschaften optimal vermitteln

Nicht bloß reden, sondern gezielt vermitteln

Haben wir uns bisher vor allem mit dem ***Was*** beschäftigt – mit Ihrer Person, Ihren persönlichen Merkmalen und den (zukünftigen) beruflichen Fähigkeiten, die man bei Ihnen in den AC-Übungen beobachten will und auf die Sie auch im Gespräch (Interview etc.) konkret angesprochen werden –, geht es uns jetzt um das ***Wie***, um den gelungenen Transfer:

- Was wollen Sie von sich vermitteln?
- Wie kommunizieren Sie es erfolgreich?
- Und vor allem: Wie verankern Sie dies in den Köpfen Ihrer Zuhörer und Entscheider?

Sie wollen einen Gedanken, eine Idee oder Botschaft einer Person näherbringen. Sie möchten eine Entscheidung beeinflussen. Sie soll so fallen, wie Sie es sich wünschen. Dabei müssen Sie ähnlich vorgehen, wie wir es aus der Welt der Werbung kennen. Darauf basiert das Ihnen nun vorgestellte KBA-System. Es eignet sich hervorragend, um erfolgreich zu kommunizieren und zu überzeugen.

Drei aufeinander abgestimmte Schritte sind dafür zu beachten:

Die richtige Vermittlung

1. Was wollen Sie Ihrem Gegenüber, z. B. dem Arbeitsplatzanbieter, kommunizieren? Was ist Ihr Anliegen, Ihr Ziel?
   Dies ist der wichtigste und schwierigste Baustein, der die längste Bearbeitungszeit in Anspruch nimmt, die Definition Ihres **Kommunikationsziel**s.

2. Wie formulieren Sie aus den sorgfältigen Überlegungen zu Ihrem Kommunikationsziel verständliche, schnell begreifbare, überzeugende **Botschaften**?
   Hier kommt es besonders auf Ihre Fähigkeit an, etwas auf den Punkt zu bringen.

3. Wie untermauern Sie die ausgewählten und präzise formulierten Botschaften, um deren Glaubwürdigkeit und Überzeugungskraft (mittels **Argumentation**) ebenso zu stärken wie deren Erinnerungsgehalt?

Es ergeben sich also: **Kommunikationsziel, Botschaften und Argumentation (KBA).** Wir stehen am Anfang eines Drei-Schritte-Systems: *Kommunikationsziel definieren – Botschaften formulieren – Argumente zusammenstellen.*

Kommunikationsziel, Botschaften und Argumentation (KBA)
...sind ein Leitfaden, eine Art Struktur, eine Meta-Ebene, um inhaltlich sich so zu organisieren, dass bei Ihrem Gegenüber wirklich etwas ankommt und auch bleibt! Es bedeutet, dass Sie sich zunächst mit der Frage auseinandersetzen, was Sie Ihren Gesprächspartnern von sich vermitteln wollen (Kommunikationsziel).

Vielen fällt – wenn überhaupt – noch spontan ein (wir sagten es schon): *Ich will diesen oder jenen Job, **denn:** Ich bin der Beste, Kompetenteste, ganz besonders motiviert* ..., so die häufigste Argumentation. Ziemlich schwach; auch andere Mitbewerber behaupten, für den Job / das Trainee am besten geeignet zu sein, wir sagten es bereits ... **Es geht für Sie darum:** Wie können Sie es besser machen und sich damit von anderen positiv abheben?

Es besser machen als die anderen!

Das Kommunikationsziel

Zunächst entwickeln Sie ein Kommunikationsziel. Sie haben die Aufgabe, sich genau zu überlegen:

- was für ein Mensch Sie beruflich und privat sind,
- was für besondere Fähigkeiten und Leistungsmerkmale Sie auszeichnen und
- was Sie damit zum Wohl des Unternehmens beitragen werden?

Als Leitlinie können Sie die vier Betrachtungsebenen nutzen, von denen Sie drei bereits kennen:

1. **K**(ompetenz), **L**(eistungsmotivation), **P**(ersönlichkeit)
2. Ihre Kernkompetenzen: Ihre Führungs-, Problemlösungs-, strategische, soziale und persönliche Kompetenz
3. Ihre persönliche Eignung, abgebildet in den Vier Arbeits-Ebenen / Themen: Ihre berufliche Orientierung, Ihr Arbeitsverhalten, Ihre sozialen Komponenten, Ihre psychische Konstitution
4. und schließlich, etwas weiter gefasst, Ihre **V**ergangenheit / **G**egenwart / **Z**ukunft, das **VGZ-Modell:**

- Woher kommen Sie und was haben Sie da geleistet?
- Wofür stehen Sie, was sind Ihre Werte und aus was für einem Holz sind Sie geschnitzt?
- Was können Sie für das Unternehmen zukünftig leisten, was ist Ihr Versprechen?

Diese Modelle dienen nun dazu, inhaltlich das zu füllen, was Ihr Kommunikationsziel darstellt und Ihre Botschaften letztendlich ausmacht, die Sie dann durch konkrete Berichte untermauern, um deren Glaubwürdigkeitsgehalt zu steigern.

Ein Beispiel: Ihr definiertes und niedergeschriebenes Kommunikationsziel könnte z. B. so aussehen:

Das Ziel im Blick!

*Mein **Kommunikationsziel** ist es, ... den Personalentscheidern zu vermitteln, dass ich ein Mensch bin, der über außergewöhnliche kommunikative Begabungen verfügt. Darunter ist zu verstehen: Ich bin sehr gut in der Kontaktaufnahme zu anderen, kann mich schnell und gewandt ausdrücken und ohne große Hemmungen mit jedem Menschen leicht ins Gespräch kommen – und das mit Menschen aller Ebenen. Andere vertrauen mir auffällig* *schnell. Ich wirke auf viele Personen ermutigend und bin ein sehr guter und aufmerksamer Zuhörer. Trotz meiner Freude am Austausch und gezielten Gesprächen kann ich mich abgrenzen und agiere überlegt.*

Die Botschaften

In einem zweiten Schritt sollten Sie aus Ihren Zielvorstellungen klare und schnell zu verstehende Botschaften entwickeln. In unserem Beispiel wären das folgende:

Meine drei wichtigsten Botschaften lauten:

1. *Ich bin ein kommunikativ begabter Mensch, der mit anderen mühelos ins Gespräch kommt und dadurch nachhaltige Beziehungen aufbaut.*
2. *Ich gewinne schnell das Vertrauen anderer Menschen und bin ein guter und aufmerksamer Zuhörer, aber auch ein präziser Beobachter. Dadurch gelingt es mir, Probleme und deren Ursachen schneller zu erkennen und einer Lösung zuzuführen.*
3. *Bei aller Kontakt- und Kommunikationsfreudigkeit kann ich mich auch abgrenzen, bleibe souverän und unabhängig, vernachlässige keinesfalls das Nachdenken und Handeln.*

Die Argumentation

„Die Botschaft hör ich wohl, allein mir fehlt der Glaube" – so lautet ein bekanntes Goethe-Zitat. Um diesen Glauben zu schaffen, ist es in einem dritten Schritt wichtig, die Argumente zu finden, die aus den Behauptungen Fakten werden lassen.

Denken Sie also darüber nach: Mit welchen beispielhaften Anekdoten, durch welche Detailbeschreibungen können Sie Ihrem Gegenüber verdeutlichen, dass Ihre in den Botschaften enthaltenen Aussagen glaubwürdig sind?

Welche Situationen, Begebenheiten in Ihrem (Berufs-)Leben verdeutlichen, was Ihre Botschaften als Kurzformeln transportieren sollen?

Wenn Sie hier den richtigen Erzählstoff beisammen haben, stehen Ihre Argumente. Sie können damit die Glaubwürdigkeit Ihrer überlegt ausgewählten Botschaften festigen, untermauern.

In unserem Beispiel könnten die Argumente so aussehen:

Beweise durch konkrete Erlebnisse

In meinem Studenten-Job als Teamleiter für eine PR- und Eventagentur verfügte ich über ein großes Netzwerk. Ich wurde und werde immer noch zu vielen privaten Veranstaltungen meiner Kollegen und sogar von Vorgesetzten eingeladen, bin mit einigen von ihnen in verschiedenen Interessengruppen zusammen. So hatte ich immer einen gewissen Informationsvorsprung, der mir oft geholfen hat, besser zu verstehen, was die besonderen Herausforderungen sind.

Anhand dieses Beispiels vermitteln Sie auch Ihre:

- **Kompetenz:** Meine Ausbildung, Werdegang (konkret aber kurz benennen), die Schwerpunkte und Erfolge (dito), ein gewisses Geschick im Umgang mit Menschen.
- **Leistungsmotivation:** die Ziele, die ich mir selbst gesetzt und erreicht habe, im Sinne der Ausbildung und auch des Berufs (2–3 Beispiele), aber auch in Privatem (dito).
- **Persönlichkeit:** Ich bin ein kontakt- und kommunikationsstarker Typ, dem Menschen schnell vertrauen. Ich erweise mich dieses Vertrauens würdig!

Dies ist das bereits kurz erwähnte **KLP**-Modell. Und Sie können zudem auch Ihre **V**ergangenheit, **G**egenwart und **Z**ukunft (**VGZ**) mit einbeziehen! Woher komme ich, was habe ich bisher geleistet, was tue ich, was will ich in Zukunft tun:

- *Nach meinem Abitur … habe ich ein Studium … absolviert und bin dann wegen eines weiteren Praktikums nach … gegangen. Ich lernte auf diese Weise … dadurch gelang es mir, dies und jenes zu begreifen … und so konnte ich … Ich habe dadurch …*
- *Dafür stehe ich, so funktioniere ich: Neulich erfuhr ich von einem Kollegen, dass er an mir dies und das besonders schätzt. Ich kann nur sagen, ich stehe für … meine wichtigsten Werte sind … als mein Leitbild habe ich immer … angesehen. Dieser / jener hat mich besonders beeindruckt durch / weil … Das hat mich entscheidend geprägt …*
- *Was ich meinem zukünftigen Auftraggeber zu leisten verspreche: Aus meiner Sicht sehe ich in dieser Problemkonstellation / in diesem Setting / bei dieser Aufgabe… eine besondere Herausforderung für mich, weil …*

Da Sie diese drei Orientierungs- und Hilfs-Modelle (**KLP**, Vier Arbeits-Ebenen / Themen, **VGZ**) diverse Male (hoffentlich!) durchgegangen sind, wohlüberlegten Erzählstoff ausgewählt und bereits mehrfach probeweise vorgetragen haben (in Anlehnung an das **KBA**-System), sind Sie wirklich bestens vorbereitet auf alle Fragen im AC, die wir Ihnen natürlich trotzdem noch präsentieren werden (s. S. 201).

Wie Ihnen aber sicher nicht entgangen ist: Unsere Haltung zur angeblichen Wunderwaffe Assessment Center ist – vorsichtig formuliert – kritisch. Näheres können Sie unter *www.berufsstrategie-plus.de* nachlesen; dort finden Sie auch zahlreiche Erfahrungsberichte leidgeprüfter Kandidaten. Denn viele Bewerber haben ihre Erlebnisse im Assessment Center aufgeschrieben, um andere Kandidaten vorab zu informieren – oder um die Absurdität mancher Verfahren aufzuzeigen. Wir würden uns sehr freuen, wenn sie uns ebenfalls Ihre Erfahrungsberichte zusenden: einfach per Mail an *info@berufsstrategie.de*. **www.**

Assessment Center: das Trainingsprogramm

Übung macht den Meister – das können alle bestätigen, die schon mindestens zweimal ein Assessment Center mitgemacht haben. Auch ein regelmäßiges Training hilft. Auf den folgenden Seiten wollen wir Ihnen so realistisch wie möglich Gelegenheit geben, typische Aufgaben aus dem Assessment Center zu üben. Der Lerneffekt hängt auch davon ab, ob es Ihnen möglich ist, für bestimmte Aufgaben (z. B. Gruppendiskussion) „Mitspieler" zu gewinnen. Bei vielen Aufgaben ist ein effektives Üben ohne „Mitspieler" nicht möglich. Wichtige Hilfsmittel sind u. a. ein Aufnahmegerät (z. B. MP3-Player mit Recording-Funktion) und bei einigen Übungen eine Kamera.

Hier eine Kurzübersicht zu den einzelnen AC-Aufgabentypen, für die Sie Übungsmaterial finden:

- Präsentation (allein durchführbar)
- Postkorb (allein durchführbar)
- Fallbearbeitung / Gruppendiskussion (allein / mehrere „Mitspieler")
- Rollenspiel (ein bis zwei „Mitspieler" unbedingt erforderlich)
- Interview (allein durchführbar)
- Test (allein durchführbar)

Lösungen bzw. Auswertungshinweise zu den einzelnen AC-Übungen finden Sie direkt im Anschluss an die Aufgabe.

Übung: Präsentation

Es führt kein Weg daran vorbei: Bei einem AC kommt als Erstes die Präsentation Ihrer eigenen Person. Ob Sie dabei gleich aufgefordert werden, in die Rolle eines (Fantasie-)Tieres zu schlüpfen, oder nicht sich selbst, sondern einen ausgewählten / ausgelosten Mitbewerber vorstellen sollen, ist sekundär.

Bei dieser ersten Übungsaufgabe stellen Sie sich jetzt bitte einer imaginären Zuhörerschaft selbst vor und sprechen (laut, am besten auch aufzeichnen!) über Ihre persönlichen Daten, Ihre Freizeitaktivitäten, Erfahrungen und Erlebnisse, die Sie besonders geprägt haben, Vorbilder, Lebensziele und Träume. Dazu haben Sie fünf Minuten Zeit. Beginnen Sie jetzt ...

Wenn Sie sich unerschrocken Ihre soeben produzierte Aufnahme anhören, sind Sie mit größter Wahrscheinlichkeit für den Rest des Tages erledigt ... Aber nur Mut, Sie haben ja noch Zeit zum Üben, und Übung macht den Meister. Diese Form der ersten Selbstpräsentation ist im Rahmen eines ACs gar nicht so ungewöhnlich und sollte gut vorbereitet sein.

Die Bandbreite der Präsentationsaufgaben erscheint unerschöpflich. Von berufs- und arbeitsplatzbezogenen Themen geht es über die Bereiche Politik, Umwelt, Wirtschaft, Zeitgeschehen bis hin zu privaten, persönlichen Fragestellungen.

Ob Globalisierung, Wirtschaftsstandort Deutschland, Dauerbrenner Todesstrafe (z. B. für Sexualstraftäter) oder Maßnahmen gegen die Arbeitslosigkeit, Gefahren des Rechtsextremismus oder Politikverdrossenheit – stellen Sie sich vor, Sie hätten für eines dieser Themen fünf bis zehn Minuten Vorbereitungs- und anschließend drei bis fünf Minuten Vortragszeit.

Bisweilen bekommen Sie für Ihre Vorbereitungszeit auch einen längeren Bericht sowie verschiedene Informationsmaterialien. Sie können den AC-Baustein Präsentation gut üben, indem Sie z. B. Spiegel-Titelgeschichten sammeln und dann willkürlich eine herausgreifen, sich 20 bis 30 Minuten Vorbereitungszeit nehmen und versuchen, das Thema in 5 bis 15 Minuten vorzutragen.

Ihren Vortrag sollten Sie mit möglichst wenigen Notizen stehend, am besten vor einem großen Spiegel, halten. Wenn Sie sich selbst aufnehmen, haben Sie hinterher eine gute Beurteilungsmöglichkeit darüber, wie es Ihnen gelungen ist, das Thema in den Griff zu bekommen.

Übung: Entscheidungsmanagement (Postkorb)

Heute ist Montag, der 12. Oktober, und es ist 10 Uhr. Sie sind eben von einem Arztbesuch in Ihr Büro gekommen.

Sie sind der kaufmännische Geschäftsführer eines mittelständischen Unternehmens, das Möbelzubehörteile produziert und in den letzten zwei Jahren erfolgreich expandierte. Der Haupteigner ist eine Aktienholding. Zum Vorstandsvorsitzenden, Professor Hans-Walter Schnell, ein schwieriger Mensch, ist Ihr Verhältnis bisher ungetrübt.

Sie haben ein anstrengendes Wochenende mit Ihren Kindern verbracht, einen verregneten Kurzurlaub an der Ostsee. Ihre Frau ist zurzeit auf einem Zahnärztekongress in Amerika. Seit dem Arztbesuch haben Sie Kopfschmerzen. Vor Ihnen liegt eine weite Reise, noch heute (um 12.35 Uhr) fliegen Sie für knapp eine Woche nach Kabul, um eine frisch gegründete eigene Firmenniederlassung in Afghanistan offiziell in Betrieb zu nehmen. Die lokale Prominenz wartet dort auf Sie, der Eröffnungstermin ist nicht verschiebbar. Der Arzt, den Sie wegen Herzrhythmusstörungen aufsuchten, hat Sie vor zu viel Stress gewarnt. Ihr Taxi zum Flughafen ist auf 10.45 Uhr bestellt und braucht normalerweise 40 Minuten. Sie müssen mindestens eine Stunde vor Abflug am Flughafen sein. Der letzte vertretbare Zeitpunkt, um zum Flughafen loszufahren, ist 11.15 Uhr.

Ihr Büro ist mit folgenden Mitarbeitern besetzt: Ihre Sekretärin, Anna Karina Rasch, 47 Jahre alt, alleinstehend und schon seit 20 Jahren in dem Betrieb als Chefsekretärin. Ihr persönlicher Referent, ein junger Betriebswirtschaftler, Anfang 30, Heinz Fix. Zurzeit arbeitet bei Ihnen noch ein Praktikant, Herbert Flink, der leider zwei linke Hände hat, aber hochmotiviert ist.

Sie selbst (in diesem Spiel) sind Dr. Eberhard Eilig, haben Volkswirtschaft studiert und über Vertriebsprobleme der mittelständischen Möbelbranche promoviert. Ihr Alter: 38 Jahre, verheiratet mit der Zahnärztin Eva Eilig, geb. Flott, die als wissenschaftliche Mitarbeiterin am zahnmedizinischen Institut der Universität arbeitet. Ihre gemeinsamen Kinder (Zwillinge) sind Erstklässler. Aus erster Ehe haben Sie einen nicht unproblematischen 17-jährigen Sohn Hans. Ihre private Planung sieht gerade den Bau eines neuen Einfamilienhauses vor.

Vor dem Wochenendausflug mit Ihren Kindern waren Sie wegen einer Geschäftsreise zu den wichtigsten europäischen Kunden 14 Tage nicht im Büro. In der Zeit waren noch Ihre Frau und später Ihre Schwiegermutter im Haus und haben die Versorgung der Zwillinge übernommen. Ihre Schwiegermutter ist aber vor dem Wochenende (Gott sei Dank) abgereist.

Die wichtigsten Mitspieler auf einen Blick:

- Sie selbst, gesundheitlich etwas angeschlagen, kurz vor der Abreise, unter Zeitdruck
- Ihre Sekretärin, Frau Rasch, verschnupft wegen einer von Ihnen zurückgewiesenen Bitte um eine Gehaltserhöhung
- Ihr Referent, Herr Fix, ein ambitionierter, kluger Kopf und Betriebswirtschaftler
- der Praktikant, Herbert Flink, bemüht, aber ungeschickt
- der Vorstandsvorsitzende, Professor Schnell, ein schwieriger Mensch

Es ist, wie Sie wissen, 10 Uhr, und das Taxi wartet ab 10.45 Uhr auf Sie. In etwa 50 bis 60 Minuten müssen Sie eine ganze Menge Dinge erledigen, bewältigen, denn aus Kabul haben Sie dazu praktisch keine Möglichkeit. Erst am 19.10. sind Sie wieder in Ihrem Büro.

Wie gehen Sie vor? Notieren Sie stichwortartig Ihre Entscheidung, Ihre Vorgehensweise im Zusammenhang mit den jetzt auf Sie zukommenden Aufgaben, Ereignissen und Problemen. Vermerken Sie bei jedem Problem, wie viel Zeit Sie für den Vorgang/die Bearbeitung einplanen.

Ein Arbeitsblatt nach folgendem Muster hilft Ihnen, die Entscheidungen und Begründungen festzuhalten und später mit den Lösungsvorschlägen zu vergleichen. Beim realen AC würde sich früher oder später nach der schriftlichen Bearbeitung ein Gespräch zu Ihren Lösungsvorschlägen anschließen.

Insgesamt haben Sie für die Bearbeitung dieser AC-Postkorbaufgabe 20 Minuten Zeit.

Problem Nr.	Entscheidung	Begründung
1 technischer Leiter		
2 Bankdirektor		
3		

Nun zu Ihrer Situation:

1. Als Sie Ihr Büro betreten, sitzt schon der technische Leiter Ihres Unternehmens, Herr Quick, vor Ihrem Schreibtisch und fängt sofort an, stolz von einem durchschlagenden Entwicklungserfolg zu schwärmen. Sie hören ihm zunächst einige Minuten zu. Herr Quick berichtet und geht tief ins Detail. Man benötige mehr personelle Unterstützung. Eine wichtige Patentanmeldung könne bald fällig sein.
2. Das Telefon klingelt, Ihre Sekretärin kündigt den Bankdirektor Ihrer privaten Bank an, der Sie dringend persönlich zu sprechen wünscht. Sie nehmen das Gespräch an. Der Bankdirektor erklärt, dass es um die Zinsen Ihres geplanten und quasi fest verabredeten Hausbaukredites geht. Um 12 Uhr mittags werden neue, ungünstigere Zinskonditionen fällig. Er bittet Sie, dies zu berücksichtigen und zu entscheiden. Ob Sie kurz in der Bank vorbeikommen könnten?
3. Im Übrigen weist der Bankdirektor Sie darauf hin, dass die Aktien Ihres Mutterkonzerns gerade einen großen Sprung gemacht hätten und es sich für Sie persönlich wahrscheinlich doch lohnen würde, jetzt eine Verkaufsorder zu geben und Kasse zu machen. Was Sie davon halten? Der Bankdirektor ist absolut vertrauenswürdig: Sie kennen sich bereits seit der Uni und sind quasi befreundet.
4. Die Sekretärin kommt herein und legt Ihnen ein Fax vor. Der Vorstandsvorsitzende Professor Schnell bittet Sie dringend noch einmal um telefonische Kontaktaufnahme vor Ihrer Abreise. Es sei wichtig. Sein Sekretariat habe Sie heute Vormittag telefonisch leider nicht erreichen können.
5. Ein Bewerber, der Ihnen vor geraumer Zeit Bewerbungsunterlagen geschickt hat, ist am Telefon und möchte Sie sprechen, meldet Ihre Sekretärin. Ob Sie einen kurzen Moment Zeit hätten?
6. Ihr eigenes Handy klingelt: Ihre Frau aus Amerika, der gerade die Frage einfällt, ob Ihr Pass noch gültig sei, wünscht Ihnen eine gute Reise und kündigt an, eine Kollegin mitzubringen, die einige Tage bei Ihnen wohnen wird. Ob Sie bitte Karten für die Oper besorgen könnten, am besten für den 18. oder 19.
7. Der Verkaufsleiter tritt in Ihr Büro: Ein Großauftrag kündige sich an, aber es gebe Probleme mit dem Zahlungsziel. Der Kunde wolle mindestens doppelt so viel Spielraum. Über den bisher getätigten Umsatz und die Zahlungsseriosität dieses Kunden sind Sie nicht sicher informiert.

8. Ihre Sekretärin stellt Ihnen die Schulsekretärin telefonisch durch: Einer Ihrer Zwillinge hatte einen kleineren Schulunfall. Es stellt sich die Frage nach der letzten Tetanusimpfung und ob Sie vorbeikommen können, um Ihr Kind abzuholen.
9. Sie schalten Ihren Computer ein und entdecken eine persönliche E-Mail: Der Makler hat einen potenten Käufer für Ihr altes Haus, der mehr zahlt, als nach den bisherigen Schätzungen zu erwarten war. Er bittet Sie bis 10 Uhr um einen Anruf zwecks weiterer Absprache.
10. Die Post von Montag kommt. Die Sekretärin fragt, ob sie diese auf den großen Stapel packen soll, der sich in den letzten 14 Tagen angesammelt hat.
11. Die Sekretärin übergibt Ihnen ein an Sie persönlich gerichtetes kuvertiertes Schreiben, das gerade abgegeben wurde. Sie überfliegen den Inhalt. Hierin wird Ihr Referent, Herr Fix, massiv, aber anonym beschuldigt, einen nicht näher bezeichneten Vertrauensbruch begangen zu haben. Sie überlegen, was zu tun ist.
12. Der Vorstandsvorsitzende ist am Telefon. Er hat eben den gleichen Brief mit selbigem Inhalt bekommen und fragt Sie nach Ihrer Einschätzung.
13. Ihre Sekretärin kündigt Ihnen einen weiteren persönlichen Brief noch vor Ihrer Abreise an. Dieses Mal hat sie ihn selbst geschrieben. Sie ahnen: Es geht vielleicht um ihre Kündigung im Zusammenhang mit der abschlägig beschiedenen Gehaltserhöhung.
14. Ihr Blick fällt zufällig auf einen Artikel Ihrer Lieblingsfachzeitschrift. Dabei geht es um die Lösung eines technischen Problems, das Sie gerade mit Ihrem Kollegen Quick besprochen haben. Ihr ärgster Konkurrent am Markt bemüht sich bereits intensiv um eine Patentierung in diesem Zusammenhang. Ob Ihr Kollege davon weiß? Da hören Sie die Sirene eines Rettungswagens auf Ihrem Betriebsgelände. Es muss etwas passiert sein, ahnen Sie.
15. Die Sekretärin berichtet Ihnen von dem Anruf Ihres Gärtners, der wissen will, was er mit einem eben zugelaufenen Hund machen soll, der sich nicht vertreiben lasse und übrigens auch ganz sympathisch wirke. Sie hätten doch schon immer einen Hund haben wollen, wisse er. Und ob wirklich der Rasen schon wieder gemäht werden müsse. Sie mögen bitte anrufen und Bescheid geben. Die Sekretärin sagt noch, dass sie soeben in den Radionachrichten von Unruhen in Kabul gehört habe. Sie blickt Sie fragend an.
16. Wieder klingelt Ihr Handy: Der von heute an für die nächste Woche fest vereinbarte Babysitter ist schwer verunglückt und fällt aus. Wie organisieren Sie jetzt die Betreuung Ihrer Kinder?
17. Mit der heutigen Post eröffnet Ihnen der Wirtschaftsprüfer, dass es gravierende Unregelmäßigkeiten in Ihrer EDV-Buchhaltung gebe, und bittet Sie dringend um ein Gespräch unter vier Augen.

18. Die Sekretärin bedeutet Ihnen, dass Ihr Taxi bereits seit fünf Minuten warte, und fragt, warum Sie so blass aussehen. Ob es Ihnen gut gehe und was Sie von einer starken Tasse Kaffee hielten? Ihnen dröhnt der Schädel und es geht auf 11 Uhr zu.
19. Da kommt ein Ihnen gut bekannter, ernst zu nehmender Vertreter Ihres wichtigsten Zulieferers und deutet an, dass er mit Ihnen persönlich über etwas sehr Heikles sprechen müsse. Jemand aus Ihrer unmittelbaren Umgebung habe seiner Firma wichtige Unterlagen zum Kauf angeboten.
20. Der Praktikant platzt rein und bittet um eine neue Arbeitsaufgabe. Von Frau Rasch lasse er sich überhaupt nichts mehr sagen. Diese versuche ihn nur permanent zu mobben, klagt er lauthals.
21. Frau Rasch ruft durch die halb geöffnete Tür, dass das alles nicht wahr sei, fängt an, herzerweichend zu weinen, schluchzt etwas von Kündigung, übergibt Ihnen ihren Brief und weist noch einmal auf den wartenden Taxifahrer hin. Mittlerweile ist es kurz nach 11 Uhr.
22. Ihre Schwiegermutter ist am Handy und fragt, was der Anruf der Sekretärin, Frau Rasch, auf ihrem Anrufbeantworter bedeute. Sie habe sich sofort gemeldet, das Bürotelefon sei aber ständig besetzt, deshalb rufe sie jetzt auf dem Handy an.
23. Der Betriebsrat platzt in das Tohuwabohu der Auseinandersetzungen und gibt zum Besten, dass er sich als Augen- und Ohrenzeuge fühle und schon seit Längerem wisse, dass es im Vorzimmer des Geschäftsführers mit dem Arbeitsklima nicht stimme. Er wolle jetzt mit allen Beteiligten einen Termin für ein erstes Klärungsgespräch vereinbaren. So könne es jedenfalls absolut nicht weitergehen.
24. Da kommt der Pförtner mit einem Telegramm in der Hand und berichtet, der Taxifahrer drohe abzufahren, weil er das Warten jetzt endgültig satthabe. Es ist 11.10 Uhr, und was denn nun sei, will der Pförtner wissen.
25. In dem Telegramm erhalten Sie eine Nachricht von Ihrem Sohn, der in einer sehr prekären finanziellen Lage ist, weil er von Drogendealern erpresst wird. Er fleht Sie letztmalig um 500 Euro an und bittet Sie, ihn auch diesmal „nicht hängen zu lassen".

Lösung: Entscheidungsmanagement Postkorb

Sie haben jetzt 30 Minuten Zeit, um 25 Entscheidungen zu treffen. In der Spielrealität stehen Ihnen etwa 70 Minuten zur Verfügung, die Sie verplanen können und auch realistisch einteilen sollten.

Auch wenn es keine Patentlösung gibt, machen doch einige Vorschläge mehr bzw. weniger Sinn. Vergleichen Sie unsere Ideen mit Ihren Entscheidungen.

Nr. Entscheidung/Begründung

1 Das ist nicht der richtige Moment für Detailerzählungen. Gratulieren Sie, kürzen Sie ab, verstricken Sie sich nicht in eine Personaldiskussion und signalisieren Sie dem technischen Leiter, dass er das Problem eigenverantwortlich lösen wird. In einer Woche sieht man weiter und spricht wieder miteinander.

Geplanter Zeitaufwand dafür: etwa fünf Minuten.

2 Sie geben telefonisch grünes Licht für den fest verabredeten Kredit, können aber nicht persönlich vorbeikommen.

Zeitaufwand etwa eine Minute.

3 Nach der Kreditentscheidung müssen die Aktien nicht sofort verkauft werden. (Was nutzt Ihnen jetzt das Geld, wenn Sie sich eben für einen Kredit entschieden haben?) Klären Sie, bei welchem Stand Sie verkaufen, bei positiver wie negativer Entwicklung, und spielen Sie ein wenig auf Zeit (eine Woche).

Zeitaufwand etwa eine Minute.

4 Sie bitten die Sekretärin, Sie vor Ihrer Abreise noch einmal an den Anruf bei Professor Schnell zu erinnern.

Zeitaufwand etwa eine Minute.

5 Sie sind für den Bewerber nicht zu sprechen und bitten die Sekretärin, die Anrufe spätestens ab jetzt genau zu filtern.

Zeitaufwand etwa eine Minute.

6 Sie beruhigen Ihre Frau (Pass), danken ihr und erklären ihr, dass Sie keine Zeit hätten, das Gespräch zu vertiefen. Die Opernkarten besorgt Ihre Sekretärin.

Zeitaufwand etwa zwei Minuten.

7 Sie wirken stabilisierend auf den Verkaufsleiter ein und verweisen ihn an den Leiter der Buchhaltung. Gemeinsam sollen die beiden entscheiden, was angemessen ist.

Zeitaufwand etwa zehn Minuten.

8 Sie erkundigen sich, was passiert ist. Das Datum der letzten Tetanusimpfung wissen Sie nicht, können auch jetzt nicht persönlich vorbeikommen. Gott sei Dank erfahren Sie, dass alles nicht so gravierend ist, und die Kinder werden ja sowieso vom Babysitter abgeholt.

Zeitaufwand etwa zwei Minuten.

Falls Sie an einen Arzteinsatz denken, lassen Sie die Schule und den Arzt Entscheidungen treffen (Verantwortung delegieren).

9 Sie bitten die Sekretärin, den Makler anzurufen und über Ihre Reise zu informieren. (Stichwort: Ein ernsthafter Interessent läuft in sieben Tagen nicht weg.)

Zeitaufwand etwa eine Minute.

10 Sie lassen sich die wichtige neue Post zeigen *(Zeitaufwand etwa zweieinhalb Minuten)* und das Wichtigste aus den letzten 14 Tagen *(Zeitaufwand etwa zweieinhalb Minuten)*. Hinweis: Ihr Sekretariat ist so organisiert, dass es Ihnen Arbeit abnimmt.

Zeitaufwand etwa fünf Minuten.

11 Sie lesen den Brief und überlegen. Noch tun Sie nichts.

Zeitaufwand etwa fünf Minuten.

12 Sie teilen dem Vorstandsvorsitzenden Ihre Meinung mit, zurzeit noch nichts zu unternehmen, die Sache aber trotzdem ernst zu nehmen und verfolgen zu wollen. Bei dieser Gelegenheit klären Sie, was er sonst noch von Ihnen wollte.

Zeitaufwand etwa zehn Minuten.

13 Sie signalisieren der Sekretärin Ihre Wertschätzung trotz der nicht gewährten Gehaltserhöhung und schlagen ein ausführliches Gespräch nach Ihrer Rückkehr vor.

Zeitaufwand etwa zwei Minuten.

14 Sie bitten Ihre Sekretärin, Ihrem Kollegen Quick den Artikel zukommen zu lassen und herauszufinden, warum der Rettungswagen kam.

Zeitaufwand etwa eine Minute.

15 Sie müssen all diese Dinge (Hund, Rasen, Unruhen) übergehen.

Zeitaufwand etwa eine Minute.

16 Sie bitten Ihre Sekretärin, Ihre Schwiegermutter anzurufen …

17 … und gleichzeitig den Wirtschaftsprüfer zu benachrichtigen, dass Sie sich in spätestens einer Woche melden.

Zeitaufwand für 16 und 17 etwa eine Minute.

18 Sie lehnen dankend ab, bitten aber um eine Kopfschmerztablette.

Zeitaufwand etwa eine Minute.

19 Sie danken dem Vertreter für das gezeigte Vertrauen und bitten ihn, sich auch an den Vorstandsvorsitzenden zu wenden. In einer Woche werden Sie sich darum kümmern. Bezogen auf Herrn Fix bitten Sie den Personalchef, eine vorläufige Suspendierung vom Dienst zu überlegen, ggf. veranlassen.

Zeitaufwand etwa zehn Minuten.

Bis hierher sind 60 Minuten erreicht, es ist 11 Uhr!

20/21 Sie machen kurz klar, dass jetzt nicht der richtige Moment für Auseinandersetzungen ist, und bitten Ihre Sekretärin, den Taxifahrer über den Pförtner zum weiteren Warten zu veranlassen.

Zeitaufwand etwa eine Minute.

22 Sie danken Ihrer Schwiegermutter, bitten um einen „Noteinsatz" und erzählen ihr, was passiert ist (Unfälle Babysitter, Schule).

Zeitaufwand etwa fünf Minuten.

23 Sie wirken beruhigend auf den Betriebsrat ein und bitten ihn, in einer halben Stunde wiederzukommen (wenn Sie weg sind) und Termine zu machen. Ihre Sekretärin verfügt über Ihre Termine.

Zeitaufwand etwa fünf Minuten.

24 Sie beruhigen auch den Pförtner und bitten ihn, das Taxi aufzuhalten.

Zeitaufwand etwa eine Minute.

25 Sie bitten die Sekretärin, Ihrem Sohn einen Expressbrief (Inhalt: 500-Euro-Scheck) zu schicken. Alternativ: Sie entscheiden sich, diesmal nichts zu tun, Sie haben Ihre Gründe.

Zeitaufwand jeweils etwa drei Minuten.

Jetzt ist es 11.15 Uhr und allerhöchste Zeit aufzubrechen.

Übung: Postkorb (klassisch)

Heute ist Mittwoch, der 29. Juni, 16 Uhr. Sie sind eben – in diesem Moment – von einer längeren Dienstreise, auf der Sie weder telefonisch oder noch sonst wie zu erreichen waren, nach Hause zurückgekehrt.

Ihr Name: Heinz Bell, Ihr Beruf: Ingenieur für Raffinerieanlagen

Am Donnerstag, den 30. Juni, müssen Sie um 8 Uhr eine geschäftliche Kurzreise nach China antreten und kommen erst am Montag, den 4. Juli, um 19 Uhr wieder zurück nach Hause. In China kann man Sie weder erreichen noch können Sie von dort aus telefonisch Kontakt mit Ihrer Heimat aufnehmen. Deshalb müssen Sie alle Dinge, die jetzt erledigt werden sollten, vor Ihrer Abreise organisieren.

Heute früh ist Ihre Frau wegen einer akuten Blinddarmentzündung in das Krankenhaus eingeliefert und vor fünf Stunden operiert worden. Vor ihrer Krankenhauseinweisung hat sie Ihnen alle wichtigen Briefe und Notizen in Ihren Postkorb getan.

Sie sind allein zu Hause und haben das Pech, dass Ihr Telefon kaputt ist. Die Nachbarn sind nicht erreichbar. Sie können also nicht telefonieren. Bis auf 400 Euro und einen Scheck in Ihrem Scheckheft haben Sie keine weiteren Zahlungsmittel im Haus.

In der nun folgenden Stunde, der Zeit von 16 bis 17 Uhr, müssen Sie Ihren Postkorb bearbeitet haben. Danach, in der Zeit von 17 bis 19 Uhr, stehen dringende Besorgungen in der Stadt an.

Im Postkorb finden Sie Notizen, Briefe, Vorlagen usw. Sehen Sie alle einzeln durch und schreiben Sie auf den Rand jeweils Ihre Entscheidung bzw. formulieren Sie, falls nötig, einen Brief. Sie können auch aufschreiben, was Sie durch wen zu veranlassen wünschen. Ob Sie z. B. eine Antwortnotiz anfertigen, Termine vereinbaren, anstehende Aufgaben gleich oder später lösen bzw. sich dafür entschließen, nichts zu tun. Sie allein entscheiden über die Vorgehensweise.

Versetzen Sie sich noch einmal in die Rolle und Situation von Heinz Bell – hier eine Zusammenfassung: 16 Uhr, Mittwoch, der 29. Juni. In einer Stunde sind die beigefügten Unterlagen zu bearbeiten. Sie sind allein zu Hause und keiner kann Ihnen helfen, nicht einmal das Telefon. Unterlagen mit auf die Chinareise zu nehmen und Dinge von unterwegs zu erledigen, ist nicht möglich.

Schreiben Sie deshalb alle Ihre Anordnungen auf.

Pünktlich in einer Stunde müssen Sie damit fertig sein, denn zwischen 17 und 19 Uhr sind unaufschiebbare Besorgungen zu machen. Morgen um 8 Uhr treten Sie Ihre Reise nach China an und kommen erst am Montag, den 4. Juli, um 19 Uhr wieder zurück.

Folgende Personen gehören zu Ihrem Haushalt:

Heinz Bell	Sie selbst
Ulrike Bell	Ihre Frau
Klaus und Uschi	Ihre Kinder (14 und 15 Jahre alt)
Martha	Ihre Haushälterin
Milli	Ihr Au-pair-Mädchen
Bello	Ihr treuer Hund

Für diese Übung haben Sie 60 Minuten Bearbeitungszeit.

Dokument 1

Mittwoch, 29.6., 8 Uhr

Mein lieber Heinz,

wegen einer akuten Blinddarmentzündung muss ich ins Krankenhaus und mich noch heute operieren lassen. Besuch mich doch bitte am Abend.

Hoffentlich bin ich bis Montag aus dem Krankenhaus entlassen und wieder auf den Beinen. Bis dahin musst Du Dich bitte um die Kinder und das Haus kümmern.

Bis um 18 Uhr sind die Kinder in der Schule. Sie haben leider keinen Schlüssel, kommen aber um 18.30 Uhr nach Hause. Martha hat frei und kommt morgen früh um 8.30 Uhr wieder.

Für Mittwochabend in einer Woche habe ich Karten für die Opernpremiere. Bitte halte Dir diesen Termin frei, es ist ja auch unser Hochzeitstag.

Noch etwas: Ich habe unser Au-pair-Mädchen rausgeschmissen und ihr fristlos gekündigt. Sie muss Geld und Schmuck gestohlen haben. Natürlich bestreitet sie alles. Am Montag kommt sie um 14 Uhr und will ihr Zeugnis sowie noch 100 Euro Lohn haben. Kannst Du das bitte übernehmen?

Wichtige Unterlagen und Briefe findest Du in Deinem Posteingangskorb.

Grüße an Dich und die Kinder.

Deine

Dokument 2

Terminkalender

Datum	Uhrzeit	Uhrzeit
	8	14
	9	15
Mo	10	16
4.7.	11	17
	12	18
	13	19
	8	14
	9	15
Di	10	16
5.7.	11	17
	12	18
	13	19
	8	14
	9	15
Mi	10	16
6.7.	11	17
	12	18
	13	19
	8	14
	9	15
Do	10	16
7.7.	11	17
	12	18
	13	19
	8	14
	9	15
Fr	10	16
8.7.	11	17
	12	18
	13	19

Dokument 3

Dr. med. dent. Erwin Bohr — 24. Juni
Zahnarzt

Lieber Herr Bell,

wie ich neulich mit Ihnen besprochen habe, ist es jetzt an der Zeit, unsere Rechte im Kampf gegen die neue Umgehungsstraße wahrzunehmen.

Es kann doch wohl nicht angehen, dass ausgerechnet wir von unseren Grundstücken Land abgeben müssen und obendrein auch noch die Lärmbelästigung hinnehmen sollen.

Das Straßenbauamt hat mir auf telefonische Anfrage Mittwoch, den 6. Juli, um 10 Uhr als Termin benannt, um über die Lärmschutzmaßnahmen zu diskutieren.

Ich bitte Sie, lieber Herr Bell, diesen Termin unbedingt wahrzunehmen.

Mit freundlichen Grüßen,
ich rechne mit Ihrem Kommen

Dokument 4

Landessparbank Entenhausen

Dienstag, 28. Juni

Sehr geehrter Herr Bell,

in Ihrem Aktiendepot bei uns verfügen Sie über Werte der Winterfeld-AG in Höhe von 50.000 Euro. Uns ist zugetragen worden, dass die Winterfeld-AG voraussichtlich zum 1. Juli Konkurs anmelden muss. Was das für Ihre Aktien bedeutet, ist nicht schwer einzuschätzen. Mit massiven Verlusten – vielleicht sogar bis zu 95 Prozent – muss gerechnet werden.

Unser Vorschlag: Ermächtigen Sie uns, Ihre Aktien jetzt zu verkaufen, zu einem Kurs von ca. 80 Prozent des Kaufkurses. Bitte melden Sie sich unbedingt bis Mittwoch, den 29. Juni, 18 Uhr.

Mit freundlichen Grüßen

B. Müller
Bankdirektor

H. Schulze, ppa.

Dokument 5

28.6.

Lieber Papa,

am Mittwoch, den 6.7., ist in der Schule Elternsprechtag in der Zeit von 10–13 Uhr. Unser Klassenlehrer möchte einige heikle Vorfälle mit Euch besprechen.

Eigentlich halten Klaus und ich das für unnötig, aber sicherlich solltet Ihr doch hingehen.

Deine Tochter

Dokument 6

Gärtnermeister Grün 19.6.

Sehr geehrter Herr Bell,

am Dienstag, den 5.7., und Mittwoch, den 6.7., wollen wir wie jedes Jahr Ihren Garten bepflanzen. Über die Neugestaltung haben wir ja bereits mit Ihrer Frau ausführlich gesprochen.

Bitte hinterlassen Sie bei Ihrer Hausangestellten eine erste Anzahlung in Höhe von wenigstens 400 Euro. Dies ist notwendig, um die hohen Auslagekosten, die uns entstehen, abzumildern.

Mit freundlichen Grüßen

Grün

Gärtnermeister

Dokument 7

Kreisgericht Entenhausen 27.6.

Herrn
Heinz Bell
Mausstr. 1

33333 Entenhausen

Schöffe am Kreisgericht

Sehr geehrter Herr Bell,

wir freuen uns, Ihnen mitteilen zu können, dass Sie als ehrenamtlicher Schöffe ausgewählt wurden, und bitten Sie, sich am Dienstag, den 5. Juli, in der Zeit von 15–18 Uhr im großen Saal des Kreisgerichtes einzufinden, wo die Einweisung und Vereidigung stattfinden wird.

Nur in wirklich begründeten Ausnahmefällen können Sie sich der Tätigkeit als Schöffe entziehen.

Mit vorzüglicher Hochachtung

Richter

Justizangestellte

Dokument 8

Lieber Herr Bell,

eben ist Ihre Frau ins Krankenhaus gebracht worden.
Hoffentlich geht alles gut!

Darf ich Sie bitten, mir für morgen den beigelegten Blankoscheck zu unterschreiben und mir etwa 200 Euro für dringend notwendige Einkäufe in bar zu hinterlegen. Ich weiß nicht, ob ich Sie morgen sehe, aber einige Sachen müssen dringend bezahlt werden.

Mit lieben Grüßen
Ihre treue Perle

Dokument 9

Grund und Boden GmbH
Postfach 007
33333 Entenhausen

Per Einschreiben/Rückschein 15.6.
Herrn
Heinz Bell
Mausstr. 1

33333 Entenhausen

Sehr geehrter Herr Bell,

seit über drei Jahren leben Sie und Ihre Familie in dem von uns betreuten Haus in der Mausstraße 1.

Unsere Mandantin hat sich jetzt entschlossen, die Miete zu erhöhen. Wir weisen auf § 4, Abs. 2,1 des Mietvertrages hin und bitten Sie um Verständnis, wenn wir die Kaltmiete den gestiegenen Kosten entsprechend zum 1.9. um 20 Prozent anheben.

Wir bitten Sie, uns bis zum 4.7. Ihre Zustimmung schriftlich abzugeben. Andernfalls müssten wir Ihren Mietvertrag fristgemäß zum Quartalsende kündigen.

Mit freundlichen Grüßen

Viktor Wucherer
Geschäftsführer

Dokument 10

28.6.

Lieber Papa,

für Mama habe ich ein schönes Geschenk zu ihrem Geburtstag besorgt. Die Damen-Rolex war ein Sonderangebot für 500 Euro und sie wollte doch schon immer so eine Uhr. 100 Euro habe ich dazu beigesteuert, den Rest sollte der Verkauf meines Mofas bringen. Nun kann mein Freund die 300 Euro für das Mofa nicht bezahlen, weil seine Eltern gegen den Kauf sind. Ich schulde dem Juwelier aber noch 400 Euro. Kannst Du die mir bitte vorstrecken? Wenn mein Mofa verkauft ist, bekommst Du sie sofort wieder.

Dokument 11

Platon-Wirtschaftsbriefe, Frankfurt a.M., Nr. 24 / 28.6.

Informationen aus Wirtschaft und Politik

Mehrwertsteuer
Berlin. Die Bundesregierung, insbesondere der Finanzminister, denkt über eine weitere Erhöhung der Mehrwertsteuer nach. Verschiedene Modelle sind im Gespräch. Denkbar wäre eine Anlehnung an das italienische Modell, das bestimmte Wirtschaftsgüter mit einem erhöhten Mehrwertsteuersatz belastet. Voraussichtlich noch in diesem Herbst wird eine mindestens fünfprozentige Steigerung des jetzigen Steuersatzes für Luxusgüter im Kabinett diskutiert werden.

Zinspolitik
Frankfurt a. M. Trotz heftiger Bedenken der Bundeskanzlerin sieht der Bundesbankpräsident keine Veranlassung, an den derzeitigen Leitzinsen etwas zu verändern. Der Euro müsse stabil bleiben, die Krise sei nicht hausgemacht, so seine Argumente bei einem Besuch im Bundeskanzleramt.

Waggonbau
München. Die Pläne der großen westdeutschen Schienenfahrzeughersteller, die deutsche Waggonbau AG (DWA) in den neuen Bundesländern zu übernehmen, sind geplatzt. Ursache ist der Einspruch des Bundeskartellamtes, das unzulässige Absprachen monierte. Nachdem auch der englisch-französische Konzern GEC Alsthom, Produzent des Hochgeschwindigkeitszuges TGV, wenig Interesse an der DWA zeigt, wird jetzt ein Angebot der Siemens AG erwartet.

Spekulation
Frankfurt a. M. Gut informierte Schweizer Börsenkreise spekulieren darüber, dass verschiedene deutsche Banken ihren Kunden nahelegen, sich von den Aktien der Winterfeld-AG zu trennen. Die tatsächlichen Schwierigkeiten der Winterfeld-AG (s. Bericht Nr. 21) seien weitestgehend behoben, sodass kein Insolvenzverfahren drohe, der Kurs der Aktien aber würde ein Aufkaufen großer Stückzahlen lohnend erscheinen lassen.

Wirtschaftskriminalität
Zürich. Die Firma Rolex warnt in ihrem neuesten Pressedienst vor Fälschungen im Bereich ihrer hochwertigen Herren-Markenuhren. Es seien über den ehemaligen Ostblock große Stückzahlen gefälschter Uhren aufgetaucht, die für Experten lediglich an dem grob knisternden Ticken zu erkennen seien.

Dokument 12

Schwan-Gymnasium Entenhausen, 28.6.
Der Schulleiter

Sehr geehrter Herr Bell,

leider muss ich Ihnen mitteilen, dass Ihre beiden Kinder Uschi und Klaus Bell gestern zum fünften Mal in diesem Monat unentschuldigt vom Unterricht ferngeblieben sind. Bereits vor zwei Wochen, als Ihre Kinder das dritte Mal unentschuldigt fehlten, schrieb ich Ihnen und bat um Ihre Stellungnahme.

Das mir vorgelegte Entschuldigungsschreiben mit Ihrer Unterschrift hat mein Misstrauen erweckt und ich möchte Sie bitten, mich aufzusuchen, um diese Angelegenheit zu klären.

Sollte ich von Ihnen nichts hören, muss ich erwägen, Ihre Kinder aus disziplinarischen Gründen von der Schule zu verweisen.

Hochachtungsvoll

Dr. Bellermann

Dr. Bellermann
Schulleiter

Dokument 13

28.6.
Lieber Herr Bell,

eben erhielt ich den Anruf unseres schwierigen Nachbarn, der doch so gut mit Ihrem Chef steht. Der Nachbar beklagt sich, dass unser Wasser aus der Regenrinne seinen Garten unterspült. Unsere Dachrinnen sind leider verstopft. Er drohte sogar, Sie anzuzeigen, möchte aber vorher mit Ihnen am Montag, den 4.7., um 15 Uhr sprechen.

An diesem Tag gegen 16 Uhr stellt sich auch das neue Au-pair-Mädchen vor.

Eben hat Ihr Büro angerufen und gesagt, dass Sie vor Mittwoch nicht zurück seien. Alle Bürotermine sind abgesagt worden.

Für Mittwoch, den 6.7., hat sich gegen 19 Uhr Ihr Chef mit einem wichtigen Anliegen zu Ihnen nach Hause eingeladen. Ich weiß nicht, worum es dabei geht, denke aber, es könnte ja wichtig sein.

Ihre Perle

Dokument 14

Egon Groschenbügel
Rechtsanwalt und Steuerberater 27.6.

Lieber Herr Bell,

die in Ihrer letzten Steuererklärung ausgewiesenen Verluste aus Aktienspekulationen können Sie leider so nicht steuerlich absetzen.

Wir schlagen Ihnen vor, eine Risikoversicherung **z. B.** gegen Kursverfall wegen Konkurs abzuschließen. Pro 500 Euro beträgt die Prämie lediglich 15,95 Euro. Die maximale Versicherungshöhe liegt jedoch bei 40.000 Euro.

Weitere Einzelheiten müssten wir persönlich besprechen. Da ich am 29.6. nur bis 19 Uhr in meinem Büro bin, sollten wir uns bis dahin besprochen haben. Bitte bringen Sie für die Versicherung ggf. einen Scheck mit.

Mit freundlichen Grüßen

Dokument 15

Terminplanung

Wie Sie wissen, ist heute Mittwoch, der 29.6., kurz vor 17 Uhr. Um 19 Uhr schließen alle Geschäfte und Büros. Und auch Sie müssen wieder zu Hause sein. In den Ihnen verbleibenden zwei Stunden wollen Sie so viel wie möglich persönlich erledigen.
Leider ist Ihr Auto nicht fahrbereit und andere Transportmittel stehen nicht zur Verfügung. Selbst das Telefon fällt aus.

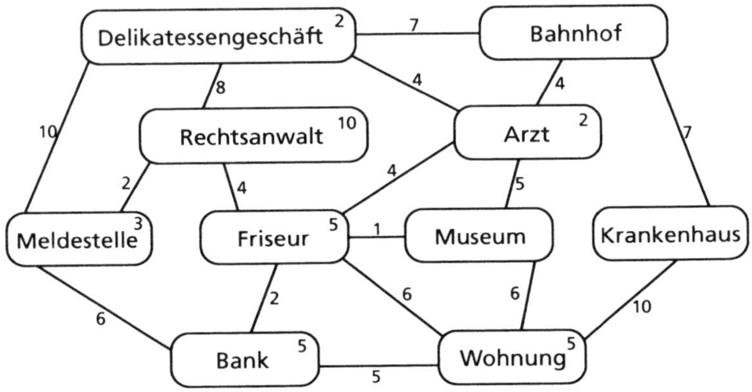

Der Lageplan zeigt die verschiedenen Anlaufstellen und die möglichen Wege. Die Zahlen auf den gestrichelten Linien bedeuten die Zeit, die Sie jeweils zu Fuß benötigen, um Ihr Ziel zu erreichen. Die Zahl in dem Kästchen beziffert die notwendige Aufenthaltsdauer (alles in Minuten).
Um z. B. vom Friseur zum Bahnhof zu gehen, brauchen Sie acht Minuten (zweimal vier). Dieser Weg führt Sie über den Arzt, Sie müssen aber nicht zum Arzt reingehen.
Beim Arzt ist Ihr Impfzeugnis abzuholen, das Sie für Ihre Chinareise unbedingt benötigen. Die Bank wird um 19 Uhr geschlossen, Sie müssen aber um 18.30 Uhr zu Hause sein, um Ihre Kinder, die keinen Schlüssel haben, reinzulassen. Dafür sind fünf Minuten Aufenthalt zu kalkulieren (s. Plan). Ein Besuch beim Friseur (fünf Minuten) ist notwendig, da Ihr Rasierapparat kaputt ist. Das Delikatessengeschäft sollten Sie aufsuchen, um den Präsentkorb für die Frau Ihres Chefs abzuholen. Sie werden ihn ihr am Bahnhof übergeben, denn ihr Zug kommt um 17.57 und fährt um 18.03 Uhr, und Sie haben es Ihrem Chef versprochen, seine Frau heute an ihrem 60. Geburtstag besonders nett zu überraschen. Ihre eigene Frau kann ab 17 Uhr im Krankenhaus besucht werden. Bei der Meldestelle müssen Sie bis 17.30 Uhr Ihren Reisepass abgeholt haben. Im Museum wartet Ihre Freundin in der Zeit zwischen 17 und 19 Uhr auf Sie.

Versuchen Sie, alle Anlaufstellen zu erreichen, für jede Minute, die Sie im Krankenhaus verbringen, bekommen Sie zusätzlich drei Extrapunkte, für jede Minute im Museum zwei.

Für Ihre Zeitplanung
Bitte tragen Sie Ihren optimalen Weg in der Skizze ein, hier Ihre Verweilzeiten:

Start: Haus

Wegezeit: von Haus nach		..... Minuten
Am/im .... von ..... bis		= ..... Minuten
Wegezeit: von .... nach		..... Minuten
Am/im .... von ..... bis		= ..... Minuten
Wegezeit: von .... nach		..... Minuten
Am/im .... von ..... bis		= ..... Minuten
Wegezeit: von .... nach		..... Minuten
Am/im .... von ..... bis		= ..... Minuten
Wegezeit: von .... nach		..... Minuten
Am/im .... von ..... bis		= ..... Minuten
Wegezeit: von .... nach		..... Minuten
Am/im .... von ..... bis		= ..... Minuten
Wegezeit: von .... nach		..... Minuten
Am/im .... von ..... bis		= ..... Minuten
Wegezeit: von .... nach		..... Minuten
Am/im .... von ..... bis		= ..... Minuten
Wegezeit: von .... nach		..... Minuten
Am/im .... von ..... bis		= ..... Minuten
Wegezeit: von .... nach		..... Minuten
Am/im .... von ..... bis		= ..... Minuten
Gesamtzeit		..... Minuten
Alle Anlaufstellen erreicht?	ja o	nein o
Es fehlen: (Begründung)		

Ein Arbeitsblatt nach folgendem Muster hilft Ihnen, Entscheidungen und deren Begründungen festzuhalten und später mit den Lösungsvorschlägen zu vergleichen.

Dokument	Entscheidung	Begründung
1. Notiz Ehefrau		
2. Kalender		
3.		
4.		
usw.		

Lösung: Postkorb klassisch

Dokument	Entscheidung
1 Notiz Ehefrau	Die fristlose Kündigung eines Au-pair-Mädchens ohne Beweise ist nicht zulässig. Die Situation muss geklärt und ein persönliches Gespräch mit Milli vereinbart werden. Termin vorschlagen und im Kalender eintragen.
2 Kalender	Alle Termine sollten in den Kalender eingetragen werden (Nachbar, neues Au-pair-Mädchen, Gespräche mit Lehrer und Direktor, Besuch des Chefs).
3 Dr. Bohr	Auch wenn man offensichtlich nur Mieter ist, gilt es, den Termin wahrzunehmen, ggf. zu delegieren (z. B. an die Ehefrau).
4 Landesbank	Von wichtiger Bedeutung, steht aber in Zusammenhang mit den Dokumenten 11 und 14. Ein kleiner Verlust durch einen Teilverkauf von Aktien im Wert von etwa 25.000 Euro (Hälfte des Bestands) erscheint angemessen und muss der Bank mitgeteilt werden. Für den Rest eine Versicherung abschließen (Dokument 14). Erfordert eine besondere Zeitplanung (Rechtsanwaltsbesuch).
5 Tochter/Schule	Von Bedeutung, weil durch Dokument 12 aktuell. Termin in Kalender eintragen und wahrnehmen. Vorher unbedingt mit Lehrer und Direktor sprechen. Auftrag an Haushilfe bzw. Ehefrau wegen Terminvereinbarung für Di, 5.7.
6 Gärtnerei	Unwichtig, zu vernachlässigen, nichts tun. Am 5.7. sind Sie wieder da und der Gärtner weiß, was zu tun ist.
7 Kreisgericht	Relativ unwichtig. Sie sind erst am 5.7. da. Terminsetzung zu kurzfristig, ggf. kurzer Brief an das Kreisgericht, evtl. durch Ihr Büro.
8 Martha/Scheck	Zu beachten: Kein Blankoscheck, nachdem im Haus ein Diebstahl beklagt wird, lieber etwas vorsichtiger sein. Evtl. 200-Euro-Scheck ausstellen. Uhrenkauf (Dokument 10) und Gärtnerei (Dokument 6) zeigen einen etwas problematischen Umgang mit dem Geld. Rechnungen lieber etwas liegen lassen.
9 Grund- u. Boden	Wichtig, obwohl juristisch auf schwachen Füßen, Brief mit Gesprächs- und Verhandlungsangebot veranlassen, Einspruch einlegen gegen Kündigungsdrohung. Nicht zu sehr verunsichern lassen.
10 Sohn	Im Moment zu vernachlässigen, bald aber Gespräch führen wegen der Themen Umgang mit Geld und Schule. Juwelier kann warten, darf teure Uhr nicht an 14-Jährigen verkaufen. Ggf. am Abend Gespräch mit Sohn führen.
11 Wirtschaftsbrief	Wichtig ist lediglich der Artikel „Spekulation“. Wem vertraut man eher, der Bank oder diesem Brief? Steht in Zusammenhang mit Dokument 4 und Dokument 14.
12 Schulleiter	Wichtig, weil neben Schulverweis auch Auseinandersetzungen am 6.7. (Dokument 5) drohen. Kurzbrief mit Bitte um Gesprächstermin. Erst Sachverhalt klären, dann ggf. entschuldigen.

13 Martha	Termin mit Nachbar ernst nehmen. Veranlassen, dass Montag spät am Abend oder Dienstag ein Treffen vereinbart wird. Vorstellungsgespräch mit neuem Au-pair-Mädchen delegieren an Frau und Martha. Ggf. Ehefrau veranlassen, mit Chef zu telefonieren wegen Opernpremiere, ob er mitkommt (Dokument 1).
14 Rechtsanwalt	Wichtig: für unter 1.600 Euro Absicherung gegen Verlustrisiko bei Aktien. Da nur noch halber Bestand, lediglich ca. 800 Euro. Persönlichen Besuch einplanen (Dokument 15), Scheck mitnehmen.
15 Zeitplan	s. u., kann erst am Ende bearbeitet werden. Terminplanung (Dokument 15)

Meldestelle, Arzt, Wohnung, Bahnhof mit vorherigem Besuch des Delikatessengeschäfts wegen des Überraschungsgeschenkes für die Frau des Chefs sind unbedingte Muss-Anlaufstellen und werden mit jeweils 20 Punkten honoriert (sagt die Auswertungsempfehlung für die AC-Beobachter). Krankenhaus und Museumszeiten werden zwar mit Zusatzpunkten belohnt, aber hier wie auf der Bank, beim Rechtsanwalt und Friseur gibt es nur zehn Punkte. Alle Anlaufstellen ergeben maximal 150 Punkte, insgesamt sind angeblich 206 Punkte erreichbar, wenn man lediglich von 17.59 Uhr bis 18.03 Uhr am Bahnhof ist.

Die optimale Lösung sieht einen Weg über Friseur, Bank, Meldestelle, Rechtsanwalt, Delikatessengeschäft, Arzt und Bahnhof vor. Hier trifft man um 17:59 Uhr, ohne Arzt drei Minuten früher, also noch rechtzeitig ein. Nach nur zwei Minuten Geschenkübergabe am Bahnhof kann man sogar noch seine Freundin im Museum mit einer Minute beglücken.

Der optimale Weg führt vom Bahnhof weiter über das Krankenhaus zur geliebten Frau (hier sind zehn Minuten Aufenthalt ausreichend), zur eigenen Wohnung, um den Nachwuchs hereinzulassen, und zum zweiten Mal zum Museum, um hier der Geliebten 13 Minuten zu widmen. (Anmerkung: Die Konstruktion Ehefrau im Krankenhaus – Geliebte im Museum ist wirklich nicht auf unserem Mist, in unserer Fantasie, gewachsen. Das Original-AC sieht ein Treffen mit der Freundin im Park vor …)

Auswertung

Die vorgegebene Bearbeitungszeit von einer Stunde ist sehr knapp. Wer den Terminplan zwischendurch anfängt, wird in Zeitnot kommen. Die AC-Beobachter legen Wert auf ein gutes Postkorb-Interview. Hier müssen die AC-Teilnehmer ihr Vorgehen detailliert erklären (z. B. zunächst alles durchlesen, Wichtiges von Unwichtigem unterscheiden, eine bestimmte Strategie wählen, Prioritäten setzen, geschäftlichen oder finanziellen Interessen oder der Sorge um die Ehefrau Vorrang geben). Dabei erwartet man viele Hintergrundinformationen für jede Entscheidung und prüft, ob der AC-Teilnehmer die Konsequenzen seiner Entscheidung planvoll mit einbezogen hat.

Empfehlung: Überlegen Sie sich, was Sie – im Postkorb-Interview entsprechend befragt – für Erläuterungen und Begründungen angeben. Entwickeln Sie nach einem ersten Durchlesen eine Strategie (Plan), mit der Sie verdeutlichen, dass Sie in den Bereichen des systematischen Denkens und Handelns befähigt sind.

Übung: Einzelbearbeitung oder Gruppendiskussion

Astronautentest

Sie gehören einem europäischen Raumfahrerteam an, das im Jahre 2020 ein Forschungsprojekt auf dem Mond durchführen soll. Dabei sind Sie mit Ihrem Raumgleiter unterwegs und auf dem Mond gelandet. Auf der Rückreise zum Mutterschiff, das auf der beleuchteten Mondseite auf Sie wartet, kommt es zu einer technischen Panne. Sie müssen notlanden und befinden sich 200 Kilometer von Ihrem Ziel, dem Mutterschiff, entfernt. Während der unsanften Landung ist viel von der Bordausrüstung zerstört worden. Nun hängt Ihr Überleben davon ab, ob es Ihnen gelingt, zu Fuß zum Mutterschiff zu kommen. 15 unzerstört gebliebene Dinge können Ihnen dabei helfen.

Ihre Aufgabe: Bringen Sie diese Gegenstände in eine Rangfolge, geordnet nach ihrer Bedeutung für den Fußmarsch zum Mutterschiff. Was glauben Sie, werden Sie auf dem Mond am dringendsten brauchen? Was ist am zweitwichtigsten usw.? Bitte notieren Sie jeweils die Rangnummer hinter den Gegenständen.

Verfügbar sind:

- mehrere Tuben Astronautennahrung
- 50 qm Fallschirmseide
- ein solarzellenbetriebener Kocher
- ein Feuerzeug
- 20 m Seil
- eine Pistole
- mehrere Sauerstofftanks
- ein magnetischer Kompass
- eine astronomische Karte
- zwei Signalflaggen
- ein solarbetriebenes Radio
- ein Erste-Hilfe-Koffer
- zwei Tanks mit Trinkwasser
- ein Paket Milchpulver
- ein automatisch aufblasbares Rettungsboot

In der realen Testsituation nicht unüblich: Sie müssen dieses Thema und die zu wählende Rangfolge in einer Gruppe von Mitbewerbern diskutieren und einen Konsens herbeiführen. Dabei werden Sie daraufhin beobachtet, wie Ihr Umgangsstil mit den anderen Mitbewerbern ist.

Jetzt folgen einige Berichte von Kandidaten, deren Aufgaben Sie übernehmen und z. B. in einer Gruppe von Freunden im Rahmen einer AC-Simulation zuhause diskutieren können. Die Lösung des Astronautentests folgt unmittelbar danach.

Abgestürzt

Mit dem Flugzeug waren wir nach Südafrika unterwegs, als plötzlich ein Defekt an beiden Triebwerken auftrat und den Piloten zu einer Notlandung mitten in der Wüste zwang. So weit das Auge reichte, nichts als Sand …

Bei der Bruchlandung brannte die Pilotenkanzel völlig aus, Pilot und Kopilot kamen ums Leben. Die überlebenden Passagiere – meine sieben Mitbewerber und ich – mussten sich nun gemeinsam überlegen, was zu tun sei. Uns war zum Glück bei dieser Bruchlandung gesundheitlich nichts Schlimmes passiert – außer, dass wir uns jetzt mitten in einem Assessment Center befanden.

Aus dem Flugzeugwrack konnten wir noch eine Reihe von Gegenständen bergen und bekamen – nun als Bewerbergruppe – die Aufgabe, uns zu überlegen, welcher Gegenstand zum Überleben wohl der wichtigste sei, aber auch, welcher der unwichtigste; alle Utensilien hatte jeder für sich zunächst einmal in eine Rangfolge zu bringen. Da gab es:

- mehrere Taschenlampen mit Batterien
- ausreichend Wolldecken für jeden Passagier
- eine Pistole
- einen Verbandskasten
- eine ausreichende Anzahl von Regenmänteln
- einen rot-weißen Fallschirm
- ein Taschenmesser mit Springklinge
- 20 Meter Nylonseil
- 2 Kanister mit 20 l Wasser
- einen Kompass

Nachdem jeder für sich eine Rangfolge erstellt hatte, sollten wir unsere Resultate mit den anderen Mitbewerbern diskutieren und in der Gruppe zu einem gemeinsamen Ergebnis kommen.

Alptraum

Mit einer Gruppe von Freunden befinden Sie sich in Ihrem Kleinbus auf der Rückfahrt aus dem Süden in 2.274 Metern Höhe, fast auf der Passhöhe, in den Alpen. Plötzlich macht Ihr Kleinbus keinen „Muckser" mehr.

Draußen herrscht ein fürchterliches Schneetreiben und die Sicht ist gleich null.

In bester Stimmung hatten Sie sich gemeinsam dafür entschieden, trotz der Warn- und Hinweisschilder die alte Passstraße der bequemen, aber teuren Tunneldurchfahrt vorzuziehen. Sie können jetzt nicht mehr damit rechnen, dass noch ein anderes Fahrzeug diesen Weg nimmt. Eigentlich hätte die von Ihnen gewählte Passstraße eine Winterausrüstung erfordert. Draußen wird es immer kälter.

Aufgabe: Diskutieren Sie gemeinsam die Handlungsmöglichkeiten, die Ihnen in dieser fast ausweglosen Situation sinnvoll erscheinen.

Eine etwas harmloser anmutende Thematik enthält die AC-Aufgabe, eine Verteilung von Urlaub oder anderen Vergünstigungen (z. B. Dienstfahrzeug) in einem Arbeitsteam vorzunehmen. Dabei wird für jeden Teilnehmer eine Rolle mit bestimmten Merkmalen kurz vorher festgelegt, die es als Bewerber und AC-Teilnehmer erfolgreich zu vertreten gilt. Ein Bewerber berichtet:

Weihnachten zu Hause

Wir sechs waren die Belegschaft eines Reisebüros und hatten den Dienstplan für die Weihnachtszeit zu erstellen. Jeder hatte in seinem Hefter eine ganz persönliche Ausgangs- und Argumentationsposition beschrieben bekommen.

Ich z. B. war nach der „Regieanweisung" ein 19 Jahre junger lediger Mann, der über Weihnachten seine Eltern besuchen wollte, die allerdings über 300km weit weg wohnten. Eine andere Bewerberin musste die Rolle einer Frau übernehmen, die schon einen festen Urlaub gebucht hatte; eine weitere Teilnehmerin spielte eine Frau, die ihrem Kind versprochen hatte, über Weihnachten zu Hause zu sein, und eine andere sollte ihren Mann pflegen, der mit gebrochenem Bein im Bett lag. Eine Frau war schon vor der Weihnachtszeit oft für Kollegen eingesprungen und hatte so ein Anrecht auf ihren Weihnachtsurlaub. Der sechste im Bunde war ein Mann, der aufgrund körperlicher Erschöpfung ebenfalls dringend einen Erholungsurlaub brauchte – alles Rollen, die uns, wie beschrieben, vorgegeben waren.

Es lag nun an uns allen, aus dieser Situation einen Ausweg zu finden und einen Dienstplan zu erstellen. Während dieses Rollenspiels wurden wir von zwei Männern und einer Frau beobachtet. Das Ganze dauerte etwa eine halbe Stunde und ich denke, man hat hier vor allem unser Verhalten und unsere Kooperation in der Gruppe testen wollen.

Ein ausführlicher Einblick in das Assessment Center einer Versicherung verdeutlicht, mit welchen Tests die Gesamtpersönlichkeit erfasst bzw. eingeschätzt werden soll:

Tierisch

Da fängt es zunächst für die Kandidaten mit einem Vorstellungsspiel scheinbar leicht und locker an, in dem man aufgefordert wird, sich innerhalb der Gruppe der Bewerber einmal anders vorzustellen – nämlich als Tier. Man hat eine Karte mit einem Tiernamen zu ziehen und den anderen zu erklären, inwieweit das Tier zutreffend bzw.

nicht zutreffend für einen selbst ist oder welches andere Tier möglicherweise eher zur eigenen Person passt. Jeder kommt dran und muss sich in Bezug setzen zu Hund, Katze, Fisch, Pferd, Biene, Hahn, Vogel oder Schmetterling.

Aber nicht der Inhalt ist es, auf den es hier ankommt, sondern die Art und Weise, wie man kooperiert, mitspielt, sich beteiligt, Humor zeigt und natürlich in der Lage ist, sich sprachlich gewandt auszudrücken.

Einmal „angewärmt", geht's schnell über zur Gruppendiskussion, vielleicht mit dem Thema „Sinn des Lebens – keine Gestaltungsmöglichkeiten – Lebensangst" oder vielleicht „Herrschaft im Staat – Demokratie – Politik – Machtverhältnisse" oder „Umweltschutz – wirklich das Wichtigste?".

AC-Teilnehmer, die auf die vom Personalchef locker gestellte Frage: „Wer weiß noch mehr Problemthemen?" zu viel Fantasie entwickeln, können schnell als pessimistisch und negativ eingestellte Bewerber identifiziert werden.

Nachdem die angeblich zu pessimistisch eingestellten Bewerber enttarnt sind, erhalten nun die Optimisten ihre Chance. Kann man auf die Aufforderung „Wer hat Ideen, was die Zukunft alles Positives bringen könnte?" genügend überzeugende Themen runterschnurren, lassen sich Pluspunkte sammeln.

Bemerkungen wie „Es gibt nichts Neues", „Alles ist schon mal da gewesen" und Ähnliches können bereits an dieser Stelle zu einer wesentlichen Verkürzung der Bewerbungsprozedur führen. Wer auf dem Ankreuzbogen des Personalchefs Beurteilungen bekommt wie z. B.

- er/sie macht insgesamt beim Thema nicht richtig mit, scheint uninteressiert, unengagiert, schwunglos,
- die Beiträge sind intellektuell zu wenig ansprechend, oberflächlich, klischeehaft,
- er/sie zeigt in den inhaltlichen Beiträgen resignative Tendenzen oder neigt zu idealistischen (nicht praktikablen) Lösungen
- oder schlimmer noch: zu Radikalität, Aggressivität oder lässt eine Wut gegen alles erkennen,

hat bei dem Einstellungsverfahren null Chancen.

Rote Karte

Eine andere AC-Variante läuft so ab: In einer Gruppe von Bewerbern werden jedem zwei rote „Sympathiekarten" gegeben. Der Personalchef erklärt, dass jeder Gruppenteilnehmer jedem in der Gruppe, den er sympathisch finde, eine Karte geben könne. Allerdings müssten keine Karten vergeben werden, wenn man für niemanden besondere Sympathien verspüre, und die Entscheidungen brauchten auch nicht begründet zu werden. Dennoch sei jeder herzlich dazu aufgefordert, seine Entscheidung zu erklären.

Nun wird natürlich sehr genau beobachtet, wer wie viele Karten von den Gruppenmitgliedern am Ende dieses „Spiels" auf sich vereinigen kann, wer spontan mit der Verteilung seiner Karten beginnt, wer sich zurückhält, keine Karten verteilt, abblockt, nicht mitspielen will, wer begründungsfreudig ist und wer nicht. Und natürlich werden die Reaktionen der Teilnehmer beobachtet, die viele Sympathiekarten erhalten, um sie dann letztendlich zu fragen: „Haben Sie eigentlich damit gerechnet, dass Sie so viele Karten erhalten würden?“ und „Wie fühlen Sie sich denn jetzt?“.

Todesstrafe, Schiffbruch und weitere Beispiele
Eine Gruppe von sechs AC-Teilnehmern bei einer Bewerbung in der Versicherungsbranche bekam u. a. die Aufgabe, in 45 Minuten einen Stadtplan zu gestalten, bei dem wesentliche Elemente (Krankenhaus, Sportplatz u. a.) vorgegeben waren.

Bei der Bundeswehr (Köln) wurden Offiziersbewerber in einem Assessment Center-Block zunächst mit der Aufgabe konfrontiert, zwei Aufsätze von jeweils 30 Minuten zu schreiben:

1. Ziel und Ende (Begriffe abgrenzen und Gemeinsamkeiten aufzeigen)
2. Sollte die Regierung in das freie Spiel der Wirtschaftskräfte eingreifen?

Danach wurde ein frei gehaltener Kurzvortrag verlangt: „Das Verhältnis der Jugend zur Autorität.“

Nun folgte eine Gruppendiskussion zum Thema „Todesstrafe – pro und kontra?“.

Zu guter Letzt kam ein „Planspiel“ mit der Aufgabe dran, ein Straßenfest mit Ausländern zu organisieren.

Bei einem anderen AC musste man zunächst einen fünfminütigen Kurzvortrag über das eigene Hobby halten und bekam dann einen Zeichentrickfilm über zwei Schiffbrüchige gezeigt, die sich nach dem Sinken ihres Schiffes, an einen Baumstamm klammernd, gerade noch über Wasser halten konnten. Als die Verunglückten gleichzeitig zwei verschiedene Inseln sahen, zersägten sie den Baumstamm, und jeder schwamm zu der Insel seiner Wahl. Nach der anfänglichen Freude über die Rettung und die neu gewonnene „Heimat“ wollte jeder mehr Annehmlichkeiten und Luxus als sein Nachbar haben, und sie begannen mit einer Aufrüstung, die jeweils zur Zerstörung der Insel des anderen führte. Schließlich trieben sie wieder hilflos im Meer und mussten sich beide an einen Baumstamm klammern. Im Anschluss an den Film mussten nun verschiedene Fragen diskutiert werden.

Den Abschluss dieses ACs bildete ein Einzelbewerbergespräch, bei dem es unter anderem auch um die Einschätzung der eigenen Leistung bei der Bewältigung der vorherigen Aufgaben ging.

Lösung: Astronautentest
Hier die nach Expertenmeinung richtige Reihenfolge:

1 mehrere Sauerstofftanks
(zum Überleben unbedingt notwendig)
2 zwei Tanks mit Trinkwasser
(Durst ist schlimmer als Heimweh)
3 astronomische Karte
(wichtiges Hilfsmittel für die Navigation)
4 mehrere Tuben Astronautennahrung
(Hunger kommt auch noch vor Heimweh)
5 solarbetriebenes Radio
(wichtig als Kommunikationsmittel)
6 20 m Seil
(für viele Dinge nützlich)
7 Erste-Hilfe-Koffer
(für den Fall der Fälle)
8 50 qm Fallschirmseide
(guter Schutz vor Sonneneinstrahlung – Sie befinden sich ja auf der Sonnenseite des Mondes)
9 automatisch aufblasbares Rettungsboot
(nützlich wegen der Kohlendioxid-Flasche für Rückstoßantrieb)
10 zwei Signalflaggen
(nützlich, falls das Mutterschiff in Sicht kommt)
11 Pistole
(ebenfalls für Rückstoßantrieb nützlich)
12 ein Paket Milchpulver
(Ergänzung der Nahrung, aber nicht mehr so wichtig)
13 solarzellenbetriebener Kocher
(unnötig, macht keinen Sinn)
14 magnetischer Kompass
(auf dem Mond wertlos, nicht polarisiertes Magnetfeld)
15 Feuerzeug
(wertlos, weil kein Sauerstoff auf dem Mond ist)

Übung: Gruppendiskussion

Der wahrscheinlich wichtigste Baustein eines jeden ACs lässt sich, wenn Sie ein paar Mitspieler mobilisieren können (mindestens drei, besser fünf oder sechs – dazu noch, wenn möglich ein, zwei Beobachter), gut üben. Das Aufnahmegerät oder die Kamera leisten wieder objektive und wertvolle Hilfe, wenn es darum geht, später zu analysieren, wie das Gespräch unter den Mitspielern abgelaufen ist.

Denkbar ist eine Unzahl von Themen, die teilweise dem aktuellen Tagesgeschehen entnommen werden (Nachrichtenmagazine) oder dem Gruppendiskussions-Standardrepertoire entstammen. Zu Letzteren gehört das folgende Beispiel:

Der neue Vorgesetzte
Aus einer Arbeitsgruppe wird ein Mitarbeiter von der Geschäftsführung als neuer Vorgesetzter auserwählt. Mit einigen seiner bisherigen Kollegen war er bis dato gut befreundet. Diskutieren Sie in der Gruppe, mit welchen Problemen jetzt zu rechnen ist und was man tun könnte, um keine größeren Irritationen aufkommen zu lassen. Für die Diskussion haben Sie 30 Minuten Zeit.

Umgangsstil erfolgreicher Führungskräfte untereinander
Ihre Aufgabe sieht vor, eine nach Wichtigkeit geordnete Rangfolge der unten aufgeführten Aussagen zu erstellen, die Verhaltensweisen von Führungskräften im Umgang untereinander beschreiben.

Die Aussage, die das bedeutsamste Merkmal beschreibt, bekommt eine 1, die zweitwichtigste eine 2 usw., die unwichtigste bekommt die Rangziffer 11.

Bearbeiten Sie die Aufgabe zunächst für sich alleine. Dafür stehen Ihnen zehn Minuten zur Verfügung. Anschließend diskutieren Sie Ihr Ergebnis und das Ihrer Gruppenteilnehmer und entwickeln eine gemeinsame Rangfolgenliste, die von allen Gruppenteilnehmern getragen wird. Für diesen Diskussions- und Entscheidungsprozess haben Sie noch einmal 30 Minuten Zeit.

Merkmal	Rang einzeln	Rang Gruppe
1 Zwischen einzelnen Führungskräften herrscht immer ein gesunder Konkurrenzkampf.		
2 Bei einer Diskussion bleiben Führungskräfte stets beim Thema.		
3 Führungskräfte vermeiden Konflikte untereinander.		
4 Führungskräfte halten sich an gemeinsame Absprachen.		
5 Führungskräfte sprechen freimütig über ihre persönlichen Gefühle.		
6 Eine Führungskraft legt bei Problemlösungen Wert auf eine gemeinsame Vorgehensweise.		
7 Wechselseitige Antipathien werden von Führungskräften offen verbalisiert.		
8 Jeder lässt jeden immer ausreden.		
9 Beim Gefühl, gelangweilt oder gestört zu werden, wird dies freimütig zum Ausdruck gebracht.		
10 Informationen und Erfahrungen werden jederzeit offen ausgetauscht.		
11 In einer Gruppe von Führungskräften gibt mal der eine, mal der andere den Ton an.		

Was kennzeichnet eine gute Führungskraft?

Gleiche Anleitung wie auf Seite 186!

Merkmal	Rang	
	einzeln	Gruppe
Eine gute Führungskraft …		
1 … spart nicht mit Lob, wenn gute Arbeit geleistet wurde.		
2 … unterrichtet Mitarbeiter über die Gründe für bedeutsame Entscheidungen.		
3 … ermuntert Mitarbeiter, sich auch kritisch über ihre Entscheidungen und Vorgehensweisen zu äußern.		
4 … zieht Mitarbeiter zu Rate, bevor Entscheidungen getroffen werden.		
5 … hat keine Günstlinge.		
6 … kritisiert nicht einen ihrer Mitarbeiter in Gegenwart von anderen.		
7 … pflegt auch außerhalb der Arbeitszeiten Kontakte mit ihren Mitarbeitern.		
8 … überlässt ihren Mitarbeitern Entscheidungsspielraum auf deren speziellen Arbeitsgebieten.		

Gruppendiskussion mit verteilten Rollen

Sie alle sind Außendienstmitarbeiter in einem auf Staubsauger spezialisierten Elektrogroßhandel. Die Chefetage hat sich zur Anschaffung eines neuen Dienstwagens entschlossen, der ja nur einem der Außendienstmitarbeiter zugutekommen kann: Es handelt sich um einen nagelneuen VW Passat Kombi. Jetzt gilt es, gemeinsam zu entscheiden, wer den neuen Wagen bekommt. Die Chefetage bittet um Ihr Votum.

Als Außendienstmitarbeiter müssen Sie jeden Tag verschiedene Kunden besuchen und sind deshalb auf einen Firmenwagen besonders angewiesen. Dieser steht Ihnen auch für Privatfahrten zur Verfügung und Sie hegen und pflegen ihn wie Ihr eigenes Auto.

Jeder von Ihnen bekommt eine Rolle in dieser Diskussion zugewiesen, die er zu erfüllen hat. Sie sollten sich bemühen, Ihren Standpunkt und Ihr Interesse angemessen, aber ernsthaft zu vertreten. Sollten während der Diskussion Fakten oder Situationen auftauchen, die in den Rollenanleitungen nicht enthalten sind, entscheiden Sie selbst, wie Sie sich am besten zu verhalten haben. Für diese Gruppendiskussion mit verteilten Rollen haben Sie 30 Minuten Zeit.

Übersicht zu den Rollen (für alle zu lesen):
In der Außendienstabteilung sind folgende Mitarbeiter tätig:

Herr A:
50 Jahre alt, verheiratet, 2 Kinder, seit 17 Jahren für die Firma tätig, sein jetziger Dienstwagen: ein zwei Jahre alter Ford Focus, Kilometerstand: 60.000.

Herr B:
40 Jahre alt, verheiratet, 3 Kinder, 10 Jahre in der Firma, Dienstwagen: ein vier Jahre alter Fiat, Kilometerstand: 120.000.

Herr C:
Araber, 30 Jahre alt, verheiratet, ein Kind, erst zwei Jahre in der Firma, Dienstwagen: ein VW Golf Diesel, 4 Jahre alt, Kilometerstand: 100.000.

Frau D:
30 Jahre, unverheiratet, ehemalige Auszubildende, 15 Jahre bei der Firma, fährt einen 2 Jahre alten VW Polo, Kilometerstand: 100.000.

Frau E:
51 Jahre alt, verheiratet, 3 Kinder, seit 2 Jahren in der Firma tätig, hat einen VW Passat Kombi, 3 Jahre alt, Kilometerstand: 120.000.

Frau F:
Alter: 45, unverheiratet, seit 3 Jahren im Unternehmen, fährt einen Opel Corsa, 2 Jahre alt, Kilometerstand: 60.000 km.

Die Außendienstmitarbeiter B, C, F sind für das Stadtgebiet zuständig, die übrigen für die ländliche Umgebung.

Achtung: Lesen Sie nur die Rolle, die Sie in der Gruppendiskussion übernehmen.

Herr A
Sie vertreten den Standpunkt, dass der neue Passat Kombi Ihnen angeboten werden müsste, denn Sie sind der dienstälteste Mitarbeiter und haben schon vor zwei Jahren einen anderen Wagen bekommen als Sie ursprünglich wollten (einen Ford statt einen Opel). Im Unternehmen sind Sie bekannt für Ihre hervorragenden Reiseroutenplanungen. Privat steht Ihnen auch ein Ford Focus zur Verfügung, und schon deshalb hätten Sie gerne als Dienstfahrzeug ein anderes Modell.

Herr B
Jeden Tag fahren Sie viele Kilometer, weil Ihre Kunden weit entfernt voneinander liegen. Ihr Fahrzeug ist schon ziemlich alt und hat – seitdem Herr C gegen Ihre Autotür gefahren ist – einen Schaden, der bis heute nicht repariert wurde. Die Tür schließt schlecht, und wenn Sie schnell fahren, müssen Sie Angst haben, dass sie plötzlich aufgeht. Gott sei Dank ist das noch nie passiert.

Herr C
Mit der schwergängigen Lenkung Ihres Wagens haben Sie sich nie anfreunden können. Vor zwei Jahren, als Sie in das Unternehmen eintraten, bekamen Sie diesen gebrauchten Wagen, der Ihnen das Gefühl gab, als Ausländer wieder einmal benachteiligt worden zu sein. Wichtig sind Ihnen der Zustand von Bremsen, Lenkung und Reifen. Der Wagentyp ist Ihnen eher egal, aber etwas besser als der Ihre sollte er sein, und schließlich, bei über 20 Prozent ausländischen Mitarbeitern, sollten gerade diese nicht benachteiligt werden. Beim Rückwärtsfahren haben Sie vor einem Jahr einen leichten Türschaden am Wagen von Herrn B verursacht. Herr B hatte vergessen, die Tür zuzumachen, und seitdem ist der Schaden noch nicht repariert worden.

Frau D
Sie vertreten lediglich Frau D, die erkrankt ist. Von ihr wissen Sie, dass sie in einem Bezirk tätig ist, den keiner von den Kollegen gerne bereisen wollte, weil er so weit von der Zentrale entfernt ist. Obwohl der Fleiß und die gute Arbeit von Frau D anerkannt sind, hat sie doch in der Firma, in der sie schon als Lehrling anfing, einen schweren Stand. Vor einem Jahr machte man Frau D das Versprechen, bald einen anderen Bezirk zugeteilt zu bekommen. Das Versprechen konnte nicht eingehalten werden, und so macht sie sich jetzt berechtigte Hoffnungen, das neue Auto als Ausgleich zu bekommen. Da der Anteil der Mitarbeiterinnen über 20 Prozent liegt, wird von den weiblichen Belegschaftsmitgliedern genau darauf geachtet, ob sie auch bei dieser Gelegenheit wieder diskriminiert werden.

Frau E
Sie sind ein alter Fuchs in dieser Branche, auch wenn Sie erst zwei Jahre bei der Firma tätig sind. Wegen Ihrer 20-jährigen Erfahrung hat man Sie abgeworben und zu dieser Firma gelockt, immer mit dem Kompliment, dass Sie eine der wichtigsten Mitarbeiter der Abteilung seien. Ihr Vorgesetzter hat bei Ihrer Einstellung durchblicken lassen, dass Sie bei nächster Gelegenheit einen neuen Dienstwagen, der Ihren Wünschen entspricht, bekommen sollen. Sie fahren schon einen VW Passat und möchten deshalb wieder das gleiche Modell, nur entsprechend neu, haben.

Frau F
Sie vertreten die Meinung, dass der Neuwagen aufgrund Ihrer repräsentativen Tätigkeit – Sie fahren oft gemeinsam mit dem Chef und seinen Gästen – Ihnen zugeteilt werden müsste. Leider waren Sie schon des Öfteren – wenn auch unverschuldet – in kleinere Unfälle (Blechschäden) verwickelt. Gerade beim letzten hat Ihr Chef Sie bedrängt, schneller zu fahren als es den Straßenverhältnissen angemessen gewesen wäre. Aus diesem Grund hat Ihr Chef, der sich an diesem kleinen Unfall zu Recht nicht ganz unschuldig fühlte, durchblicken lassen, dass Sie den nächsten Neuwagen bekommen sollten.

Lösungen: Gruppendiskussion

Umgangsstil erfolgreicher Führungskräfte untereinander

Hier eine generell gültige Rangordnung aufzustellen, ist nicht möglich – sicherlich schwankt die exakte Bewertung je nach der im betreffenden Betrieb vorherrschenden Unternehmenskultur.

Deshalb hier nur eine Einteilung in drei Kategorien:

- sehr bedeutsam (1)
- bedeutsam (2)
- weniger bedeutsam (3)

- Zwischen einzelnen Führungskräften herrscht immer ein gesunder Konkurrenzkampf. (1)
- Bei einer Diskussion bleiben Führungskräfte stets beim Thema. (1)
- Führungskräfte vermeiden Konflikte untereinander. (2)
- Führungskräfte halten sich an gemeinsame Absprachen. (1)
- Führungskräfte sprechen freimütig über ihre persönlichen Gefühle. (3)
- Eine Führungskraft legt bei Problemlösungen Wert auf eine gemeinsame Vorgehensweise. (2)
- Wechselseitige Antipathien werden von Führungskräften offen verbalisiert. (3)
- Jeder lässt jeden immer ausreden. (2)

- Das Gefühl, gelangweilt oder gestört zu werden, wird freimütig zum Ausdruck gebracht. (3)
- Informationen und Erfahrungen werden jederzeit offen ausgetauscht. (1)
- In einer Gruppe von Führungskräften gibt mal der eine, mal der andere den Ton an. (3)

Was kennzeichnet eine gute Führungskraft?

Eine gute Führungskraft ...

... spart nicht mit Lob, wenn gute Arbeit geleistet wurde. (1)

... unterrichtet Mitarbeiter über die Gründe für bedeutsame Entscheidungen. (1)

... ermuntert Mitarbeiter, sich auch kritisch über ihre Entscheidungen und Vorgehensweisen zu äußern. (2)

... zieht Mitarbeiter zu Rate, bevor Entscheidungen getroffen werden. (1)

... hat keine Günstlinge. (2)

... kritisiert nicht einen ihrer Mitarbeiter in Gegenwart von anderen. (1)

... pflegt auch außerhalb der Arbeitszeiten Kontakte mit ihren Mitarbeitern. (3)

... überlässt ihren Mitarbeitern Entscheidungsspielraum auf deren speziellen Arbeitsgebieten. (1)

Zusammenfassend: Hier gibt es nun wirklich keine absolute Rangfolge, im Prinzip sind unserer Einschätzung nach alle genannten Eigenschaften für eine Führungskraft von großer Bedeutung, und selbst die Entscheidung, einige als lediglich bedeutsam, eine sogar als weniger bedeutsam einzustufen, ist fragwürdig. Noch einmal grundsätzlich: Bei Gruppendiskussionen kommt es nicht primär auf die Lösung, sondern auf die Umgangsweise der einzelnen Gruppenmitglieder untereinander an.

Gruppendiskussion mit verteilten Rollen

Hinweis: Auch bei dieser Übung kommt es – wie bei allen Gruppendiskussionen – viel weniger auf die Lösung an, als von AC-Teilnehmern in der Regel geglaubt wird.

Sollten die Gruppenmitglieder auf die Idee kommen, eine Art Matrix aufzustellen, führt das in der Regel kaum zum Erfolg, denn die von jedem Teilnehmer vorgetragenen Kriterien werden subjektiv als höherwertig eingeschätzt, als dies in der Regel der Rest-Gruppenkonsens zulassen will. Eher führt es zum Erfolg, wenn man versucht, die allgemeingültigen Beurteilungskriterien der Autos aufzustellen. Auch die Idee eines Ringtausches – jeder bekommt ein etwas besseres Auto – kann je nach Diskutanten eine gewisse Lösung darstellen. Entscheidend aber bleibt, wie sich der Einzelne in seiner Interaktion, in seinem Sozialverhalten präsentiert. Diskussionsteilnehmer, die versuchen, sich aggressiv durchzusetzen, sammeln jede Menge Minuspunkte.

Übung: Situationstest

Schauen Sie sich bitte die folgenden sieben Bilder an. Eine kleine Situation wird geschildert, ein Bild illustriert, worum es geht. Eine Person sagt etwas und die andere antwortet darauf.

Drei Antwortmöglichkeiten sind vorgegeben. Entscheiden Sie ganz spontan, welche Antwort die angesprochene Person gibt.

1. Es ist drei Uhr nachts, und das Telefon hat Person B aus dem Schlaf geklingelt.

Zu 1.

Zu 2.

Was antwortet Person B? (Bitte ankreuzen)

a) Das macht nichts. Ich habe noch nicht so fest geschlafen.

b) Es ist wirklich ärgerlich, auf diese Art und Weise geweckt zu werden, aber das kann schon mal passieren.

c) Sie sind ein Vollidiot!

2. Ein Mann hat einen Bekannten zum Flughafen gefahren. Dabei hat er sich verfahren, sodass die Person B ihr Flugzeug verpasst hat. Was antwortet Person B?

a) Dass Sie sich verfahren würden, habe ich irgendwie vorher geahnt.

b) Das macht gar nichts. Der nächste Flieger geht ja in vier Stunden.

c) Einerseits Pech. Andererseits: Wer weiß, wofür es gut ist?

Zu 3.

Zu 4.

3. Person B ist bei Person A zu Besuch und hat versehentlich eine gute Vase nebst Blumenstrauß umgestoßen. Was antwortet Person B?

a) Ich könnte in den Boden versinken. Kann ich das überhaupt jemals wiedergutmachen?

b) Scherben bringen Glück! Nur keine Aufregung!

c) Es tut mir wirklich leid. Es war nicht meine Absicht. Selbstverständlich komme ich für den Schaden auf.

4. Vor der Autoreparaturwerkstatt: eine Reklamation. Was antwortet Person B?

a) Ich höre kein Geräusch. Da können wir jetzt auch nichts mehr für Sie tun. Sie haben sich schließlich für dieses Modell entschieden.

b) Ich verstehe Sie gut, auch ich bin geräuschempfindlich. Soll ich mit dem Chef gleich mal über einen Preisnachlass sprechen?

c) Das ist bedauerlich, aber wir werden uns noch einmal darum kümmern.

Zu 5.

Zu 6.

5. Nach einer halben Stunde Anstehen vor der Kinokasse ist die Vorstellung ausverkauft, als Person B dran ist. Was antwortet Person B?

a) Pech, aber dann kaufe ich jetzt eben eine Karte für die nächste Vorstellung.

b) So eine Unverschämtheit, hätten Sie das nicht eher sagen können? Dann hätte ich mich ja nicht so lange anstellen müssen!

c) So was kann auch nur mir passieren. Wieder ein Abend im Eimer.

6. Im Restaurant beklagt sich der Gast über das Essen. Was antwortet der Ober?

a) Das kann nicht sein, über diese Suppe hat sich noch niemand beschwert, Sie sind der Erste.

b) Tut mir leid, ich spreche sofort mit dem Koch, und Sie bekommen eine neue Suppe.

c) Ich bedaure, dass Ihnen unsere Suppe nicht schmeckt. Darf ich Ihnen etwas anderes anbieten?

Zu 7.

7. In einem Radio-Fernseh-Fachgeschäft: eine Reklamation. Was antwortet der Verkäufer?

a) Das ist mir wirklich furchtbar unangenehm, jetzt bekommen Sie ein nagelneues Gerät.

b) Tut mir leid, wir versuchen noch einmal unser Bestes.

c) Das ist doch unmöglich. Den haben Sie bestimmt selbst kaputt gemacht.

Auswertung, Aufbau, Interpretation: Situationstest

Bitte addieren Sie zunächst Ihre Punktzahlen. Bei Aufgabe 1 bekommen Sie für die Ankreuzung a 0 Punkte, für b 2 Punkte und für c 4 Punkte. Dazu die folgende Tabelle:

Antwort Aufgabe	a	b	c
1	0	2	4
2	4	0	2
3	0	4	2
4	4	0	2
5	2	4	0
6	4	0	2
7	0	2	4

Maximal können Sie 28 Punkte erreicht haben, minimal 0. Ihr Ergebnis muss in jedem Fall eine gerade Zahl sein, ansonsten haben Sie einen Additions- bzw. Übertragungsfehler gemacht (und sind durch den Rechentest gefallen …).

Bitte tragen Sie Ihren Punktwert auf der folgenden Skala ein:

depressiv	angemessen	aggressiv
0 2 4 6 8	10 12 14 16 18 20	22 24 26 28

Was sagt Ihnen und uns der erreichte Punktwert? Zunächst einmal: Hier wurden sieben Situationen skizziert, die durch Enttäuschungen, Ärger, Schwierigkeiten, Probleme und Unannehmlichkeiten gekennzeichnet sind. Das sind Situationen und Erlebnisse, die wir alle in unserem Alltag zur Genüge kennen. Interessant ist, wie wir damit umgehen: Der eine macht seinem Ärger deutlich Luft und schimpft, der andere schluckt seinen Ärger runter und schweigt. Der eine brüllt, der andere weint. Der eine glaubt, sich dafür entschuldigen zu müssen, „dass er geboren wurde“, der andere verlangt wutschnaubend nach seinem Recht.

Zwischen diesen beiden extremen Verhaltensweisen gibt es auch den sogenannten „goldenen Mittelweg“. Was, glauben Sie, trifft auf Sie zu? Eine Extremposition, etwa so: mit der Faust auf den Tisch oder mit dem Ärger und dem Geschwür im Magen. Zu welcher „Sorte Mensch“ gehören Sie – zu den Extremen (Faust oder Geschwür) oder liegen Sie in der Mitte?

So war der Test aufgebaut
Bei jeder Situation ging es nicht um Person B (egal ob Kellner, Aufgeweckter, Monteur etc.), sondern eigentlich um Sie. In einer durch Schwierigkeiten, Unannehmlichkeiten und Frustrationen gekennzeichneten Situation mussten Sie sich zwischen drei Antwortmöglichkeiten und damit Reaktionsweisen entscheiden.
1. Da gab es jeweils die Möglichkeit, seinem Ärger Luft zu machen und zu schimpfen (z. B., den nächtlichen Anrufer einen Vollidiot zu nennen: 1c; so auch bei 2a, 3b, 4a, 5b, 6a, 7c; diese Ankreuzungen bekamen jeweils 4 Punkte).

2. Alternativ – oder besser: als anderes Extrem – wurde die Möglichkeit angeboten, den Ärger „runterzuschlucken" und in sich hineinzufressen, zum Teil auch überhaupt das Vorhandensein von Ärger, Wut und Enttäuschung zu leugnen (dem nächtlichen Anrufer zu erklären, man habe noch nicht so fest geschlafen: 1a; so auch bei 2b, 3a, 4b, 5c, 6b, 7a – jeweils mit 0 Punkten bewertet).

So ergeben sich die Eckpfeiler, die die extremen Positionen kennzeichnen, wenn es um frustrierende Situationen geht: wütende (aggressive) Reaktionen auf der einen Seite und Ärger bzw. „Wut runterschluckende" (depressive) Reaktionen auf der anderen.

3. Der sogenannte „goldene Mittelweg" wurde ebenfalls angeboten (dem nächtlichen Anrufer wird gesagt, dass es sich um eine ärgerliche Störung handle, die aber schon mal passieren könne: 1b; so auch 2c, 3c, 4c, 5a, 6c, 7b). Hier wurde versucht, eine halbwegs angemessene, weder zu aggressive noch zu sehr den Ärger „runterschluckende" Antwort auf die Frustration zu finden. Deutlich wurde der Versuch unternommen, irgendwie konstruktiv mit der schwierigen Situation klarzukommen, ohne die Enttäuschung und die entstandenen Schwierigkeiten verleugnend zu beschönigen.

Nun zur Interpretation Ihres Punktwerts:

0–8 Punkte:
Sie neigen in ausgeprägter Weise dazu, Ihren Ärger „runterzuschlucken" bzw. ihn nicht wahrhaben zu wollen. Kennen Sie das: Magen- oder Kopfschmerzen, das ohnmächtige Gefühl, mit tränenerstickter Stimme kein Wort herauszubringen. Das ist alles furchtbar ungesund. Bei 6 Punkten deutet sich eine Tendenz zur Hoffnung an, sich bald angemessener mit ärgerlichen Situationen auseinanderzusetzen. Weiter in dieser Richtung!

10–18 Punkte:
Hier liegen Sie im „goldenen Mittelbereich". Sie scheinen in der Lage zu sein, angemessen auf Frustrationen, die das Leben bereithält, reagieren zu können. Ganz besonders gilt das für die Punktwerte 12, 14 und 16. Sollten Sie den Punktwert 10 haben, laufen Sie ein wenig Gefahr, sich dem Tal der „Runterschlucker" zu sehr zu nähern. Achtung: Dies gilt auch für den Punktwert 18, allerdings mit entgegengesetz-

ten Vorzeichen: Achten Sie darauf, nicht „zu viel Gas“ zu geben, Ihr Temperament nicht mit Ihnen durchgehen zu lassen. Ansonsten sind 14 und 16 die Positionen, mit denen man im Leben wahrscheinlich am besten fährt.

20–28 Punkte:
Sie scheinen das Motto „Wer sich nicht wehrt, lebt verkehrt“ zu Ihrer generellen Richtschnur gemacht zu haben. Vorsicht: Sie laufen Gefahr, zu grob und ungerecht mit Ihrer Umwelt umzugehen. Vielleicht bekommen Sie später einmal Probleme mit Bluthochdruck.

Übung: Rollenspiel

Für diese Übung – ein Rollenspiel von etwa 30 bis 45 Minuten Dauer – brauchen Sie mindestens zwei Mitspieler und ein Aufnahmegerät, besser noch: eine Kamera. Den folgenden Text nur so zu lesen, bringt Ihnen nicht viel.

Wenn Sie das Rollenspiel ernsthaft üben wollen, geben Sie Ihrem Mitspieler den zweiten Text, der ihn instruiert. Sie dürfen diesen Text *nicht* kennen, sondern müssen ausschließlich die Anweisung für den ersten AC-Kandidaten lesen.

Zeichnen Sie das Rollenspiel auf, um anschließend mit dem dritten AC-Mitspieler, der als Beobachter fungiert und beide Texte sofort lesen darf, Verlauf und Ergebnis Ihres Rollenspiels zu diskutieren.

Achtung, lieber Leser und potenzieller AC-Kandidat: Lesen Sie nur diesen jetzt folgenden Text!

1. Text:
Anweisung für den 1. AC-Kandidaten
Sie sind seit Kurzem neuer Vorgesetzter in einer Verwaltung und haben einen Mitarbeiter Ihrer Abteilung zu sich gebeten (er sitzt Ihnen gegenüber), um etwas Wichtiges mit ihm zu besprechen. Ihre Aufgabe ist es, die ganze Abteilung von der Notwendigkeit einer Mehrarbeitsaktion zu überzeugen. Sie befinden sich unter Zeitdruck und in einer misslichen Notsituation, denn kurz vor Ende des Monats sind zusätzliche Antragsformulare eingegangen, die unbedingt erledigt werden müssen.

Die Mehrarbeit besteht also in dem Durchsehen und Bearbeiten von komplizierten Antragsformularen, die von einer anderen Abteilung nach Ihrer Vorbearbeitung ausgeführt bzw. auch abgelehnt werden. Ihr Plan ist es, dass jeder Mitarbeiter Ihrer Abteilung zweimal in der Woche drei zusätzliche Stunden – insgesamt wöchentlich sechs Überstunden – erbringen soll. Am besten dazu geeignet sind die frühen Morgenstunden, eventuell ein Teil auch nach offiziellem Dienstschluss. Diese Mehrarbeit sollen alle Mitarbeiter Ihrer Abteilung gemeinsam erbringen. Laut Absprache mit dem Betriebsrat hat aber jeder Mitarbeiter auch das Recht, Überstunden abzulehnen, ohne nachteilige Folgen befürchten zu müssen.

Da Sie ein relativ neuer Vorgesetzter sind, wissen Sie nicht mit Sicherheit, ob Ihr Mitarbeiter über sein Ablehnungsrecht informiert ist. Es ist unwahrscheinlich, dass er – wenn er seine Rechte jetzt noch nicht kennt – in den nächsten Tagen oder Wochen etwas davon erfährt.

Eine andere Möglichkeit besteht darin, Ihrem Mitarbeiter unbezahlten Sonderurlaub zu geben und für das eingesparte Geld eine Leihkraft zu beschäftigen. Ihr eigener Vorgesetzter hält aber von dieser Lösungsmöglichkeit nichts, sondern vertritt die Meinung, dass ein guter Chef seine Mitarbeiter motivieren müsse, kurzfristig zumindest etwas mehr zu leisten als üblich.

Der Ihnen gegenübersitzende Mitarbeiter ist normalerweise ein zuverlässiger und hilfsbereiter Kollege, der aber seit geraumer Zeit offensichtlich in einem Leistungstief steckt. Sie wissen nicht, woran es liegt, dass er häufig einen recht müden Eindruck macht. Eine Krankschreibung Ihres Mitarbeiters würde Ihnen insoweit helfen, als dass Sie auch dann eine Leihkraft einsetzen könnten.

Erst vor vier Wochen kam Ihr Mitarbeiter aus seinem Jahresurlaub zurück. In dem Gespräch jetzt dürfen Sie ihn nicht mit zusätzlichem Geld oder sonstigen geldähnlichen Versprechungen „ködern".

Ihre Aufgabe besteht darin, Ihren Mitarbeiter unbedingt zur Mehrarbeit zu bewegen, da der Betriebsrat seine Zustimmung für Überstunden nur gibt, wenn alle Mitarbeiter ausnahmslos mitmachen.

Achtung! Halt! Stopp! Lesen Sie nicht weiter. Die folgende Anweisung ist nur für Ihren Rollenspielpartner bestimmt!

2. Text:
Anweisung für den AC-Rollenspielpartner

Versetzen Sie sich in die Rolle eines Mitarbeiters, der mit seinem Vorgesetzten ein Konfliktgespräch zu führen hat. Nachfolgend wird Ihre Rolle ausführlich dargestellt. Ihr Gegenüber, der andere AC-Kandidat, muss in der Rolle des Vorgesetzten versuchen, schrittweise Ihr Vertrauen zu gewinnen und Informationen von Ihnen zu bekommen. Dabei sollten Sie ihm wohl entgegenkommen, aber nur insoweit, wie Sie auch wirklich gefragt und ermuntert werden, etwas Persönliches von sich preiszugeben.

Zu Ihrem Hintergrund in dieser Rolle: Sie sind Mitarbeiter einer Abteilung, kommen jedoch mit Ihren Arbeiten nicht mehr so gut wie früher klar. Oft sind Sie müde, überfordert und fühlen sich urlaubsreif, obwohl Ihr Urlaub erst vier Wochen zurückliegt. Das derzeitige schlechte Wetter wäre eine akzeptable Entschuldigung für Ihren Zustand. Ihrem Vorgesetzten ist Ihr Leistungsabfall nicht verborgen geblieben, und er bittet Sie zu einer Unterredung.

Ursache Ihres Problems ist Ihre 17-jährige Tochter, die offensichtlich 5.000 Euro ihres Lehrherren entwendet und ausgegeben hat. Um ihr eine Anzeige zu ersparen und den Lehrherren zufrieden zu stellen, haben Sie sich verpflichtet, den Betrag sofort zurückzuzahlen. Das bringt Sie in finanzielle Schwierigkeiten und hat zur Folge, dass Sie verbotenerweise eine Nachtarbeit als Zeitungsausträger angenommen haben. Aus diesem Grund sind Sie ständig übermüdet, und Ihre Leistungen werden immer schlechter.

Ihr Vorgesetzter ist relativ neu, und Sie haben sich ihm aus verständlichen Gründen noch nicht offenbart. In dem bevorstehenden Gespräch wird er versuchen, durch geschickte Fragen an die Ursache des Problems heranzukommen. Sie dürfen ihn dabei nicht direkt anlügen, brauchen aber auch nicht gleich alles darzulegen. Schafft es Ihr Vorgesetzter (Rollenpartner), Ihnen in einer Atmosphäre vertrauensvoller Zuwendung Mut zu machen, sich zu Ihren privaten Problemen zu bekennen, kommen Sie ihm schrittweise entgegen.

Nicht Ihre Leistung wird später diskutiert und bewertet, sondern lediglich die Ihres Gegenübers, des Inhabers der Vorgesetztenrolle.

In einem wirklichen AC übernimmt Ihre Rolle ein Beobachter. Weiter zu Ihrer Rolle: Natürlich kennen Sie in Ihrer Situation einen Arzt, der Sie auch krankschreiben würde. Einen unbezahlten Sonderurlaub können Sie sich aus finanziellen Erwägungen heraus gerade jetzt nicht leisten. Eventuelle Vorschläge, früher bzw. später am Vormittag zur Arbeit zu kommen, helfen Ihnen auch nicht, mit der Müdigkeit besser fertigzuwerden.

Auswertungshinweise: Rollenspiel

Wer eine solche Diskussion als außenstehender Beobachter mitverfolgt, wird schnell feststellen, dass der „Vorgesetzte" nur zum Ziel kommt, wenn er seinem Mitarbeiter zuhört und aktive Informationen von ihm erfragt. Auf die Fragestrategie kommt es jedoch an. Geschlossenen Fragen, die nur mit Ja oder Nein zu beantworten sind, bringen den Vorgesetzten kaum weiter. Die offene Frageform, die dem Mitarbeiter Möglichkeiten zum Erzählen gibt, Fragen, die dazu angetan sind, ein kollegiales Gesprächsklima aufkommen zu lassen, bringen in der Regel mehr an Informationen. Und darauf kommt es an, denn hier geht es nur darum, wie gut die Rolle des Vorgesetzten im Umgang mit dem Mitarbeiter gespielt wurde. In einem realen AC wird der Mitarbeiter von einem AC-Beobachter gespielt.

Im Gesprächsverlauf ist wichtig, dass vom Vorgesetzten zuerst die Ursache für die Leistungsverschlechterung des Mitarbeiters analysiert wird. Ohne diesen Informationshintergrund läuft das Gespräch fest, kann der Mitarbeiter die Aufforderung nach Mehrarbeit nur ablehnen.

Eventuell finden beide Rollenträger zusammen eine Möglichkeit, wie die Mehrarbeit für den Mitarbeiter am günstigsten zu bewältigen ist. Lösungsansätze in diesem Original-AC könnten z. B. sein: Heimarbeit, aber auch eine flexible Arbeitszeit, die vom Mitarbeiter selbst zu wählen ist.

Sollte der Vorgesetzte seinen Mitarbeiter bezüglich seines Ablehnungsrechts von Mehrarbeit im Unklaren lassen wollen und auch entsprechenden Nachfragen ausweichend begegnen, wird sich das Klima zwischen den beiden verschlechtern. Auch ein Überredungsversuch, dass der Mitarbeiter sich doch krankschreiben lassen möge, belastet die Vertrauensbasis und würde in einem realen AC negativ bewertet.

Ein intensives, wiederholtes Anhören der Gesprächsaufzeichnung wird das mehr oder weniger geschickte Vorgehen des Vorgesetzten offenbaren.

Übung: Interview

Vor dem Hintergrund, dass vor allem die folgenden fünf „Kompetenzbereiche" beobachtet und auch direkt abgefragt werden (beispielsweise im Interview vor, während oder nach dem AC), stellen wir Ihnen hier eine entsprechende Fragensammlung als Vorbereitungs- und Übungsgrundlage zur Verfügung. Dabei geht es um:

persönliche Kompetenzen = Motivation und Antrieb, Ehrgeiz, Frustrationstoleranz und Durchhaltevermögen, Mut zum Risiko, Querdenken, Wandlungs- und Lernfähigkeit, Gewissenhaftigkeit und Verträglichkeit

soziale Kompetenzen = Kontakt- und Kommunikationsfähigkeit, Auftreten und Umgang, Repräsentationsfähigkeit und Konfliktverhalten

Problemlösungskompetenzen = analytisches, logisches, systematisches Denken und Handeln, Entscheidungsverhalten, geistige Flexibilität und Kreativität

strategische Kompetenzen = unternehmerisches sowie vernetztes Denken und Handeln, organisatorische Fähigkeiten, Initiierung, Förderung und Steuerung von Veränderungsprozessen sowie eine generelle Erfolgsorientierung

Führungskompetenzen = Führungsanspruch, Delegationsfähigkeit, Durchsetzungsvermögen, Kooperations- und Integrationsfähigkeit sowie Leistungsorientierung

Überlegen Sie sich, was Sie auf diese Fragen antworten würden …

Übersicht: Fragen zu Ihrer beruflichen Entwicklung und zu den verschiedenen Kompetenzbereichen:

Zum biografischen Teil

- „Wie kam es zur Berufswahl?"
- „Wie stellen Sie sich den Berufseinstieg vor?"
- „Welche Studien- / Arbeits-Schwerpunkte gab es und sollte es zukünftig geben?"
- „Welche entscheidenden Weggabelungen gab es bisher in Ihrem Leben?"
- „Wie kam es zur Wahl des Themas Ihrer Diplomarbeit / Ihrer Praktika / möglicher Arbeitgeber?"
- „Welche Alternativen hatten oder sahen Sie ansonsten?"
- „Wie bewerten Sie dies alles aus heutiger Sicht?"

Zur beruflichen Entwicklung

- „Welche Gründe / Motive gab es für Schul- oder Studienwechsel?"
- „Wie bewerten Sie dies alles aus heutiger Sicht?"
- „Was waren bisher die entscheidenden Meilensteine / Weichensteller für Ihre berufliche Entwicklung?"
- „Bitte begründen Sie dies!"

- „Welche außergewöhnlichen Leistungen / Erfolge können Sie vorweisen?"
- „Wie erklären Sie (sich) diese?"

Zu besonderen Herausforderungen / Schwierigkeiten

- „Bitte geben Sie uns Beispiele dafür!"
- „Wie sind Sie damit umgegangen?"
- „Welche Art der Lösung ist typisch für Sie?"
- „Was waren wirklich kritische Momente, was Schicksalsschläge in Ihrem Leben?"

Zur aktuellen beruflichen Situation

- „Worin sehen Sie als XYZ Ihre Kernaufgaben?"
- „Welche Ziele haben Sie?"
- „Was sind dabei die besonderen Herausforderungen?"
- „Was haben Sie bisher erreicht? Was streben Sie an?"

Zur zukünftigen beruflichen Entwicklung

- „Welche Erwartungen haben Sie?"
- „Was ist Ihre Strategie?"
- „Wie sieht Ihre Aktionsplanung, wie die konkreten Schritte dafür aus?"

Zu relevanten persönlichen Aspekten

- „Was gibt es Interessantes über Sie außerhalb des Beruflichen zu erfahren?"
- „Wie steht es mit Familie, Hobby, Freizeitgestaltung?"
- „Welche Prioritätensetzung haben Sie diesbezüglich?"
- „Wie handhaben Sie die Work / Life-Balance?"

Zur Selbsteinschätzung

- „Wie schätzen Sie Ihre Stärken und Schwächen im Vergleich zu anderen Absolventen ein?"
- „Wo haben Sie Optimierungsfelder? Was wollen Sie noch lernen?"
- „Welches Entwicklungspotenzial sehen Sie bei sich selbst?"
- „Was sind konkrete Entwicklungsfelder?"
- „Über welche besonderen Entwicklungsfelder bei sich können Sie uns rückblickend berichten?"
- „Welche Lernfelder sehen Sie für sich in der Zukunft?"
- „Welchen Stellenwert messen Sie beruflichem Erfolg in Ihrem Leben bei und was sind Sie bereit dafür zu tun?"

Zur Situation des Unternehmens, bei dem Sie sich bewerben

- „Wie beurteilen Sie den Markt, in dem sich Ihr Unternehmen bewegt?“
- „Wie sehen Sie die Wettbewerbssituation?“
- „Welche positiven / negativen Trends stellen Sie fest?“
- „Welche Konsequenzen ziehen Sie daraus, empfehlen Sie?“
- „Welche Position / Aufgabe streben Sie bei der Umsetzung zukünftig an?“

Zu Orientierung und Strategie

- „Wie sehen Ihre beruflichen Leitbilder aus?“
- „Welche berufliche Strategie verfolgen Sie im Berufsalltag?“
- „Wie sieht oder sähe Ihr Beitrag zur Strategie-Entwicklung aus?“
- „Was sind Ihre Ansprüche?“
- „Welche Hindernisse sehen Sie?“
- „Welche Kompromisse sind Sie bereit einzugehen?“

Übersicht:
Fragen zu Ihren Kernkompetenzen wie soziale und persönliche Kompetenz, Problemlösungskompetenz, strategische Kompetenz, Führungskompetenz könnten auch so aussehen:

Zur sozialen Kompetenz: Persönlichkeit

- „Wie würden Sie sich bezogen auf Ihre persönlichen Eigenschaften beschreiben?“
- „Wie realistisch ist Ihre Einschätzung von sich selbst, Ihren Stärken und Schwächen?“
- „Wie empfinden Sie, wenn Sie hart kritisiert werden?“
- „Wie reagieren Sie auf ungerechtfertigte Kritik?“
- „Welcher Reihenfolge gäben Sie bei folgenden Eigenschaften den Vorzug: zuverlässig, tatkräftig, dynamisch?“
- „Was davon sind Sie mehr, was weniger?“
- „Worin sollte eine Führungskraft Ihren Mitarbeitern Vorbild sein?“
- „Welche Vorbilder haben Sie geprägt und wie erfüllen Sie Ihre Vorbildrolle?“
- „Welche Eigenschaften / Merkmale sollten Ihre Mitarbeiter besser nicht von Ihnen übernehmen?“
- „Wofür möchten Sie mit Ihrem Team im Gesamtunternehmen Vorbild sein?“
- „Welche Situationen haben Sie schon mal unter hohen Stress gesetzt?“
- „Warum und wie gehen Sie damit um?“
- „Wie gehen Sie mit Stimmungsschwankungen um?“

- „Wie erleben Sie Ihre Kollegen bezüglich ihrer Verlässlichkeit und warum ist das so? Was kann man da tun?"
- „Welche Gründe gäbe es für Sie, Vereinbartes, Versprochenes zurückzunehmen, Ihr Wort nicht zu halten?"
- „Würden Sie sich als ‚loyal' bezeichnen und wo hört die Loyalität aus Ihrer Sicht auf?"
- „Was kann Sie so richtig ‚auf die Palme' bringen?"
- „Wobei sind Sie schon mal in einen Gewissenskonflikt geraten und wie sind Sie damit umgegangen?"
- „Wo sehen Sie die Grenzen Ihrer Leistungsbereitschaft?"

Zur sozialen Kompetenz: Kommunikationsvermögen

- „Welchen Stellenwert hat die Kommunikationsfähigkeit eines Mitarbeiters?"
- „Wie würden Sie Ihren Kommunikationsstil beschreiben?"
- „Welchen Stellenwert hat Überzeugungskraft für einen Vorgesetzten?"
- „Wie gehen Sie vor, wenn Sie Ihren Gesprächspartner überzeugen wollen?"
- „Wie gehen Sie mit unterschiedlichen Gesprächspartnern um?"
- „Welche Typologien kennen Sie?"
- „Mit welchem Typus kommen Sie besser, mit welchem schlechter zurecht und warum?"
- „Wie überzeugen Sie Ihre Kollegen, wie Ihre Vorgesetzten, wie Ihre Kunden?"
- „Welche Hilfsmittel kennen Sie, um Ihre Zuhörer noch besser zu erreichen?"
- „Welche überzeugenden Argumente haben Sie für Ihre Produkte / Dienstleistungen?"
- „Wenn Sie Ihre Kunden überzeugen wollen, mit welchen Einwänden müssen Sie rechnen?"
- „Warum und was führen Sie dann an? „
- „Wie gehen Sie vor, wenn Sie eine Neuerung einführen wollen, die auf den Widerstand Ihrer Kollegen, Vorgesetzten, Kunden stößt?"
- „Wie gehen Sie mit Schwierigkeiten um, die Sie mit dem Betriebsrat haben?"
- „Wie mit Schwierigkeiten, wenn es Ihr Vorgesetzter ist, Ihr Mitarbeiter, ein wichtiger Kunde?"
- „Wie verhindern Sie Schwierigkeiten mit diesen unterschiedlichen Gruppen / Funktionsträgern?"
- „Wie bereiten Sie sich auf ein schwieriges Gespräch vor?"
- „Welche Überzeugungserfolge können Sie uns vorstellen, welche Misserfolge?"
- „Wie schaffen Sie es, in Ihrem privaten Umfeld Menschen zu überzeugen, für sich und Ihr Anliegen zu gewinnen?"

Zur sozialen Kompetenz: Zusammenarbeit

- „Welche Aufgaben erledigen Sie lieber allein, welche bevorzugt im Team?"
- „Wie kommen Sie zu dieser Unterscheidung?"
- „Wie kommen Sie generell zu Entscheidungen?"
- „Was sind bei einer Zusammenarbeit Ihrer Erfahrung nach die wichtigsten Weichensteller? „
- „Wie erreichen Sie eine optimale Zusammenarbeit?"
- „Wie gut können Sie mit Kompromissen leben?"
- „Wie erreichen Sie tragfähige Kompromisse?"
- „Wie gehen Sie mit Konflikten um?"
- „Was sind Ihre Stärken und Schwächen in Konfliktsituationen?"
- „Welche Entwicklungsmöglichkeiten sehen Sie für sich, in Konfliktsituationen noch besser zu reagieren?"
- „Wie würden Sie Ihr Feedback-Verhalten beschreiben (positives und negatives)?"
- „Wie entwickelt ist Ihre Antenne für die Stimmungslage Ihres Gegenübers?"
- „Wie beurteilen Sie die Zusammenarbeit in Ihrem letzten Team / Verantwortungsbereich?"
- „Wie die mit Ihren Kollegen und Vorgesetzten?"
- „Was sind Ihre Beurteilungskriterien dafür bei den unterschiedlichen Gruppen?"

Zur Problemlösungskompetenz: logisches, systematisches Denken und Handeln

- „Welche Problemlösungstechniken kennen und welche bevorzugen Sie?"
- „Wie gelangen Sie in schwierigen Situationen zu einer Entscheidung?"
- „Wie gehen Sie, konkret an einem Beispiel, Probleme an?"
- „Wie planen Sie, konkret an einem Beispiel, neue Vorhaben?"
- „Wie setzten Sie Ihre Ideen und Vorhaben in die Tat um?"
- „Wie und v. a. was lernen / lernten Sie daraus für Ihr zukünftiges Problemlösen?"
- „Wie wird sich der Markt für diese / unsere Produkte / Dienstleistungen wahrscheinlich verändern?"
- „Welche Entwicklungen sehen Sie dort?"
- „Was sind notwendige Schritte, um die Wettbewerbsfähigkeit auch zukünftig zu sichern?"
- „Wie behalten Sie auch in Stress und Krisensituationen den Überblick?"
- „Wie gehen Sie an neue Aufgaben oder Projekte heran?"
- „Wie setzen Sie Prioritäten?"
- „Wie stellen Sie sicher, dass Sie die notwendigen Informationen und Zusammenhänge erkennen und die richtigen Prioritäten gesetzt haben?"

- „Aus welchen Vorgängen / Erfahrungen haben Sie bisher am meisten gelernt?"
- „Was verstehen Sie unter analytischem Denken?"
- „Wo setzen Sie da in Ihrer Praxis ein?"
- „Welche Planungs- und Kontrollprozesse kennen Sie und wie setzen Sie diese um?"
- „Worauf kommt es Ihrer Erfahrung nach bei Entscheidungen besonders an?"
- „Wie hoch ist Ihre Detailorientierung?"
- „Wie schätzen Sie sich ein, eher als Kopf- oder eher als Bauch-Mensch?"

Zur Problemlösungskompetenz: Veränderungsbereitschaft, innovatives, kreatives Potenzial

- „Was verbinden Sie mit dem Wort ‚Veränderung'?"
- „Welche Negativerfahrungen fallen Ihnen bei dem Wort ‚Veränderungen' ein?"
- „Wie setzen Sie Ideen in Taten um?"
- „Welche konkreten Veränderungsprozesse haben Sie schon erlebt?"
- „Wie bringen Sie Menschen Veränderungen und Neuerungen nahe, wenn diese sich damit offensichtlich schwertun?"
- „Wie nutzen Sie die Kreativität anderer Menschen?"
- „Für wie kreativ, für wie innovativ halten Sie sich selbst?"
- „Was waren bisher Ihre besten Ideen?"
- „Wie sieht es dabei mit der Umsetzung aus?"
- „Bei welchen Veränderungen, Neuerungen haben Sie schon eine wichtige Rolle gespielt?"
- „Was ist Ihrer Einschätzung nach vorteilhafter bei einem neuen Mitarbeiter: viel Erfahrung oder viele neue Ideen?"
- „Welche neuen Trends / Entwicklungen können Sie für Ihren möglichen Arbeitsbereich beobachten?"
- „Was für Überlegungen / Einschätzungen haben Sie dazu?"
- „Was sollte sich idealerweise Ihrer Meinung / Einschätzung nach niemals verändern dürfen?"

Zur Problemlösungskompetenz: kognitive Flexibilität

- „Welche Erfahrungen haben Sie bereits in jungen Jahren bis heute geprägt?"
- „Wie stellen Sie sich die von Ihnen angestrebte Position / das Aufgabengebiet vor?"
- „Was meinen Sie: Sollte man unbedingt allen Branchentrends folgen?"
- „Wann ja, wann und warum nicht, was ist Ihre Einschätzung?"
- „Was ist reizvoller für Sie: eine Aufgabe erst zum Abschluss zu bringen, um dann eine neue anzufangen, oder gleich mehrere Aufgaben parallel zu bearbeiten?"

- „Welches Wissen haben Sie sich speziell in letzter Zeit neu angeeignet?"
- „Wozu tendieren Sie eher: hoher Qualitätsanspruch gepaart mit Gründlichkeit oder Begeisterung und Schnelligkeit gepaart mit Experimentierfreude?"
- „Woran erkennt man Ihrer Einschätzung nach einen geistig wachen Mitarbeiter?"
- „Welche Vor- und Nachteile, Chancen und Risiken sehen Sie bei einem solchen Mitarbeiter?"
- „Welche Fachzeitschriften lesen Sie?"
- „Welche Fachmessen haben Sie bereits besucht?"
- „Was möchten Sie in den nächsten zwei Jahren noch lernen?"

Zur strategischen Kompetenz: Organisationsvermögen

- „Wie sieht Ihr typischer Arbeitsalltag aus?"
- „Welche generelle, übergeordnete Zielsetzung stellen Sie allen Arbeitsabläufen voran?"
- „Wie gehen Sie bei der Lösung eines Problems vor? (Beispiele)"
- „Welche Problemlösungstechniken kennen Sie und welche setzen Sie ein?"
- „Wie und welche Prioritäten setzen Sie in Ihrem Arbeitsbereich?"
- „Was war bisher Ihr größtes Erfolgserlebnis beim Organisieren von Abläufen?"
- „Was die größte Panne?"
- „Wie verschaffen Sie sich einen Überblick, wenn eine Situation so richtig schwierig und kompliziert ist?"
- „Wie koordinieren Sie Ihre berufliche und private Planung?"
- „Was behindert Sie bei einer planvollen, gut durchorganisierten Arbeits- und Vorgehensweise?"
- „Welche Optimierungschancen sehen Sie?"
- „Welche Verbesserungsmöglichkeiten bezogen auf *Ihren* Arbeitsstil sehen Sie?"
- „Wie verhindern Sie, dass bei Abwesenheit oder Ausfall Ihrer Person (z. B. Reise oder Krankheit) nichts liegen bleibt?"
- „Wie managen Sie Ihre Termine?"
- „Wie gehen Sie mit plötzlichen Terminänderungen um?"

Zur strategischen Kompetenz: Selbststeuerung

- „Wie planen Sie die kommende Arbeitswoche?"
- „Was sind aktuell Ihre Hauptziele?"
- „Was tun Sie, um diese zu erreichen?"
- „Welche Prioritäten haben Sie sich selbst gesetzt?"
- „Wie schätzen Sie Ihren eigenen Arbeitsstil ein?"

- „Wo sehen Sie dabei Stärken und Optimierungsbedarf?"
- „Wie hat sich Ihre Arbeitsorganisation und Ihre Zeitplanung im Laufe Ihrer beruflichen Entwicklung verändert?"
- „Was sind aus Ihrer Sicht die wichtigsten Aufgaben einer Führungskraft?"
- „Welche Hilfsmittel setzen Sie ein für Ihre Arbeitsplanung?"
- „Was sind Ihrer Meinung nach die wichtigsten Merkmale einer Führungskraft?"
- „Welche Entwicklungschancen sehen Sie bei Ihrem Arbeitsstil?"
- „Was erwarten Sie von Ihren Vorgesetzten?"
- „Was verstehen Sie eigentlich unter Selbstmanagement?"
- „Warum braucht es eigentlich Vorgesetzte?"
- „Wer und / oder was hat Sie in Ihrem Berufsleben gefördert?"
- „Wer und / oder was hat Sie in Ihrem Berufsleben behindert oder gebremst?"
- „Was stört Sie in beruflicher Hinsicht bei Ihnen selbst, womit sind Sie bei sich unzufrieden?"

Zur Führungskompetenz: Entscheidungsverhalten

- „Wie würden Sie Ihr eigenes berufliches Entscheidungsverhalten beschreiben?"
- „Wie gehen Sie an Entscheidungen heran?"
- „Wie treffen Sie Entscheidungen, eher intuitiv oder eher methodologisch?"
- „Welchen Stil der Durchsetzung einer Entscheidung bevorzugen Sie und warum?"
- „Warum fällt Ihnen diese Form der Entscheidungsfindung eher leichter, jene eher schwerer?"
- „Was ist aus Ihrer Sicht das Grundproblem aller Entscheidungen? (Unabwägbarkeiten)"
- „Wie verhalten Sie sich, wenn eine schnelle Entscheidung notwendig wird?"
- „Wie reagieren Sie, wenn Ihre Entscheidung deutlich kritisiert wird?"
- „Was halten Sie für besser: einen entscheidungsfreudigen Manager oder einen, der sich darauf beschränkt, Mitarbeiterentscheidungen vor deren Ausführung zu kontrollieren?"
- „Welches Beispiel, welche Begründung können Sie dafür anführen?"
- „Welche von Ihnen getroffene Entscheidung mussten Sie schon einmal zurücknehmen?"
- „Warum und was für Konsequenzen hatte das?"
- „Was haben Sie daraus gelernt?"
- „Wie würden Sie in einer ähnlichen Situation heute entscheiden?"
- „Was bedeutet es für Sie, die Dinge / Sachen jederzeit sicher im Griff zu haben? (Störungen / Abweichungen beheben, ausschalten und Unterstützung geben!)"

Übung: Persönlichkeitstest

Tests zu vier Untersuchungsthemen (s. S. 99)

Testen Sie nun, ob Sie das System der zugrunde liegenden Fragen verstanden haben. Tragen Sie den Wert ein, der Ihnen am ehesten entspricht. Addieren Sie dann Ihre Punktwerte für jedes Thema.

Ablehnung		›	Zustimmung			
–					+	
0	1	2	3	4	5	oder
5	4	3	2	1	0	

Minus (–) bedeutet:
totale Ablehnung, falsch, überhaupt nicht

Plus (+) bedeutet:
völlige Zustimmung, richtig, sehr viel

Schätzen Sie sich nun selbst ein:

1. Thema

	Ablehnung –			›		**Zustimmung** +	
FM: Ich übernehme gerne die Verantwortung für wichtige Entscheidungen.	0	1	2	3	4	5	___
GM: Für meine Überzeugung kämpfe ich, auch wenn ich Nachteile dafür hinnehmen muss.	0	1	2	3	4	5	___
LM: Ich wäre nicht unglücklich, wenn nicht alle meine Potenziale ausgeschöpft würden.	5	4	3	2	1	0	___
FM: Kollegen behaupten, ich strahle Autorität aus.	0	1	2	3	4	5	___
GM: Läuft etwas schief, kümmere ich mich darum, auch wenn ich nicht direkt betroffen bin.	0	1	2	3	4	5	___
LM: Ich bemühe mich immer, auch meine besten Stärken noch weiter auszubauen.	0	1	2	3	4	5	___
FM: In einer Spezialistenrolle fühle ich mich wohler als in einer Führungsrolle.	0	1	2	3	4	5	___
GM: Wenn etwas Neues initiiert werden muss, bin ich immer als Erster mit dabei.	0	1	2	3	4	5	___
LM: Ich wünschte mir, mein Verdienst wäre direkt an meine Leistungen geknüpft.	0	1	2	3	4	5	___

2. Thema	Ablehnung –	›				Zustimmung +	
HA: Ich bin gut im Aufschieben von unangenehmen Dingen, die ich erledigen sollte.	5	4	3	2	1	0	___
FL: Wenn ich einmal einen Plan gefasst habe, weiche ich nur sehr ungern davon ab.	5	4	3	2	1	0	___
GE: Am liebsten plane ich alles im Voraus.	0	1	2	3	4	5	___
HA: Vor lauter Aufgaben weiß ich manchmal gar nicht, wo ich anfangen soll.	5	4	3	2	1	0	___
FL: Wenn Arbeiten sich anders entwickeln als erwartet, komme ich nur schlecht damit klar.	5	4	3	2	1	0	___
GE: Ich bin alles andere, nur nicht perfektionistisch veranlagt.	5	4	3	2	1	0	___
HA: Wenn ich etwas entschieden habe, setze ich es auch meist sofort um.	0	1	2	3	4	5	___
FL: Ich kann mich ziemlich schnell auf neue Anforderungen einstellen.	0	1	2	3	4	5	___
GE: Meine Unterlagen sind meist nicht so ordentlich abgelegt, dass ich alles sofort finde.	5	4	3	2	1	0	___

3. Thema	Ablehnung –	›				Zustimmung +	
DU: Ich lasse mir so schnell nichts gefallen.	0	1	2	3	4	5	___
TO: Kollegen sagen von mir, ich sei der geborene Einzelkämpfer.	5	4	3	2	1	0	___
KO: Wenn ich mit Menschen zusammen bin, die ich nicht kenne, fühle ich mich angespannt.	5	4	3	2	1	0	___
VE: Im Umgang mit anderen bin ich eher rücksichtsvoll.	0	1	2	3	4	5	___
EI: Auf Veränderungen in der Gesprächsatmosphäre reagiere ich sensibel.	0	1	2	3	4	5	___

DU:	Kollegen sagen von mir, ich würde häufig versuchen, meinen Kopf durchzusetzen.	0	1	2	3	4	5	___
TO:	Ich arbeite lieber Hand in Hand mit anderen als alleine vor mich hin.	0	1	2	3	4	5	___
KO:	Ich bin ein ziemlich geselliger Mensch.	0	1	2	3	4	5	___
VE:	Kollegen halten mich häufig für ziemlich kühl und berechnend.	5	4	3	2	1	0	___
EI:	Auch zu schwierigen Personen finde ich häufig einen guten Draht.	0	1	2	3	4	5	___
DU:	Andere von etwas zu überzeugen, fällt mir vergleichsweise schwer.	5	4	3	2	1	0	___
TO:	In der Zusammenarbeit mit anderen kann ich meine Stärken noch besser entfalten.	0	1	2	3	4	5	___
KO:	Ich verfüge über ein großes Netzwerk von beruflichen Kontakten.	0	1	2	3	4	5	___
VE:	Wenn mein Verhalten nicht gut ankommt, versuche ich mich besser anzupassen.	0	1	2	3	4	5	___
EI:	Ich kann mich nicht so gut und schnell auf andere Menschen einstellen.	5	4	3	2	1	0	___

4. Thema

Ablehnung › Zustimmung

– +

BL:	Starke Belastungen verkrafte ich besser als andere.	0	1	2	3	4	5	___
ES:	Ich erlebe mich eigentlich fast nie mutlos.	0	1	2	3	4	5	___
SB:	Wenn es Probleme mit Kollegen gibt, kann ich das relativ gut aushalten.	0	1	2	3	4	5	___
BL:	Auch mal ohne Pause durchzuarbeiten, macht mir weniger aus als anderen.	0	1	2	3	4	5	___
ES:	Wenn mir etwas mal nicht so richtig gelingt, macht mir das noch lange zu schaffen.	5	4	3	2	1	0	___

SB:	Ich bin ziemlich selbstbewusst.	0	1	2	3	4	5	___
BL:	Wenn ich unter Druck gerate, reagiere ich schnell gereizt.	5	4	3	2	1	0	___
ES:	Ängste kenne ich bei mir eigentlich nicht.	0	1	2	3	4	5	___
SB:	Wenn ich vor einer größeren Gruppe von Personen reden muss, bin ich sehr nervös.	5	4	3	2	1	0	___

Auswertung: Persönlichkeitstest

Auswertung: **1. Thema**
Überprüfungsobjekt:
berufliche Zielorientierung
Insgesamt: 45 Punkte
ab 35 = alles prima
um 28 herum = noch okay
unter 20 = gefährdet bis
sehr problematisch

Auswertung: **2. Thema**
Überprüfungsobjekt:
Arbeitsverhalten
Insgesamt: 45 Punkte
ab 35 = alles prima
um 28 herum = noch okay
unter 20 = gefährdet bis
sehr problematisch

Auswertung: **3. Thema**
Überprüfungsobjekt:
soziale Kompetenz
Insgesamt: 75
ab 55 = alles prima
um 40 herum = noch okay
unter 30 = gefährdet bis
sehr problematisch

Auswertung: **4. Thema**
Überprüfungsobjekt:
seelische Verfassung
Insgesamt: 45 Punkte
ab 35 = alles prima
um 28 herum = noch okay
unter 20 = gefährdet bis
sehr problematisch

Schauen Sie sich unbedingt auch auf die Testtraining-CD an mit Aufgabentypen wie:

- Allgemeinwissenstestaufgaben aus den Bereichen: Politik, Gesellschaft, Geografie und bekannte Persönlichkeiten
- Lern- und Gedächtnistestaufgaben
- Aufgaben zu Bild / Symboldeutungen
- Abstrakt-logisches Denken: Tests mit Symbolen, Zahlen, Sprache
- Persönlichkeitstestaufgaben
- Tipps zur Vorbereitung

Anmerkungen

1 Eine – schon etwas ältere – Definition stammt von Wolfgang Jeserich, einem der „AC-Päpste". Er definiert das Assessment Center als systematisches Verfahren „zur qualifizierten Feststellung von Verhaltensleistungen bzw. Verhaltensdefiziten, das von mehreren Beobachtern gleichzeitig für mehrere Teilnehmer in Bezug auf vorher definierte Anforderungen angewandt wird"; Jeserich, W.: Mitarbeiter auswählen und fördern. München / Wien 1981, S.33.

2 Schuler, H.: Assessment Center als Auswahl- und Erfolgsinstrument: Einleitung und Überblick. In: Schuler, H. & Stehle, W.: Assessment Center als Methode der Personalentwicklung. Stuttgart 1987, S. 2.

3 Dabei haben wir die Vorgehensweise von W. Jeserich modifiziert, vgl. a.a.O.

4 Goffman, E.: Wir alle spielen Theater. Die Selbstdarstellung im Alltag. München 1988, S. 62.

5 Diese stammen aus dem Buch *Bewerber aus der Reserve locken* (Luchterhand 2000/2002) von Eberhardt Hoffmann, einem Personalpsychologen. Dieser rät Personalentscheidern, den Bewerbern deutlich schärfere Fragen zu stellen, da die meisten Fragen in unseren Hesse / Schrader-Büchern bereits veröffentlicht seien. Danke für dieses Kompliment!

Stichwortverzeichnis